Karl König

Bruder Tier

Karl König

Bruder Tier

Mensch und Tier in Mythos und Evolution

Herausgegeben von Richard Steel
Illustriert von Stephen Walton

Verlag Freies Geistesleben

Karl König Werkausgabe
Abteilung 4: Landwirtschaft und Naturwissenschaft

Karl König Archive
Camphill

1. Auflage 2021

Verlag Freies Geistesleben
Landhausstraße 82, 70190 Stuttgart
www.geistesleben.com

Zeichnungen © Stephen Walton 2021
Foto S. 326: bpk bildagentur 2021

Frontispiz: Karl König in New York State 1962

Weitere Informationen zur Karl König Werkausgabe
finden Sie unter: www.karlkoeniginstitute.org

ISBN 978-3-7725-2424-0

Gestaltung & Satz: Bianca Bonfert
Druck und Bindung: Eberl & Koesel GmbH, Altusried-Krugzell
Printed in Germany

Inhalt

Editorische Vorbemerkung

von Richard Steel

Das Staunenlernen vor der Weisheit der Welt ist eine gute Haltung in unserem intellektuellen Zeitalter. So ist es auch erstaunlich, wie bestimmte Ereignisse – ohne dass man sie so geplant hat – zur rechten Zeit in Erscheinung treten. So ist es mit *Bruder Tier* gegangen. Eine Neuherausgabe und -bearbeitung war schon zu Beginn der neuen Karl König Werkausgabe 2007 geplant, sogar mit einer gewissen Dringlichkeit, weil das Buch vielfach nachgefragt wurde. Die Arbeiten verzögerten sich, weil andere Titel den Vorrang bekamen. Nun fällt der Band wie «zufällig» in die Zeit der Pandemie, aber auch in eine Zeit, in der Klima, Umwelt und Artenschutz in aller Munde sind. War es beim ersten Erscheinen der Aufsätze die Zeit von *Silent Spring*[1], so ist es jetzt der Ruf nach *Extinction Rebellion*. So sollte es am Ende wohl sein, dass die Neuausgabe zu diesem Zeitpunkt erscheint und das Buch so einen Beitrag zu den Existenzfragen unserer Zeit leisten kann.

Die Menschheit scheint wie ohnmächtig vor den wachsenden Umweltproblemen, globalen Katastrophen und dem Artensterben zu stehen. Dem Ruf zum Umdenken und Handeln wird sich über kurz oder lang kein Zeitgenosse mehr entziehen können. Plötzlich ist jeder existenziell betroffen. Der Intellekt eines materialistisch-wirtschaftlichen Zeitalters hat eine Ausbeutung *aller* Ressourcen unserer Welt zu Wege gebracht: z. B. die in der Erde schlummernden Stoffe, die Fruchtbarkeit des Bodens, die Pflanzen- und Baumwelt, die tierische Vielfalt bis hin zum Menschen selbst.

Wenn die Abstammung des Menschen vom Tier lang und intensiv genug gedacht wird – wie dies seit dem 19. Jahrhundert der Fall ist –, dann prägt diese *gedachte* Verwandtschaft in einer bestimmten und zugleich tragischen Weise den Menschen. Es ist wie das «Andorra-Prinzip» – frei nach Max Frisch. Der Mensch ist tatsächlich in mancher Hinsicht sehr nahe an das Tier herangekommen – aber eben in anderer Haltung, als dies von König mit der «Bruderschaft» des Tieres gemeint ist. Es ist der «Kampf ums Dasein», der immer mehr in die Mitte rückt und die menschliche Gesellschaft prägt, die immer deutlichere Zeichen von dem trägt, was Rudolf Steiner mit dem auf uns zukommenden «Krieg aller gegen aller» bezeichnet hat. König möchte mit seinen Tier-Darstellungen ein Gefühl für unseren gemeinsamen Ursprung und dem gemeinsamen Ziel erwecken; von einem Weg, den wir brüderlich teilen können.

So nahe ist das Menschengeschlecht an das Reich der Tiere herangerückt, ihren natürlichen Lebensraum zerstörend und für sich verbrauchend, gleichzeitig ihre Verhaltensweisen in sein Weltbild einführend, dass die Empathie, das Gefühl eines «Wir» der Menschen zu wenig auf das Tier überspringen kann, sondern eher die Viren der Tiere auf die Menschen. Somit sind wir in der Gegenwart angekommen.

Sind die düsteren Prognosen ein Grund aufzugeben? Wird es in naher Zukunft einen Auszug der Millionäre geben, um Lebensräume auf anderen Planeten zu suchen? Lassen sich Ansatzpunkte für eine positive Veränderung der Lebenslage des Menschen finden?

Malcolm Gladwell prägte den Begriff *Tipping Point.*[2] Er beschreibt *soziale Epidemien* und meint damit, dass auch sozial positiv wirkende Impulse – einem Virus vergleichbar – hoch ansteckend wirken können und folgert: *Schauen Sie sich die Welt um Sie herum an: Sie mag aussehen wie unveränderbar und unversöhnlich. Das ist sie nicht. Mit der kleinsten Bewegung – am rechten Ort angesetzt – kann sie «umgeschoben» werden:* «Tipping Point»!

Ein solcher *rechter Ort* der weltverändernden Bewegung ist mit Sicherheit das eigene Denken eines jeden Menschen. Eine der wesentlichsten Forderungen der Gegenwart ist gewiss die Frage nach der Entwicklung von Lebendigkeit und Bildhaftigkeit im Denken. Karl König war einer der großen Lehrer eines lebendigen, imaginativen Denkens; eine Kraft, die bislang künstlich aufgebaute Grenzen durchstoßen kann; Lebenskräfte fördernd und wahre Moralität suchend. Die Aufsatzreihe *Bruder Tier* mag hier stellvertretend als würdiges Beispiel dienen, wenn man sie unvoreingenommen auf sich wirken lässt.

Somit erkennen wir unmittelbar, dass es gegenwärtig der rechte Zeitpunkt ist, Bruder Tier erneut einer breiten Leserschaft zur Verfügung zu stellen. Der volle Titel *Bruder Tier – Mensch und Tier in Mythos und Evolution* kann im Vorfeld bereits Fragen anregen, spiegelt letztlich aber auch genau Königs Absicht sowie seine Arbeitsmethode wider: Wir lernen aus seinen Ausführungen, wie in der Mythologie nicht ein alter, sondern geradezu ein *neuer* Zugang des selbstständig denkenden Menschen zur Evolutionsfrage verborgen ist, der uns über die darwinistische Denkweise hinweghelfen kann. So entsteht – Stück für Stück – eine Anschauung der gemeinsamen Evolution von Mensch und Tier, die unsere wahre Verwandtschaft mit dem Tierreich unmittelbar erlebbar macht. So könnte ein «geschwisterliches» Verhalten durch genau jene «Herzenserkenntnis» entstehen, die König als Grundvoraussetzung für die Zukunft des Menschseins fordert.[3]

Diese Aufsätze, die weit über das Spektrum naturwissenschaftlicher Fachbeiträge hinausragen, können einen neuen Bezug zu den Naturreichen – insbesondere dem Tierreich – ermöglichen.

Im Gespräch mit Fritz Götte, so berichtet dieser in seinem Geleitwort zur ersten Buchausgabe 1967, sprach Karl König von einer «künftigen Zoologie».

Götte, Freund und Verleger Königs, war selbst so berührt von den Tierdarstellungen, dass er ihn immer wieder aufforderte, weiterzuschreiben, was König bis zu seinem Tode 1966 auch buchstäblich tat. Den zuletzt fragmentarisch gebliebenen Aufsatz «Bruder Pferd» vollendete Götte dann als Herausgeber selbst. In diesem «Epilog» schrieb er über die künftige «Evolution» des Denkens:

> Von der Qualität des Denkens wird es abhängen, welche Technik die Zukunft hervorbringen wird, eine menschen- und naturmörderische oder eine wesentragende und heilende, welche vor dem Christus bestehen kann. Und es hängt weiter von der Qualität des Denkens ab, welche sozialen und politischen Ordnungen oder Missordnungen die Menschheit ferner finden wird.

König hat, insbesondere in den letzten zehn Jahren seines Lebens, neben seinen Aufgaben in der weltweit gewachsenen Camphill-Bewegung und seiner Tätigkeit als Redner und Berater – auch international – unermüdlich geschrieben. Der Zeitgeist hat ihm wohl zu verstehen gegeben, dass seine Ansätze, seine Ziele, seine Art, die Herzen zu bewegen, schon damals wichtig waren, doch in der Zukunft erst recht von Belang sein werden. – Vielleicht erst zu einer viel späteren Zeit, in der sie aufgrund ihrer Signifikanz und unmittelbaren Praxisorientiertheit sowie sozialen Wirksamkeit den rechten Ackerboden finden werden. Genau in diesen letzten zehn Jahren (1956–1966) kamen diese elf Aufsätze mit vierzehn Tierbildern zustande.

Mehrere Auflagen von *Bruder Tier* (auch als Taschenbuch) sind seit 1967 auf Deutsch und als Übersetzungen ins Englische, Französische, Spanische, Russische und Chinesische erschienen. Für die nun vorliegende und bearbeitete Neuherausgabe haben Johannes F. Brakel und Wolfgang Schad dankenswerterweise neuere naturwissenschaftliche Beiträge zur Verfügung gestellt, die wir teilweise – wenn es sich um einfache Korrekturen handelt – im Text korrigiert haben; meist sind sie als Anmerkungen hinzugefügt.

Wir sind besonders dankbar, dass der englische Naturmaler und Zeichner Stephen Walton die Zeichnungen für diese Ausgabe angefertigt hat, denn auf dem Zukunftsweg zur Herzenserkenntnis hat grundsätzlich die Kunst eine wesentliche Rolle zu spielen, so soll sie hier den ihr gebührenden Platz einnehmen.

Die Panzerechsen haben 3 Augenlider. Die Mongoloiden ebenfalls, wenigstens in Andeutung. Es ist ein Hinweis auf die lemurische Zeit, die Zeit des Mondenaustrittes u. Sündenfalles.

Sonne + Mond + Erde

3

Die Krokodile u. die Lurche sind die einzigen Wirbeltiere, deren Leiber breiter als länger sind. Das ist sonst nur beim Menschen der Fall.

Krokodile legen nur am Land ihre Eier.

Der Gangesgavial hat, jeder 6e 27 – 29 Zähne!

Mondenrythmus.

Der Schnabel des Ganges gavials zeigt nichts anderes, als den Austritt des Mondes aus der Erde. Am Haupt der Tiere wirkt die Sonne. Der Mond hat den Schnabel herausgezogen.

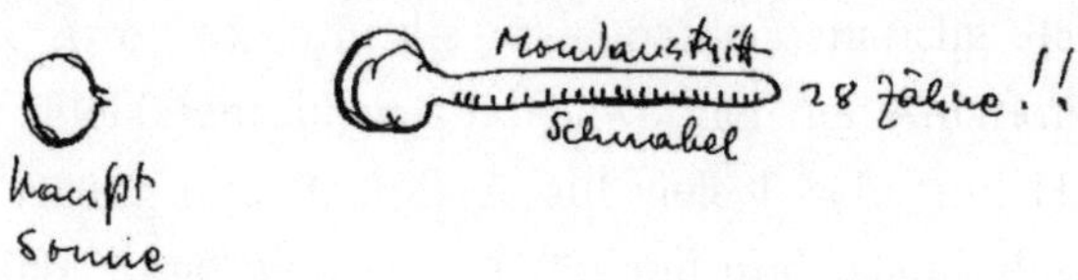

Einleitende Gedanken zur Neuauflage

von Imanuel Klotz

Du führst die Reihe der Lebendigen
Vor mir vorbei, und lehrst mich meine Brüder
Im stillen Busch, in Luft und Wasser kennen.
Goethe, in *Faust,* «Wald und Höhle»

Das Einmalige des vorliegenden Werkes *Bruder Tier* besteht darin, dass Karl König die Erscheinungen der Sinneswelt nicht nur mit dem üblichen wissenschaftlichen Blick betrachtet, sondern gleichzeitig mit dem jungen, in der Menschheit allmählich erst erwachenden Herzensdenken, das ihm ein besonderes Anliegen war.[1] Schon zu Beginn seiner Studienzeit – die er vor dem Medizinstudium mit Zoologie begann – hatte er sich an der damit in Zusammenhang stehenden Anschauungsweise Goethes orientiert, die in den hier vorliegenden Aufsätzen auch immer wieder erwähnt wird. Ein typisches Symptom für dieses an sich noch zukünftige Herzensdenken ist das Ausreifen des zu behandelnden Themas. König schreibt das Werk in den letzten zehn Jahren seines Lebens als Frucht eines lebenslangen Strebens, dessen Wurzeln bis in seine Jugendjahre reichen, in denen er früh seine Fähigkeit zu schulen versuchte, moderne wissenschaftliche Exaktheit mit gott- und geistergebenem Erkennen zu verbinden. Wir können diesen Weg erahnen, wenn wir nicht nur Königs naturwissenschaftliches Studium als Hintergrund bedenken, sondern uns zudem den geistigen Hintergrund seines Denkens und seine starke Empathiefähigkeit vergegenwärtigen.

Sein schon in der Kindheit sich zeigendes soziales Gewissen, sein unermüdlicher Einsatz als Arzt und Heilpädagoge waren nach außen hin natürlich dem Menschen gewidmet, doch die Liebe zum Tier und das Gefühl des brüderlichen Verbundenseins – durchaus im paulinischen Sinne der Erlösung der Kreatur[2] – verließen ihn nie. Eine kleine Episode, die seine Mutter 1966, im jüdischen Altersheim in London lebend, in ihren Memoiren[3] festhielt, kann dies anekdotisch verbildlichen:

> Einmal kam mein Sohn die ganze Nacht nicht nach Hause; wir dachten, er schläft vielleicht bei den Bergels. In der Früh kam er zerzaust und schmutzig. ‹Ja, wo warst du denn?› Da sagte er: ‹Bei der Polizei.› Der Grund? Er hielt im Stadtpark einen Vortrag, wie schlecht die Tiere hier behandelt werden. Der Schinder kommt und fängt die Hunde ein auf grausame Art ... Das war immer ein jämmerliches Heulen. Und so hielt mein Sohn einen Vortrag im Stadtpark darüber, eine große Menschenmenge sammelte sich um ihn, und das war in Wien streng verboten. So kam der Polizist und arretierte ihn von der Stelle weg, er durfte uns nicht einmal anrufen. Das ist der österreichische Polizeistaat im Gegensatz zu England, wo jeder Mensch im Hyde Park sprechen kann, ohne belästigt zu werden.

1902 in Wien als Kind jüdischer Eltern geboren und dort aufgewachsen, beginnt Königs Entwicklung im Judentum, von dem er sich eigenständig bereits als Zwölfjähriger zu lösen beginnt, sich zum Christentum wendet und sich sechzehnjährig in der katholischen Kirche taufen lässt, jedoch bald aus der konfessionellen Bindung herauswächst.

Seine religiöse Innigkeit ist mit der ernsten Suche nach philosophisch und wissenschaftlich erfassbarer Wahrheitsliebe in einem sozialreformierenden Kontext menschlicher Brüderlichkeit verbunden. Die Krönung seines frühen Jugendstrebens erlebt Karl König in seinem neunzehnten Lebensjahr am 4. Mai 1921, im Umkreis des ersten Mondknotens, der Wiederkehr der Geburtskonstellation von Erde, Sonne und Mond:[4]

> Ich habe in den letzten Tagen etwas durchlebt; was noch niemals in mir war. Die Umwelt ist für Stunden von mir gefallen, und ich habe das Innerste erblickt: ich habe erfasst, dass wir teilhaben am ganzen All der Ewigkeit, dass das Ich das All-Eine ist. In diesen Stunden kam mir mein Bewusstsein viel größer und weiter als die Sterne vor. Die Zeit dauerte sehr sehr lange. Mir war, als hätte ich erst in diesen Stunden das Denken erfasst.[5]

Hiermit deutet Karl König die geistige Pforte an, die er auf dem Weg zu seinen akademischen Studien an der Universität Wien durchschritt. Als Realschüler musste er zunächst das Latinum nachholen. Er hörte währenddessen auch Vorlesungen über Botanik, Zoologie, experimentelle Zoologie und Biologie sowie zwei Semester lang auch Physik, Chemie und höhere Mathematik. Bei all dem pflegte er von Jugend an eine intensive Auseinandersetzung mit der Dichtung und der Musik; liebte insbesondere Beethoven, Bruckner und Mahler, spielte auch sehr gerne Klavier, sodass die Musik ein zentrales Element in seiner Bildung ausmachte und er sogar den Beruf eines Dirigenten in Betracht zog. Aber sein Interesse für das Wesen des Menschen und sein entschiedener Heilerwille, in dem er aber den Menschen nie nur für sich, sondern immer auch im sozialen Zusammenhang sah, führten ihn zum Medizinstudium.

Bei seinem Eintritt in die Universität notierte er in seinem Tagebuch, dass sich *die Welt der naturwissenschaftlichen Forschung ... vor mir mit unmäßiger Gewalt zu enthüllen* begann; mit Gelassenheit ahnte er:

> Das materialistische Meer wird auf mich einstürmen. Aber ich will standhalten. Die Welt und das All sind voll von Gott und voll von Engeln und Wundern, voll von Güte und Zorn und voller Willen.

Als er sich dann auf die mathematisch-materialistischen Anschauungen und Forschungen einließ, wie sie im Fach Medizin nötig sind und gefordert werden, begegnete er Goethe, den er bis dahin nur als Dichter kannte und schätzte, nun auch als Naturforscher. Damit wird ihm der Geist des wahrhaft Lebendigen, den er im Bereich des Denkens bereits ergriffen hatte, auch in naturwissenschaftlicher Hinsicht greifbar.

> [Goethes] botanische und anthropologisch-morphologische Darstellungen wirkten auf mich wie eine Erlösung. Hier fühlte ich mich unmittelbar angesprochen, das waren die Tore, die zu möglichen Antworten führen werden. Ich begegnete in den Goethe'schen Anschauungen über die Natur etwas, das mein Denken [...] belebte. [...] Nun erst wurde das Studium der Anatomie, der Embryologie und Histologie zu einem täglichen Quell innigster Freude. Knochen und Muskel offenbarten mir neue Welten. Die Idee der Metamorphose ergriff mich tief, und ich lernte ahnend das Walten der Bildekräfte der Natur kennen. So begann ich auch die Identität, die zwischen diesen Bildekräften und unseren Gedanken besteht, zu erfassen. Draußen in der Natur wirken diese bildenden Kräfte so, dass sie alle organischen Formen entstehen lassen. Drinnen, in der menschlichen Seele aber, sind sie die Bildner unserer Gedanken und Ideen.[6]

So entsteht Königs Menschenbild zwischen einem geisterfüllten Kosmos und dem natürlichen Leben von Pflanze und Tier auf der Erde. Dabei richtet er seinen Blick auf das Werden des Menschen im Bereich der Embryologie und Evolution. Durch seine damaligen tiefen Fragen kann man sich vielleicht daran erinnert fühlen, wie genau einhundert Jahre zuvor[7] solche Fragen in Charles Darwin lebten, der aber bewusst alles Künstlerische ausschloss, verbannte, das davor ebenso eine Rolle in seinem Leben gespielt hatte, um sich ganz der naturwissenschaftlichen Forschung hinzugeben, was er aber im Alter bereute.[8]

Drei Jahre verbrachte König am Embryologischen Institut. In seinem Tagebuch finden wir folgenden Eintrag:

> Ich lernte die Wege der sogenannten exakten Forschung kennen – und – unterrichtete [...] Hunderte von Studenten in der Kunst des Mikroskopierens; vor allem aber wurde mir die Entwicklung und Ausgestaltung des menschlichen Embryo gründlich vertraut.[9]

Das phylogenetische und ontogenetische Grundgesetz beschäftigte ihn und lenkte seinen Blick auf die spirituellen Aspekte der Evolution von Mensch, Erde und Welt. Im gegenwärtigen Tierreich schaute er auf längst vergangene Stufen der Menschwerdung, welche das Tier wie ein zurückgebliebener Bruder des Menschen bewahrt. Aus dem Geist einer solchen Anschauung, die von dem Prinzip des durch Pflanze und Tier zum Menschen aufsteigenden Lebens durchdrungen ist, betrachtet Karl König das Tierreich, woraus der Titel *Bruder Tier* hervorgeht. Es handelt sich um ein uraltes, aber von uns heute in neuer Form zu erringendes Mysterienprinzip, an dem Karl König von den allerverschiedensten Seiten lebenslang gearbeitet hat. Hier steht das Tier in der Mitte zwischen Mensch und Pflanze. Eine knappe Beschreibung dieses Mysterienprinzips, von Rudolf Steiner geschildert, sei hier angeführt. Ausgehend von der Fortpflanzung im Bereich der Pflanzen beschreibt er:

> Wer in die tieferen Beziehungen eindringt, betrachtet die Pflanze als einen umgekehrten Menschen. Sie hat unten die Wurzel, dann nach oben den Stängel, Blätter, Staubgefäße und Stempel; die Stempel enthalten die weiblichen, die Staubgefäße die männlichen Befruchtungsorgane. In naiver Unschuld streckt die Pflanze die Befruchtungsorgane der Sonne entgegen, denn die Sonne ist die Befruchtungskraft. Die Wurzel ist in Wahrheit das Haupt der Pflanze, welche die Befruchtungsorgane in den Weltenraum hinausstreckt und deren Kopf von dem Innern des Erdzentrums an-

gezogen wird. Der Mensch ist umgekehrt, er hat das Haupt oben und die Organe, die die Pflanze zur Sonne hinaufstreckt, unten. Das Tier steht in der Mitte, es hat den Leib horizontal. Wird die Pflanze halb gedreht, so ergibt sich die Stellung des Tieres, wird sie ganz umgedreht, die des Menschen. Das hat die alte Geheimwissenschaft in einem uralten Symbol ausgedrückt, im Kreuz, und hat gesagt, wie Plato es nach den alten Mysterien ausdrückt: Die Weltenseele ist ans Kreuz des Weltenleibes geschlagen. – Das heißt, die Weltenseele ist in allem enthalten, aber sie muss sich hinaufarbeiten durch diese drei Stufen hindurch; sie macht ihre Reise am Kreuz des Weltenleibes durch.[10]

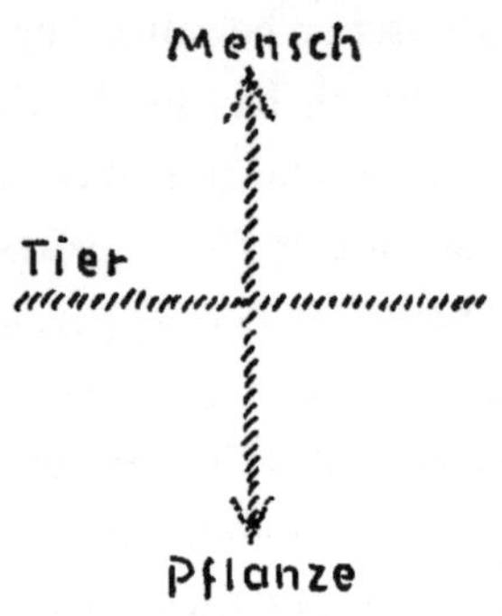

Erdenkreuz der Weltenseele, nach einer Zeichnung Rudolf Steiners[11]

Diesen Zusammenhang behandelte Rudolf Steiner in der Zeit 1905/06 öfter; zum Beispiel auch in einem Vortragszyklus in Paris über *Kosmogonie*.[12] Hier kann uns eine Formulierung besonders interessieren:

Nehmen wir einmal an, wir sähen zwei Brüder, von denen der eine intelligent und schön, der andere hässlich und beschränkt ist. Was würde man von einem Menschen sagen, der glauben würde, dass der intelligente Bruder von dem idiotischen abstamme?

> Auf dieser Linie liegt der Irrtum des Darwinismus in Bezug auf die Rassen. Der Mensch und das Tier haben einen gemeinsamen Ursprung. Die Tiere sind eine Dekadenzerscheinung von einem gemeinsamen Vorfahren, von dem der Mensch den höheren Entwicklungsgrad darstellt.
> Das braucht uns nicht hoffärtig zu machen, denn nur den niederen Reichen ist es zu danken, dass die höheren sich entwickeln konnten.[13]

Anschließend stellt Rudolf Steiner diese Tatsache in einen Zusammenhang mit der Demut des Christus bei der Fußwaschung (Joh. 13). Diese Haltung ist es, die wir bei Karl König erleben können und die zu der Formulierung «Bruder Pferd» im letzten der Aufsätze führte, woraus der Freund und Verleger Fritz Götte den Buchtitel *Bruder Tier* ableitete. Im gesamten Werk finden wir immer wieder Textstellen, in denen Karl König das Tier als vom ätherischen Weltenwesen durchzogenes Geschöpf schildert. Auf diese Zusammenhänge ist er bereits durch Goethes Metamorphoselehre aufmerksam geworden, die von diesem Strom des Lebens handelt, der in seinen typischen Ausprägungen – als «Typus» bezeichnet – von der Urpflanze zum Urtier bis herauf zum Menschen in drei Stufen aufsteigt, von denen Goethe einmal sagt:

> Ich war völlig überzeugt, ein allgemeiner, durch Metamorphose sich erhebender Typus gehe durch die sämtlichen organischen Geschöpfe durch, lasse sich in allen seinen Teilen auf gewissen mittleren Stufen gar wohl beobachten, und müsse auch noch da anerkannt werden, wenn er sich auf der höchsten Stufe der Menschheit ins Verborgene bescheiden zurückzieht.[14]

Damit ist das innerste Wesen des naturforscherischen Goetheanismus gekennzeichnet, den König als junger Student zu erfassen vermochte und an dessen Entfaltung er zeitlebens arbeitete. Die große Aufmerksamkeit, die er dabei der Zoologie widmete, bezeugt seine noch heute vorhandene Bibliothek, in der sich mehr als 190 wissenschaftliche Werke befinden, die mit zahlreichen Randbemerkungen versehen sind.

Das Hauptwerk seines Lebens aber besteht nicht in gedruckten Texten, sondern in dem Aufbau der als «Camphill» bekannt gewordenen therapeutischen Gemeinschaft, die in Schottland begann und inzwischen weltweit gewachsen ist. Hier widmet man sich der Therapie Seelenpflege-bedürftiger Kinder und Jugendlicher sowie der sozialtherapeutischen Arbeit mit erwachsenen Menschen. Dabei kommt es zu einer therapeutischen Gemeinschaftsbildung, die mit dem Suchen und dem Aufbau einer wahrhaft geist- und naturgemäßen Sozialordnung verbunden ist. Den Aufbau dieser Arbeit nimmt der fünfunddreißigjährige König in Zusammenarbeit mit zwei Jugendgruppen in Angriff. Bei dieser Unternehmung wird er besonders von Dr. Ita Wegman begleitet, der ärztlichen Mitarbeiterin Rudolf Steiners, bei der er in der klinischen und heilpädagogischen Arbeit assistiert hatte. Unter den vielen Freunden der damaligen Zeit sei der Arzt Eugen Kolisko hervorgehoben. Kolisko kannte König bereits aus der gemeinsamen Jugendzeit in Wien. Er wurde von Rudolf Steiner als Schularzt an die erste Waldorfschule nach Stuttgart berufen und bekam von ihm auch entscheidende Hinweise zur kosmischen Gliederung des Tierreiches.[15]

Die Freunde verband das Interesse für Medizin und Zoologie sowie das gemeinsame Anliegen im Hinblick auf die Ernährung, die Landwirtschaft und das soziale Leben. So wirkten sie immer wieder an Tagungen zusammen und trafen sich 1938 im britischen Exil wieder, wo aber die Hoffnungen auf eine konkretere Zusammenarbeit 1939 durch Koliskos frühen Tod abbrachen. 1930 hatte Kolisko über *Die zwölf Gruppen der Tiere* in Zusammenhang mit dem Tierkreis publiziert. Das ist direkt auch für die Entstehung von *Bruder Tier* wichtig, denn Karl König knüpfte daran an: Obwohl er gerade erst nach Schottland gekommen war, mit der Gründung der kleinen Gemeinschaft und ihren alltäglichen Pflichten sehr beschäftigt war, schrieb er 1939 und 1940 ausführlich über die Tiere und den Tierkreis.[16] Die vorbereitenden Notizen nehmen fast hundert Seiten in seinem Notizbuch ein, die er wohl hauptsächlich auf der wöchentlichen Zugfahrt nach Dundee schrieb, denn er musste regelmäßig zur Universität, weil sein deutschsprachiges medizinisches Studium in der Kriegszeit nicht anerkannt wurde. Trotz allem war es ihm wichtig, diese umfassende Arbeit fertig zu stellen; eine Arbeit, die er über viele Jahre vertiefte und in verschiedenen Kursen, Vorträgen und Seminaren – später auch für Ärzte und Künstler – darstellte. Zusammen mit *Bruder Tier* zeugen sie davon, dass König, getragen von einem umfassenden Wissen, durch seine bildhafte Art des Betrachtens,[17] die nur aus dem im Herzen erwachten Denken gegründet ist, tiefere Schichten des Tierreichs erschließt, was für alle Menschen, besonders aber auch für Lehrer wegweisend ist. Von Zuhörern seiner damaligen Vorträge erfahren wir, wie diese Bildhaftigkeit unmittelbar wirkte und auf das Publikum übersprang. Seine Darstellungsart vermittelte reichhaltige innere Bilder, doch wenn er über Tiere sprach, reichten wenige Gesten oder ein kurzer, schaukelnder Gang und man erlebte den Elefanten vor sich.

In der seit 2007 erscheinenden Karl König Werkausgabe sind bereits einige Ausführungen über Tiere erschienen, die König für Landwirte gab.[18] Aus der Fülle seiner Arbeiten werden weitere Schriften zum Thema zu publizieren sein. *Bruder Tier* erschien erstmals als Aufsatzreihe in der Zeitschrift *Die Drei*; 1956 die Beiträge über «Die Wanderungen der Aale und Lachse» und «Die Taube als heiliger Vogel». Fritz Götte, Mitbegründer des Verlag Freies Geistesleben und ab 1953 Redakteur der Zeitschrift, hat die elf Aufsätze kurz nach Königs Tod als Buch zusammengefasst. Allerdings war der letzte Teil – über das Pferd – noch nicht ganz fertiggestellt, denn an diesem Aufsatz schrieb König im wahrsten Sinne des Wortes noch in seinen letzten Tagen. Auf Seite 48 des Manuskriptes stand als letzte Überschrift: «Epilog». Wir haben es dem einfühlsamen Verleger Götte zu verdanken, der ein enger Freund Königs geworden war, dass wir heute etwas davon erahnen können, wie König den Abschluss wohl hätte gestalten wollen. Unter Verwendung der Vorbereitungsnotizen rundete Fritz Götte den Epilog und somit das Buch selbst ab. Im Geleitwort zur ersten Auflage 1967 berichtet Götte von dem Gespräch mit König im Jahr 1959, in dem beschlossen wurde, die Reihe fortzusetzen:

> Hierbei fiel das Wort, wir sollten versuchen, immer mehr Tiere aus ihrer heutigen Gefährdung, ja Ausrottung durch den Menschen in eine Arche Noah, welche sich in der Menschenseele selber bilden sollte, hineinzuretten.

Diese Aussage – drei Jahre vor dem Erscheinen des bahnbrechenden Buches *Silent Spring*[19] – hat sicher nichts von ihrer Brisanz verloren.

Karl König
Bruder Tier – Aufsätze

Geleitwort zur Erstausgabe 1967

von Fritz Götte

Karl König ist am 25. September 1902 in Wien geboren; am 27. März 1966 ging er in Brachenreuthe am Bodensee durch die Todespforte. Er war Arzt, und er war es in einem umfassenden Sinne. Sein ärztliches Bemühen ging über das Behandeln einzelner Menschen hinaus; er schuf soziale Zusammenhänge, in denen Heranwachsende, Kinder und Jugendliche, welche vom sogenannten normalen Leben nicht ohne Weiteres aufgenommen werden konnten, sich in vollem Sinne als Menschen zu entfalten und zu erleben vermochten. In dieser ausgedehnten Arbeit trug ihn der tief in der eigenen Seele verwurzelte Gedanke: es gibt im Grunde keine Abnormen; wir sind alle Menschen schlechthin, wenn auch der eine oder andere in einem Erdenleben einmal hilfsbedürftiger sein möge als die Mehrzahl der Mitlebenden. Ein Brüderlichkeitsgedanke, den er durch das gesprochene und das geschriebene Wort, vor allem aber durch sein Tun eindrucksvoll vertrat.

Aber Karl König erlebte dieses brüderliche Verbundensein nicht nur gegenüber den hilfebedürftigen Menschen. Er war davon gleichermaßen erfüllt gegenüber den Tieren. So ergab es sich ganz konsequent, dass er auch – um dieses etwas sonderbar Anmutende zu sagen – für die Menschlichkeit des Tieres eintrat. Eine Hauptquelle war ihm dabei die Evolutionslehre seines Lehrers Rudolf Steiner, des Begründers der Anthroposophie, welche von der Schicksalsverbundenheit von Mensch und Tier spricht, die schon von Urvergangenheiten her besteht. Es ist eine Evolutionslehre, welche von der Trennung des Tierischen (wie auch des Pflanzlichen und Mineralischen) im Menschwerdungsprozesse spricht, aber auch von einer kommenden Wiedervereinigung oder – paulinisch gesprochen – von der Erlösung der Kreatur.

Karl König ist in seinem Denken und Sinnen einer solchen christlichen Strömung tief verpflichtet, damit aber auch Goethes morphologischen Arbeiten, die ihn den jeweiligen Typus als Abwandlung einer ideellen Grundgestalt aufzusuchen lehrten. Es ist die Lehre von jener «haushältischen Natur», die sich, wie Goethe im Anschluss an Geoffroy de Saint-Hilaire schreibt, «einen Etat, ein Budget vorgeschrieben, in dessen einzelnen Kapiteln sie sich die vollkommenste Willkür vorbehält, in der Hauptsumme jedoch sich völlig treu bleibt, indem, wenn an der einen Seite zu viel ausgegeben worden, sie es der anderen abzieht und auf die entschiedenste Weise sich ins Gleiche stellt». Man wird diesem Goethe-Schlüssel auf den folgenden Seiten wiederholt begegnen.

Der Verfasser unserer Tierbetrachtungen hat, bevor er sich der Medizin zuwandte, und in dieser besonders der Embryologie, auch Zoologie studiert. Aber das Buch vom Tier als Begleiter des Menschen soll kein einschlägiges «Fachbuch» sein, ja, Karl König hat wohl kaum an eine Buchveröffentlichung gedacht. Sein früher Tod hat überdies ausgeschlossen, dass er seine Darstellungen noch einmal ausgestaltete und überarbeitete. Wir bringen dieselben nunmehr so, wie sie in der Zweimonatsschrift für Anthroposophie und Dreigliederung *Die Drei* ursprünglich erschienen sind. Karl König bot der Schriftleitung im Jahre 1956 die ersten Arbeiten an: «Die Wanderungen der Aale und Lachse» sowie «Die Taube als heiliger Vogel». Es ergab sich dann eine dreijährige Pause, bis aus Gesprächen der Gedanke entstand, einer breiteren Leserschaft einzelne Tiere in jenen brüderlichen Gesinnungen nahezubringen. Hierbei fiel das Wort, wir sollten versuchen, immer mehr Tiere aus ihrer heutigen

Gefährdung, ja Ausrottung durch den Menschen in eine Arche Noah, welche sich in der Menschenseele selber bilden sollte, hineinzuretten.

In der Arbeit über das Bärengeschlecht fällt das Wort von der «eigenen Würde», welche jeder Tiergruppe zukomme. Es ist eine Würde, welche eine frühe Menschheit – Königs mythologische Hinweise bestätigen es – dem Tierwesen voraussetzungslos zuerkannte, eine Würde, die aber der immer einseitiger intellektuell und egoistisch werdende Mensch zerstörte. König wollte helfen, sie durch ein neues Anschauen der Tiere wieder aufzubauen und so auch zu ihrer Erlösung beizutragen.

Vielleicht kann man das vorliegende, erstmalig von ihm Notierte mit Skizzen bezeichnen, Skizzen als Beiträge für eine «künftige Zoologie», die ihm vorschwebte, wofür die heutige Verhaltensforschung eine erste und «eine mehr spirituelle Interpretation ethnologischer Phänomene» eine weitere Tür sei in ein «Reich neuer Einsichten». Königs Gedankengänge und Verknüpfungen sind dabei oft kühn, zuweilen gewagt, aber selbst im Widerspruch noch anregend und in ihrem Grundbestreben unantastbar gerechtfertigt.

Die Herausgabe der vierzehn Tierbilder in der ursprünglichen Gestalt erfolgt um jener anregenden Wirkung willen, weiter aber, weil sie breiteren Kreisen, denen das gegenwärtige traurige Schicksal der Tierwelt nicht gleichgültig ist, neue Zugänge zu ihrem Wesen verschaffen können und nicht zuletzt auch deshalb, weil sie Erziehern einer heranwachsenden jungen Generation Stoff und Motive zu bieten vermögen, damit in ihr – anders als bei den im Geiste des Materialismus und der nackten Nützlichkeit aufgewachsenen Vorausgegangenen – früh- und rechtzeitig eine begründete Liebe zu ihren Brüdern im Tierreich sich bilden kann.

Vom Ursprung der Robben

Die Wanderung der Tiere

Das ganze Reich der Tiere ist von einem ständigen Wandertrieb durchwirkt. Es gibt kaum eine Familie oder eine Art, in der das Ziehen und Wechseln nicht zum Bestand ihrer Existenz gehörte. Die Fahrten und Reisen gehen über kleine und große Räume. Einzelne Gattungen haben die Fähigkeit, die Weltmeere zu durchkreuzen; andere überfliegen ganze Kontinente.

Dieses Wandern tritt in der mannigfaltigsten Gestalt auf. Es kann, wie beim Ziehen der Vögel, über viele Tausende von Kilometern sich erstrecken; bei manchen Schmetterlingen hohe Gebirge übersetzen. Alle Elemente, Erde, Wasser und Luft werden durchzogen. Die Rentiere wechseln regelmäßig über weite Strecken des Nordens; die Aale, die ihre Wiege im Sargassomeer haben, schieben sich nach Osten weiter und steigen die Flüsse des eurasischen Kontinents hinauf. Die Lachse machen den umgekehrten Weg, von den Quellen der Bäche zurück in den Ozean. Die alles zerstörenden Massen der Wanderheuschrecken, die Horden der Wanderameisen schwirren und kriechen in überwältigender Zahl über weite Landstriche.

Der Zug der Heringe, das Auftauchen des Störs, das Erscheinen der Seehunde, Seelöwen und Pinguine zu ganz bestimmten Zeiten des Jahres und ihr Verschwinden nach kürzeren oder längeren Perioden sind Teilerscheinungen dieses unentwegten Kommens und Gehens, das alle Stämme der Tiere durchzieht.

Kann man diesem Wandern und Ziehen der Tiere eine einheitliche Ursache unterstellen? Es handelt sich dabei um ein ungewöhnlich komplexes Geschehen, das augenscheinlich den verschiedensten Bedingungen unterliegt. Jede einzelne Tierart hat die ihr zugehörige Form des Wanderns, und sie ist ebenso charakteristisch für die betreffende Art wie die Gestalt des Leibes oder die Anordnung der Zähne. Manche Wanderungen unterstehen jahreszeitlichen Rhythmen; andere erfolgen mit den Phasen des abnehmenden oder zunehmenden Mondes. Oft sind die Paarungs- und Geburtsperiode mit dem Ortswechsel eng verbunden. Es gibt auch nomadische Tiere, die ihren Futterplätzen nachziehen, und andere, die von einem plötzlich und ganz aperiodisch auftretenden «Wander-Wahnsinn» ergriffen werden und gleich den skandinavischen Lemmingen in den unmittelbaren Tod rennen. Versucht man, einige allgemeine Wesenszüge des Wanderns der Tiere aus der Vielfalt der einzelnen Erscheinungen herauszuarbeiten, dann ergeben sich wichtige Gesichtspunkte; wir müssen nur die Idee des Wanderns so weit als möglich fassen. Je umfassender wir das Phänomen anschauen lernen, umso deutlicher tritt das Wesentliche und Charakteristische zutage.

Ein Bienenstock, der durch Wochen hindurch der regelmäßigen Arbeit oblag, der Honig sammelte, die Larven versorgte, die jungen Bienen ihre Geschäfte und Tätigkeiten lehrte, wird plötzlich, und manchmal innerhalb weniger Stunden, von einer das ganze Volk ergreifenden Unruhe durchsetzt. Alle Regelmäßigkeit ist unterbrochen. Das Sammeln des Honigs war schon in den vorhergehenden Tagen herabgesetzt, und die Weiselzellen, in denen die künftigen Königinnen fast bereit zum Auskriechen sind, werden streng behütet. Dann, nach einer kurzen Regenperiode, wenn die Sonne wieder durchbricht, kommt es wie mit einem Male zum Schwärmen. Die alte Königin und eine große Menge junger Arbeiterinnen verlassen den Stock und gehen als eng zusammengedrängter Schwarm auf die Suche nach einem neuen Nest.

Die Lemminge Norwegens, eine Wühlmäuseart, können durch Jahre hindurch auf den Hochebenen und Hochmooren der nördlichen Gebirge vereinzelt, kaum beachtet und sehr scheu und zurückgezogen dahinleben. Eines Sommers aber, nachdem das Brutgeschäft öfter und reicher als sonst vollzogen worden ist und eine Unzahl von jungen Lemmingen die Heide bevölkern, bricht plötzlich, über ganze Landstriche hin, der Wandertrieb über sie herein. Zu Abertausenden rotten sie sich zusammen, werden kämpferisch, angriffslustig, streitsüchtig und rennen durch Wald und Busch, überqueren Flüsse, stürzen in tiefe Schluchten, erdrücken sich gegenseitig zu Tausenden und ziehen, Körper an Körper gepresst, immerzu gegen Westen, bis sie die Gestade des Meeres erreichen und, immer weiter wandernd, im Wasser untergehen.

Die Pinguine, die durch Monate die Inseln und Landzungen der Antarktis gemieden haben, tauchen plötzlich, wie von einem Zauberstab berührt, zu Hunderten aus den Tiefen des Ozeans auf und bevölkern, Kopf an Kopf gedrängt, das feste Land. Dort bauen sie die einfachen Gehege; es sind Gruben oder kleine, steinumfasste Mulden. Dorthinein legen sie ihre Eier und brüten die Kleinen aus. Nachdem die junge Brut «flügge» geworden ist und schwimmen gelernt hat, gehen die Scharen wieder zurück ins Meer und verschwinden, niemand weiß wohin, für den Rest des Jahres. Diese Beispiele könnten durch zahlreiche andere vermehrt werden. Immer zeigt es sich, dass beim Auftauchen des Wanderns auch ein anderes Element mit erscheint. Die einzelnen Tiere rotten sich zu größeren oder kleineren Gruppen zusammen. Vögel, Fische, Insekten, alle schwärmen und ziehen und streichen in großen, dicht gedrängten Scharen ihrem Ziel entgegen. Viele Erklärungen dieses tierischen Verhaltens wurden erdacht. Jede einzelne dieser Theorien enthält ein Stück Wahrheit, keine aber wird dem Phänomen selbst in seiner umfassenden Größe gerecht. Sicher spielen Hunger, Fortpflanzungstrieb und Todeserwartung dabei eine Rolle. Warum aber kommt es zu diesen Zusammenrottungen? Was geschieht dem Einzeltier, dass es vielfältige Gemeinsamkeit mit seinen Art- und Stammesgenossen sucht und nur mit ihnen zusammen die Züge und Reisen und Hochzeitsflüge unternimmt? Warum drängen sich Tausende von Pinguinen, Zehntausende von Robben, Millionen von Heringen, Aalen, Sardinen plötzlich zusammen? Die einen ziehen gemeinsam, die anderen lassen sich, in zahlloser Fülle, an bestimmten Plätzen gemeinsam nieder.

Können wir ahnend erfassen, was sich in diesen Augenblicken des Tierlebens vollzieht? Sicherlich kann man versuchen, eine Drüsenfunktion, das plötzliche Erwachen eines Instinktes und manches andere dafür verantwortlich zu machen. Die Drüsen aber ändern ihre Funktion, die Instinkte wachen auf, weil ein Höheres, Stärkeres die ganze Tierart durchsetzt und sie wie verwandelt.

Was geschieht mit einer Gruppe von Vögeln, die im Herbst sozusagen den Wanderstab ergreifen, um nach Süden zu ziehen? Eine plötzlich auftretende Unruhe überkommt sie; die Zusammenrottungen vollziehen sich und das Reisen beginnt. Zugvögel, die in Käfigen gehalten werden, erleben zu der Zeit, da ihre freien Artgenossen zu wandern beginnen, das gleiche Unruhigwerden. Lucanus sagt darüber: «Rastlos flattert und tobt der Gefangene im Käfig umher und zerstößt sich dabei häufig das Gefieder fast bis zur Unkenntlichkeit ... Dies beweist untrüglich, dass es nicht äußere Gründe sind, die den Zugvogel auf die Wanderschaft treiben, sondern dass er einem allgewaltigen Triebe folgt, der ihn völlig beherrscht und von ihm nicht willkürlich unterdrückt oder abgeändert werden kann. Der Zugvogel zieht, weil er ziehen muss!»[1]

Warum aber müssen die Vögel ziehen? Weil alle Tiere, in ähnlicher Art wie der Mensch, von bestimmten Rhythmen des Lebens durchwirkt sind. Es ist unberechtigt, den Wandertrieb der Tiere mit dem Reise- und Forschungsverlangen der Menschen auch nur annähernd zu vergleichen. Dieser fatale Irrtum hat immer neu die wahren Einsichten verhindert. Die Tiere wandern und ziehen so, wie die Menschen schlafen und wachen. Die Vögel, die sich zum Zug nach dem Süden vorbereiten, erleben eine Bewusstseins-Änderung, der sie nachgeben müssen. Es ist ein Abendwerden, ein Einschlaf-Erlebnis, das sie überkommt. Und nun beginnen sie vom Süden zu träumen, und jede Art hat ihren gemeinsamen Traum, schließt sich im Erlebnis dieses Traumes zusammen und findet, Schlafwandlern gleich, ihren Weg in das Land ihrer Träume. Bei ihnen allen tritt eine Linderung des Verhaltens ein. Der gleiche Lucanus erzählt: «Auf der Kurischen Nehrung habe ich oft genug beobachten können, wie Wanderfalken und Sperber in unmittelbarer Nähe von Drosseln, Staren, Finken oder anderen Kleinvögeln dahinzogen, ohne dass sie irgendwelche Raubgelüste zeigten, und dass auch alle diese Kleinvögel die sonst so gefürchteten Räuber gar nicht beachten, sondern unbekümmert um deren Nähe ihre Luftreise fortsetzten, ohne auch nur im Geringsten die Flugrichtung zu ändern.» Das ist nur dadurch zu erklären, dass sie alle, Räuber und Opfer, gemeinsam zu Träumern geworden sind. Ein leichter Schlaf hat sie überkommen, und während der Zeit ihres südlichen Aufenthaltes werden sie aus diesem Schlaf erst erwachen, wenn der frühe Morgen ihrer Rückreise anbricht. Dann beginnen sie, nach ihrer Heimat zurückzustreben; diese jedoch ist Tag und Tagewerk. In der Heimat tritt das Erwachen ein – der Nestbau, die Brutpflege, die Sorge für die Aufzucht. Nachdem diese Arbeit getan ist, beginnt der Abend des Aufbruchs und der Traum des Südens sie wieder zu überkommen.

Hier enthüllt sich der gewaltige Hintergrund, dem alles tierische Wandern unterliegt. Wie wir Menschen im Rhythmus der täglichen Erdumdrehung schlafen und wachen, so durchzieht die Tiere ein ähnlicher, aber jährlicher Rhythmus. Nicht die Erde, sondern das Zusammenspiel von Erde, Sonne und Mond rhythmisiert das Schlafen und Wachen der Tiere. Das Wandern und Ziehen ist ein Einschlaf- und Aufwach-Erlebnis der Gruppenseelen der einzelnen Arten. Die Allgewalt dieses Geschehens ist aus Instinkten, Trieben und Verhaltensweisen gar nicht allein zu erklären. Ein mächtiger Seelenatem durchzieht die einzelnen Völker der Tiere; er hebt sie ausatmend aus ihrem Tagewerk in ein Traumland und führt sie, einatmend, wieder zurück in den Alltag.

Erst beim Anblick dieser die ganze Erde durchflutenden Atemzüge ist auch das Leben der Robben zu ergründen. Diese große, seltsame und mit so vielen Geheimnissen umwobene Tiergruppe untersteht dem Gesetz dieses Rhythmus in einer nun zu betrachtenden speziellen Art.

Der Jahreskreislauf

Das Leben der meisten Robben ist weitgehend durch einen Wechsel zwischen Wandern und Ruhen bestimmt. Dieses Lebenspendel wird noch dadurch in seinen Ausschlägen besonders betont, dass die eine Periode sich vorzüglich im Element des Wassers, die andere aber gänzlich auf dem Trockenen abspielt. Die Dauer der einzelnen Perioden schwankt mit den Arten und ihren Lebensräumen. Manche verbringen die Hälfte der Zeit auf dem Lande, andere nur wenige Wochen.

Die Jungen werden bei allen Robbenarten nur am Lande und niemals im Wasser geboren. Auch die Paarung erfolgt, bald nach der Geburt der Nachkommen, auf dem Trockenen. Und die Robbenjungen, hilflos und ganz der mütterlichen Sorge anheimgegeben, lernen erst nach einiger Zeit, unter der Führung und Anleitung der Mütter, das Meer kennen. In kleinen Tümpeln des Ufers erhalten sie richtigen Schwimmunterricht, bis sie das Element des Wassers beherrschen. Dann geht es zurück in die Weiten des Ozeans, und wenn sie wieder ans Land zurückkehren, sind sie schon kleine Herren und Damen geworden.

Die Entwicklung und Entfaltung der Jungen geht mit großen und schnellen Schritten vor sich. Das Milchgebiss wird bei den Arten, die es besitzen, schon vor oder bald nach der Geburt abgeworfen. Die Gewichtszunahme bei daraufhin untersuchten Seehund-Kindern beträgt etwa drei Pfund (!) täglich. So wachsen die Kleinen erstaunlich schnell heran und in einem Monat nach der Geburt ist schon die Säuglingszeit vorüber.[2]

Meist wird nur ein einziges Kälblein geboren, und wenn die Mutter, sich selbst vergessend, in den ersten Wochen nach der Geburt für ein oder zwei Tage hinausschwimmt und nicht nach ihrem Kinde sieht und womöglich nicht zurückkehrt, dann verhungert es. Die Kleinen beginnen jämmerlich zu greinen, und richtige Tränen rinnen aus ihren großen dunklen Augen.

Nach der Stillzeit bleiben die Jungen noch für einen weiteren Monat unbehütet am Strande. Die Mütter haben ihr Interesse für die Kleinen verloren und leben im Harem ihrer Männer. Die Kleinen aber wachsen weiter, obwohl sie kaum Nahrung aufnehmen; das Fell ändert seine Farbe, und wenn im aufziehenden Winter die Stürme einsetzen und die kalten Tage beginnen, dann ziehen alle, Alte und Junge, Große und Kleine, hinaus in das Meer. Wohin sie ziehen, ist vielfach nicht bekannt. Sie unternehmen aber weite Wanderungen, denn in Norwegen beringte Seehunde wurden im folgenden Jahr in Südschweden, in Schottland und auch in Island aufgefangen. Die Mehrzahl kehrt zu ihren alten Brutplätzen zurück. Der Einzug dorthin aber vollzieht sich nach streng geregelten Lebensgesetzen.

Die Bärenrobben z. B., die den nördlichen Pazifik, von Alaska bis Kamtschatka, bevölkern, beginnen gegen Ende Mai auf ihren Brutplätzen zu erscheinen. Zunächst kommen die älteren, mächtigen Herren, und bald danach ziehen die jüngeren Seebären nach. Während des ganzen Monats Juni besteht ein dauernder Krieg um die geeigneten Lagerplätze. Jeder der älteren Bullen umgrenzt sein eigenes Revier, wenige Quadratmeter groß, mit einigen Steinen und Erdklumpen; vor allem aber mit seinem Zorn und seiner Eifersucht. Tausende Reviere liegen dann nebeneinander, und die jungen Männchen, die noch keinen Anspruch auf eine Nestbildung haben, halten sich mehr oder weniger respektvoll im Umkreis auf. Um die Johannizeit, bis hinein in die ersten Tage des Juli, entsteigen dann Tausende von Weibchen dem Meer und lassen sich von den Bullen in die Reviere führen. Je kräftiger das Männchen ist, umso größer ist die Zahl seiner Frauen. In wenigen Tagen danach sind die Kinder geboren, werden gesäugt, aufgezogen, und gleichzeitig geschehen die neuen Hochzeiten und Paarungen.

In der Antarktis, wo die südlichen Bärenrobben ihr Ausbreitungsgebiet haben, vollzieht sich das gleiche Geschehen, nur beginnt es im November und währt bis zum März des folgenden Jahres.

Während dieser ganzen Zeit nehmen die Robben keinerlei Nahrung zu sich. Das Leben ist jetzt nicht Raub und Jagd, sondern Muße und Nichtstun. Es ist auch Streit unter den Männern, es ist Liebesspiel und Behagen. Die Kälbchen wachsen heran und treiben ihren kindlichen Unfug. Wer die Möglichkeit hatte, wie Lockley[3] durch viele Wochen bei einem solchen Brutplatz zu leben und seine Sitten und Zustände zu beobachten, ist immer wieder von der Zauberwelt dieses Daseins gefangen genommen.

Was sich auf allen diesen Plätzen, an welchen Flossenfüßer landen und sich niederlassen, abspielt, ist ein Bild ihres Eingebettetseins in den Sonnengang. Wenn das Tagesgestirn seiner jährlichen Kulmination zustrebt, dann steigen die Robben aus dem Meer ans Land. Sie folgen dem Aufstieg der Sonne. Nicht weil es wärmer wird und weil sie nun am Trockenen bessere Lebensbedingungen haben, verlassen sie das Meer. Das Tagesgestirn trägt sie mit seinem steigenden Licht aus den Tiefen des Wassers in die Höhen des Luftkreises. Es ist ein sommerlicher Einschlafprozess, der sich vollzieht. Die Robben werden von Traumbildern durchzogen und müssen sich ihnen hingeben. Dieser Bewusstseinswandel führt sie aus den Tiefen des Meeres ans Land. Sie hören auf zu essen, bereiten die Stätten ihres Liebeslebens vor und haben eine Art von Feriennacht. Ein Sommerschlaf beginnt über die verschiedenen Familien und Arten der Robben hinwegzuziehen.

Hier ist es umgekehrt wie bei den Zugvögeln. Diese vollziehen ihr Brutgeschäft als Tagearbeit. Die Robben haben es in ihren Nacht- und Traumbereich verlegt. Solche Unterschiede sind biologisch und erdgeschichtlich von großer Bedeutung und müssten viel eingehender, als das bisher der Fall war, untersucht werden. Wenn es dann Herbst wird und die Sonne ihre Kraft verliert und nach abwärts steigt, wachen die Robben wieder auf. Der Herbst ist ihre Morgenzeit. Dann gehen sie zurück ins Wasser und werden zu Räubern und Jägern; nun beginnen sie ihr Tagewerk. Diese Jahresperiodizität hat aber noch einen anderen Aspekt. Innerhalb des großen Säugetierkreises bilden die Robben (Pinnipedia) eine eigene Ordnung. Manche Forscher rechnen sie zu Raubtieren; einige Merkmale deuten auf die Hunde hin. Ihrem Charakter und ihrer Lebensweise nach ist es schwer, sie an bestimmte andere Ordnungen anzuschließen. Sie haben einzelne Züge, die sie den Raubtieren, andere, die sie den Elefanten verwandt sein lassen. Die Teilung zwischen einem marinen und einem terrestrischen Leben gibt ihnen den komplizierten Stil ihrer Existenz. Im Wasser sind sie Raubtiere; sie sind gefürchtete Jäger, und kein Fisch ist vor ihnen sicher. Dort können sie auch erstaunliche Schwimmleistungen vollbringen und sind kühn, keck und angriffsfreudig wie alle Raubtiere. Sie scheinen im Meer nicht in Herden zu leben, sondern bleiben Einzelgänger, die nur lose mit ihren anderen Artgenossen verbunden sind. Ausnehmendes Geschick und Geschmeidigkeit ist ihrer Motorik eigen. Auf dem Lande aber sind sie tölpelhaft; da die Oberarme und Oberschenkel sehr verkürzt innerhalb der Haut steckengeblieben sind und der Rest der Gliedmaßen zu flossenartigen Anhängen umgewandelt wurde, ist ihre Fortbewegung sehr erschwert. Sie kriechen und stemmen und schieben sich auf dem Boden entlang. Auch geben sie ihre Räuber- und Jägerallüren auf und werden friedlich. Sie schließen sich zu kleinen, an Huftiere erinnernde Herden zusammen. Ein Bulle regiert die ganze Herde, die aus einer verschieden großen Anzahl von Weibchen und dem sie umgebenden Jungvolk besteht.[4] Auch Elefanten haben ähnliche soziale Vergesellschaftungstendenzen.

So pendeln die Flossenfüßer nicht nur zwischen Wasser und Land hin und her. Sie pendeln, was ihren Charakter betrifft, auch zwischen

Raubtier und Huftier. Während ihrer Wachperiode gleichen sie den Ersteren; während der Traumperiode den Letzteren. Dazu kommen manche fast menschliche Züge oder zumindest anthropoid anmutende Züge. So wird nur ein einziger Säugling geboren und selten einmal Zwillinge. Die kleinen Kälbchen können greinen und Tränen vergießen und haben sogar ein Milchgebiss. Der menschenähnliche Ausdruck des Robbengesichts kommt dadurch zustande, dass die Augen groß und rund sind, und dass auch der Kopf eine fast kugelförmige Schädeldecke hat. So überragt die Stirne (bei manchen Arten, besonders den Seehunden) die Augen, und da auch das Maul nicht zu stark nach vorne geschoben ist, entstehen die humanen Züge des Gesichtes.

Als ich einmal in der Abenddämmerung am Strand von Tintagel stand, ganz nahe der Höhle Merlins, und das Meer sein dunkles Lied sang, tauchte plötzlich ein Seehund aus dem Wasser auf. Er blickte auf mich, neugierig, fragend, und unsere Augen begegneten einander. Es war ein Blick, wie ich ihn kaum jemals in solcher Unmittelbarkeit mit einem Tier gewechselt habe; ein Blick ohne Angst, ohne Scheu, mit vollem Verständnis für die Situation. Damals begann ich für das Rätsel dieser seltsamen Tiere aufzuwachen.

Lebensraum und Ursprung

Erdgeschichtlich weisen keine Vorfahren auf die Robben hin.[5] Ihre von der Paläontologie beschriebenen Skelette und Skelettabdrücke zeigen die gleichen Strukturen, die auch bei den jetzt lebenden Arten zu finden sind: die stummelförmigen Gliedmaßen, der zurückgebildete Schwanz und die charakteristische Bildung der Zähne. Die Funde wurden fast ausschließlich in denjenigen geologischen Schichten gemacht, die den beiden Ausgangszeitaltern des Tertiärs, dem Miozän und Pliozän entsprechen.

Die Tatsachen weisen mit deutlicher Sprache darauf hin, dass die Ordnung der Robben erdgeschichtlich spät und wahrscheinlich auch sehr plötzlich entstanden ist. Wo immer auch ihre Reste aufgefunden werden, zeigen sie ihre charakteristischen Merkmale, ohne Vorstufen und ohne Übergänge. Plötzlich, in voller und vollendeter Ausbildung, sind sie da.

Es kann zunächst kaum ein Zweifel darüber bestehen, dass die Robben ursprünglich Landtiere gewesen sind. Auch heute noch sind sie Lungenatmer, und die Neugeborenen sind so organisiert, dass sie während der ersten Lebenszeit nicht im Meer leben können. Deshalb müssen wir vorerst annehmen, dass alle Robben vom Land ins Wasser gegangen sind und wie in träumendem Erinnern, von der Sonne geführt, alljährlich in die Heimat ihres Ursprungs zurückkehren.

Wo liegen die Gestade, zu denen sie ihre Wege finden, und wo haben die Robben ihre hauptsächlichsten Brutplätze? Die letzten Erhebungen über die geographische Verbreitung aller Flossenfüßer zeigen eindeutig, dass die ursprünglichen Zentren, um die herum sie lebten, die beiden Polargebiete waren. Die Arktis sowohl als die Antarktis sind heute noch ihr Lebensraum.[6]

Bestimmte Arten wie z. B. die Seeleoparden, manche Stämme der Seelöwen und Elefantenrobben sind Bewohner der Antarktis. Andere steigen zur Paarung und Brutpflege auf viele Inseln und Halbinseln, die dem Nordpol vorgelagert sind. Grönland und Island, die östlichen und westlichen Gestade Nordkanadas und die zwischen Amerika und Asien sich ausbreitende und von Alaska bis Kamtschatka und Sachalin reichende Inselwelt sind ihre Heimat. Da die Robben ihren Sommerschlaf und Sommertraum ohne Nahrungsaufnahme zubringen, ist die öde, steinige, oft eis- und schneebedeckte Welt der polaren Gestade ein mögliches Lebensgebiet für sie.

Manche Robben aber, besonders aus der Unterordnung der Seehunde, finden ihren Weg, den Küsten entlang, nach dem Süden. In Europa sind sie in Irland, Wales und Cornwall regelmäßig zu sehen.

Sie können in Portugal erscheinen, und eine bestimmte Gruppe, die Mönchsrobbe, bevölkert sogar die Küsten des Mittelmeeres. Je südlicher sie wandern, umso undeutlicher wird die Jahresperiodik ihres Daseins. Sie spielen dann zwischen Wasser und Land hin und her und verlieren ihren ursprünglichen Lebensrhythmus.

Auch in Binnenmeeren wie dem Baikalsee und dem Kaspischen Meer sind sie beheimatet. Diese Tatsache aber könnte einen Schlüssel für ihre ursprüngliche geographische Verteilung geben. Vielleicht haben die Wellen der nach Süden vordringenden Eiszeitfluten sie erst mitgenommen und beim Rückgang dort belassen.[7] Für diese Vermutung sprechen auch die paläontologischen Funde, die Robbenskelette in Südrussland, in Ungarn, im Wiener Becken, in Südfrankreich, in Italien und sogar in Ägypten nachgewiesen haben.

Vom Norden, um die Arktis herum, scheinen die verschiedenen Ohrenrobben zu kommen. Dort, am Pol, war wahrscheinlich ihre ursprüngliche Heimat, in die viele von ihnen immer noch zurückkehren. Die nach Süden vorrückenden Gletscher der Eiszeitperioden brachten auch das Vordringen der Flossenfüßer mit sich. Je breiter der Eisgürtel wurde, umso weiter nach Süden schob er die ursprünglichen Polartiere vor. Auch aus der Antarktis schieben sich einzelne Robbengeschlechter die südamerikanischen Küsten entlang nordwärts, reichen bis Patagonien, und die Seelöwen gehen bis über den Äquator hinauf. Südafrika, Australien und Neuseeland sind gleichfalls Lebensgebiete der Robben.

Kann man aus diesen Einzelzügen paläontologischer und tiergeographischer Befunde ein zusammenhängendes Bild der Flossenfüßer gewinnen und daraus ihren erdgeschichtlichen Hintergrund entziffern? Sie sind Tiere, die in der Polarregion den geographischen Mittelpunkt ihrer Verbreitung haben. Von dort haben sie sich auf den Wellen der aufeinanderfolgenden Eiszeiten Schritt für Schritt in die gemäßigten Zonen vortreiben lassen.

Trotzdem blieb der Pol ihre Heimat. Je näher wir aber geographisch den Polargebieten kommen, umso mehr überwältigt der Jahreslauf der

Sonne den für die südlicheren und äquatorialen Erdgebiete so natürlichen Tagesrhythmus. Erdentag und Erdennacht werden in den Polartag und die Polarnacht umgewandelt. Durch Monate hindurch erscheint die Sonne nicht über dem Horizont, bis sie dann, im Frühjahr aufsteigend, für viele Wochen nicht mehr untergeht. Hier begegnen wir der gleichen Periodizität, die in dem Daseinsrhythmus aller Robben eingeschrieben ist. Zur Zeit der Polarnacht nimmt die unter den Horizont steigende Sonne ihre Robbenkinder mit, und sie tauchen in die Wasser der Weltmeere ein. Hebt sich die Sonne aber zum Polartag hinauf, dann ziehen über die ganze Erde hin die Robben ihr nach und klettern ans Land. Die ganze Ordnung der Robben ist von diesem polaren Sonnenrhythmus durchdrungen. Daraus aber wird erst die geographische Ausbreitung und der Grundzug im Lebensstil dieser Tiere verständlich.

Die Vorgeschichte der Flossenfüßer, die wir aus der geographischen Verbreitung und Verhaltensart erschließen konnten, und ihr Lebensrhythmus, der dem Sonnengang in den polaren Gebieten angepasst ist, führt uns erdgeschichtlich in jene Regionen, in welchen in den Anfängen der Erd- und Menschheitsentwicklung die Hyperboräis zu suchen ist. Damals lebte alles, was sich später als Menschengeschlecht und Naturreiche entfalten sollte, noch wie im Keim. Rudolf Steiner beschrieb es einmal in der folgenden Art:

> Ein gemeinsamer Weltenschoß war es, in dem die Lichtpflanze Mensch damals lebte, sich eins fühlend mit dem Lichtmantel der Erde. So war der Mensch in dieser feinen Dunstpflanzenform wie an der Nabelschnur der Erdenmutter hängend; so war er gehegt und gepflegt von der ganzen Mutter Erde. Wie in einem größeren Sinne heute das Kind gehegt und gepflegt wird im mütterlichen Leib als Kindeskeim, so war damals gehegt und gepflegt der Menschenkeim.[8]

Während dieser Erdperiode löste sich dann die Sonne aus der Erde heraus: *Und verbunden war dieses Hinausgehen der Sonne damit, dass der Dunst sich abkühlte zu Wasser.* Daraus entstand die «Wasser-Erdkugel» und der Mensch wurde so gestaltet, dass er teilweise *ein Wasserwesen war, aber hinaufragte in den das Wasser umgebenden Dunstkreis.* Dort erreichte ihn das von außen, von der die Erde umgebenden Sonne einstrahlende Licht.

In dieser Darstellung beginnt sich das Geheimnis vom Ursprung der Robben zu entziffern. In jener Erdregion, die heute noch die Heimat vieler Flossenfüßer ist, stand einst die Wiege der Menschheit. Dort lebten die lichtumflossenen, luftdurchglänzten Menschenleiber, *an der Nabelschnur der Erdenmutter hängend.* Immer zunehmender wurde die Verdichtung. Rudolf Steiner weist in dem oben zitierten Vortrag darauf hin, dass zur Zeit des Sonnenaustritts aus der Erde der Mensch jene Stufe *in seinem Leibe erreicht hatte, die wir heute degeneriert festgehalten sehen in den Fischen. Wenn wir heute das Wasser von Fischen durchzogen sehen, so sind diese Fische Überreste jener damaligen Menschen.*

Die Robben aber sind keine Fische, und dennoch sind sie auf das Leben im Wasser hin geformt und ausgestaltet. Wenn wir uns fragen, was Robbe und Fisch voneinander scheidet, dann wird die Antwort nicht schwer. Die Robben sind menschennäher; sie sind Säugetiere; sie bilden soziale Verbände, wenigstens zu der Zeit, da sie auf dem Trockenen leben; sie gebären ein einziges Junges und ziehen es, wenn auch nur durch wenige Wochen, auf.

Die Fische hingegen vertrauen ihre Eier in oft unendlicher Menge und Zahl dem Element des Wassers an, und selbst wenn manche Arten von ihnen Nester bauen und für Tage die Jungen betreuen, sind sie vom Säugetier und besonders von der Ordnung der Robben in Bau und Dasein und Verhalten unendlich weit entfernt. Der Fisch ist das Tier des Wassers, der Robben-Organismus aber ist nur an das Wasserleben angepasst. Die Gliedmaßen sind zu Schwimmfortsätzen umgestaltet; die Haut ist mit einer dicken Fettschicht unterlegt und gibt dem Tier den nötigen Wärmeschutz und die spindelartige, runde, für das Schwimmen so geeignete Körperform. Die Ohr- und Nasenöffnungen können im Wasser völlig verschlossen werden. So deuten alle Merkmale auf den Bewohner der Meere hin.

Wo aber liegt die Herkunft der Robben? Sind sie wirklich einstmals landbewohnende Säuger gewesen, die später ins Wasser gingen? Wenn das so gewesen wäre, müssten wir, mindestens andeutungsweise, Vorstufen dieser Meeresbewohner finden. Das ist aber nicht der Fall; fertig ausgestaltet treten sie in den beiden Endperioden des Tertiärs, im Miozän und Pliozän, auf. Nach Wachsmuths Untersuchungen[9] entsprechen diese geologischen Epochen den Anfängen der alten atlantischen Zeit, sodass in dieser Erdepoche, in welcher die Urformen der Säugetiere sich erst auszubilden begonnen haben, die Robben schon fertig ausgestaltet auftreten. Liegt hier nicht ein Widerspruch vor, der eine Erklärung fordert? Sind die Robben vielleicht die Vorfahren aller damals entstehenden Säugetiere? Nicht Vorfahren im Sinne einer Evolutionslehre, die ein Tier aus dem anderen durch irgendwelche illusorischen Kräfte der Vererbung und Anpassung entstehen lässt, sondern Vorläufer so, dass sie ihre primitive Leibesform, ihre angedeuteten Glieder, ihren runden Körper bewahrt und nicht spezialisiert haben? Wahrscheinlich waren die Robben niemals wirkliche Landtiere, da die feste Erde erst um die Mitte der atlantischen Zeit so hart geworden ist, dass Tier und Mensch sich darauf stützen und Fuß fassen konnten.

Wenn wir diesen Überlegungen folgen, dann kann uns der Robbenleib in einem neuen Anschauungsunterricht entgegentreten. Erinnert er nicht an eine embryonale Gestalt? Ein menschlicher Embryo, am Ende des zweiten Monats, obwohl nicht größer als etwa 25 mm, gemahnt in seiner Ausbildung durchaus an die Form der Robben. Auch im Embryo sind die Gliedmaßen noch kleine, unbedeutende Stummel; die Augen sind rund, die Lider stehen weit auseinander. Der Mund ist lippenlos und gleicht einem Spalt. Und der Embryo schwebt im Wasser des ihn umhüllenden Fruchtsacks.

Begegnen wir hier, in zunehmender Verfestigung, Verdichtung und Vergrößerung, den Erinnerungen an frühe Erdenzeiten? Die Robben wurden keine Fische, weil sie noch bis in die Anfangszeiten der Atlantis hinein im Verband des Menschseins verblieben sind. Sie hatten undifferenzierte, embryonenartige Leiber, die sich schwebend-schwimmend in der noch nicht verdichteten Wassererde bewegten. Am Beginn der Atlantis, als das Gedächtnis und die Sprache sich ausgestalteten und die Menschenvorfahren, deren Teil die Robben waren, die ersten Schritte zur Ich-Werdung vollzogen, begann ihr Abstieg.[10] Sie gingen zu schnell in die Verdichtung hinein und verhärteten ihre embryonale Menschengestalt.[11] Deshalb verlieren sie jetzt noch ihr Milchgebiss schon zur Zeit der Geburt und werden nur wenige Wochen gestillt. Als Säuglinge wachsen sie so schnell, dass sie in kürzester Zeit zu unabhängigen Wesen werden. Diese überstürzte Säuglings- und Kindheitszeit weist deutlich auf den plötzlichen und viel zu schnell sich vollziehenden Tierwerdungsprozess hin.

Die Robben sind Zeugen dafür, dass die Ursprünge des Menschheitswerdens in jener hyperboräischen Region lagen, die am Erdenanfang als breiter Gürtel um den Nordpol herum gelegen hat. Dort waren die Menschenvorfahren und auch die Robbenvorfahren; sie waren beide identisch. Am Beginn der Atlantis, als die Erwerbung des Persönlichkeitsbewusstseins einzusetzen anfing, fiel ein Teil der werdenden Menschheit voreilig, noch als eine Art von Menschen-Embryonen, in die Verfestigung. Sie wurden zur Ordnung der Robben. Sie sind die Ursäugetiere, die als Embryonalformen fortpflanzungsfähig geworden sind.[12]

Sie tragen aber nicht nur ihre embryonale Formgebärde mit sich, sondern auch die innige Verbindung zur Sonne, die einstmals die Hyperboräis durchwirkt hat. Heute noch folgen sie, im Rhythmus von Polarnacht und Polartag, dem Sonnenlauf. Sie waren niemals eigentliche Landtiere gewesen; im Gegenteil! Aus den Wassern der frühen Atlantis, in die sie allzu bald hineintauchten, versuchten sie, auf der allmählich sich verdichtenden Erde Fuß zu fassen. Das ist ihnen nicht mehr gelungen. Jedes Jahr machen sie erneut diesen Versuch und vertrauen in einer rührenden Lebensgebärde ihre Jungen dem Trockenen an; das aber ist nur ein Traum, der so schnell vergeht, wie er gekommen ist, und wenn die Herbststürme einsetzen, müssen sie zurück ins Meer, wohin sie die untergehende Polarsonne ruft. Das ist das Erdenschicksal aller Robben, dass sie als Menschenembryonen zu schnell sich verdichteten. Dadurch tauchten sie in die Wasser der Weltmeere unter; sie erreichten die Antarktis und fanden dort die Lebensbedingungen ihrer einstigen Heimat wieder. Immer neu versuchen sie, das Land zu erreichen, und immer neu werden sie vom Wasser überwältigt. Sie stellen ein über die ganze Erde reichendes Denkmal einer frühen Menschwerdung dar. Blicken wir in ihre Augen, dann sehen wir uns selbst, wie wir einstmals waren und empfinden dumpf, wie wir geworden und was sie, die Robben, geblieben sind.

Sie sind uns so nahe, weil sie sich nicht wie die anderen Säuger spezialisiert haben. Sie sind weder Raub- noch Huftiere. Sie sind nicht jene lemurischen Erinnerungsformen, denen man in den Marsupialiern (Beuteltiere) und Monotremen (Kloakentiere) begegnet, noch jene dem Zerstören hingegebenen Formen, die wir als Nagetiere kennen.

Verwandt sind sie den Walen und Delphinen, aber auch diese haben eine andere Abkunft.[13] Die Robben machten dann später die atlantische Katastrophe mit und kamen dadurch in alle jene Erdgebiete, die von ihnen heute noch bevölkert werden.

Zur Mythologie

Die Eskimos lebten einst in enger Verbindung mit Robben und Walen. Wenn früher ein Seehund oder Walross auf der Jagd erlegt wurde, dann blieb der erfolgreiche Jäger für drei Tage in seiner Hütte; während dieser Zeit durfte er weder Speise noch Trank zu sich nehmen; auch seine Frau durfte er nicht berühren. In seinem Haus blieb alle Arbeit liegen; die Liegestatt wurde nicht zurechtgeschüttelt und der Tran von den Lampen nicht weggewischt.

Nach drei Tagen aber war die Seele der erlegten Robbe frei und kehrte in ihren Mutterschoß zurück. Dann konnte auch das tägliche Leben und Jagen wieder beginnen.[14] Die Seelen der Seehunde, Walrosse und Wale gehen heim zu Sedna, der großen Göttin:

> Sie ist die Mutter aller Seetiere und die Hauptgöttin der Eskimos. Von ihr wird angenommen, dass sie über das Schicksal der Menschen waltet ... Ihr Sitz ist in der Unterwelt; dort wohnt sie in einem Haus, das aus Steinen und Walknochen gebaut ist. Die Seelen aller Robben und Wale stammen aus diesem Haus. Dorthin gehen auch die Seelen nach ihrem Tode wieder zurück.

Eine außerordentliche Zahl von Riten und Tabus ist bei den Eskimos mit den Robben verbunden. Die Seelen dieser Tiere sind *mit bedeutend größeren Gaben als diejenigen von Menschen begabt*. Was sie nicht ertragen ist der Dampf, der aus menschlichem Blut aufsteigt, und der Schatten und die dunkle Farbe des Todes. Auch menstruierende Frauen sind ihnen unleidlich.

Die Eskimos empfinden dumpf, dass Blut und Tod jene Ich-Kräfte und Persönlichkeitsmotive enthalten, denen die Robben sich einstmals entzogen haben. Sie gehören noch zur Göttin der Unterwelt und der Erdentiefen; zu jenem Bereich der Mütter, aus dem das Menschenschicksal einstmals kam. Rudolf Steiner hat dargelegt, dass die «Mütter» dort zu finden sind, wo die vergangenen Stufen der Erdenentwicklung liegen.[15] In jene Vergangenheitsgebiete hinein reichen auch die Seelen der Robben; dort haben sie ihren gemeinsamen Ursprung mit den Menschen, ihren Brüdern.

Diese aber haben in den letzten Jahrhunderten diese Bruderschaft verleugnet. Sie begannen im Norden und Süden der Erde eine unheimlich erbarmungslose Jagd auf ihre eigenen Vorfahren zu machen. Millionen Seehunde, Walrosse, Seelöwen, Leopardenrobben, Pelzrobben wurden vernichtet. Mit Keulen, Ästen, Gewehren und Messern wurden ganze Geschlechter ausgerottet und Arten zum Aussterben gebracht. Das aber wurde nicht von den Eskimos, die im engsten Lebensverband mit den Robben leben, angerichtet. Es wurde von Russen und Deutschen, Engländern und Japanern, Holländern, Skandinaviern, Amerikanern aus Raff- und Geldgier vollzogen. Immer seltener werden nun die Robben, und das Haus der Göttin Sedna wird wohl mit ihren Seelen dicht bewohnt sein. Diese mütterliche Göttin der Erdentiefen wacht auch über das Schicksal der Menschen; was aber wird aus einer Menschheit, die das Bild ihrer Herkunft blindwütig vernichtet? Verleugnet sie damit nicht handgreiflich ihren göttlichen Ursprung?

Nur wenige wissen noch die wahre Ursprungsgeschichte der Robben, und selbst der Lappe Aslak, der Sohn Siri Mattfis, der am 24. Mai 1944 von der Herkunft der Robben so erzählte, «wie die Väter es überliefert haben», ahnt nur mehr die Wahrheit.[16] Er sprach vom Auszug der Juden aus Ägypten, von deren Durchgang durch das Rote Meer und von den sie verfolgenden Agyptern. Und dann heißt es:

> Da hob Moses wieder seinen Stab in die Höhe und Pharao und alle seine Leute, Hunde, Wagen und Pferde wurden von der Flut verschlungen. Pharao selbst und alle, die zu seinem Geschlecht gehörten, wurden Robben; sie wurden große Robben, während alle seine Soldaten kleine Robben wurden.

Hier erscheint noch einmal, aber in geschichtlicher Verzerrung, jenes Urbild des Robbenwerdens. Ein Teil der Menschheit, die nicht am Fortgang der Entwickelung teilnehmen, sondern ihn verhindern will, wird von den Wasserfluten verschlungen. Der andere Teil aber geht trockenen Fußes durch das Meer und betritt am anderen Ufer die feste Erde. Und Aslak fügt am Ende seiner Erzählung den Satz hinzu:

Wenn du einmal darauf achtest und nimmst das Fell einer Robbe weg, so gleicht sie fast einem Menschen. Vor allem, wenn du eine Robbe auf die Bauchseite legst.

So ahnte Aslak die tiefe Verwandtschaft von Robben und Menschen.

Vom Leben der Pinguine

Der antarktische Lebensraum

In dem bekannten Buch: *Die Insel der fünf Millionen Pinguine* schreibt Cherry Kearton:

> In der Tat weiß ich nicht, ob mir während der vierzig Jahre, die ich nun schon naturforschend durch die Welt ziehe, je ein so interessantes und zugleich unterhaltsames Geschöpf begegnet ist wie der Pinguin. Wegen seines komischen Ausdrucks, für den er berühmt ist, muss man über ihn lachen, ob man will oder nicht. Allein die Insel der Pinguine hat mich gelehrt, dass er nicht nur belacht zu werden verdient. Er mag nicht immer einen besonders gescheiten Eindruck machen – obwohl er, vermutlich aus Instinkt, oft erstaunlich klug und bedacht handelt –, aber er ist ein braves und treues Geschöpf und im ehelichen Leben ein wahres Musterbild.[1]

Wer Pinguine jemals gesehen hat – vor allem die Eselspinguine –, wird diese Beschreibung bestätigen. Diese Vögel, die nicht fliegen können, dafür aber auf dem Lande aufrecht dahinwackeln oder auf dem Bauch vorwärtsrutschen, sind ein seltsames Volk. Zu vielen Tausenden tauchen sie plötzlich, aus dem Meer kommend, an ihren Brutplätzen auf. Sie sind dann zahlreich wie der Sand am Meer. Das Weibchen legt wenige Wochen nach der Begattung ein Ei. Beide Partner vollziehen gemeinsam das Brutgeschäft, und beide kümmern sich mit rührender Besorgnis um die Aufzucht des meistens einzigen Kindes. Das alles geschieht «en masse», Kopf an Kopf und Nest an Nest.

Nachdem die Jungen einigermaßen selbstständig geworden sind, gehen sie alle zusammen, Familie und Volk, zurück ins Meer.

Dieser Rhythmus wiederholt sich alljährlich immer neu, nur mit dem Unterschied, dass die verschiedenen Pinguinarten ihre individuellen Rhythmen haben. Die meisten brüten während des Sommers. Die Kaiserpinguine hingegen kommen im Herbst ans Land und verbringen dort die Brut- und Aufzuchtzeit während des Winters. Die Eselspinguine brüten sogar zweimal im Jahr; im Herbst sowohl als auch im Frühling. Allerdings leben sie näher der gemäßigten Zone als die meisten anderen ihrer Genossen.

Der Lebensraum aller Pinguine ist ein sehr umgrenzter. Sie sind Tiere der Antarktis. Ihr Ausbreitungsgebiet reicht vom Südpol bis zu den Inseln und Inselgruppen der ihn umgebenden Meere. Der ganze Kreis dieser Inseln wird von den Pinguinen als Brutplatz benützt. Von Neuseeland über Tasmanien zu den Kerguelen und Crozetinseln, bis nach Süd-Georgien, Süd-Orkney, Süd-Shetland und Südafrika reicht dieses Gebiet. Kalte Meeresströmungen brachten sie sogar zu den Galapagos-Inseln am Äquator.[2] Am Nordpol und in den nördlichen Eismeeren hingegen ist der Pinguin unbekannt.

Das ist ein sehr beachtenswertes Phänomen, dem wir hier begegnen, denn wenige Tierarten haben eine so deutlich umschriebene Lebenszone. Wie ist das zu verstehen? Ist nicht der Nordpol dem Südpol ähnlich? Beide stellen die aus dem übrigen Reich der Erde herausgehobenen Gebiete dar, in denen der Tagesrhythmus zum Jahresrhythmus geworden ist, weil die Sonne nur einmal im Laufe von zwölf Monaten auf- und einmal untergeht. Die Region des ewigen Eises überzieht beide Polarzonen. Unterhalb dieser Decke aber sind beide Reiche völlig voneinander verschieden.

> Das Nordpolargebiet ist ein gewaltiges, vom Meer erfülltes Einsturzbecken, aus dem einzelne Inselreste herausragen, und das von den Küstenstirnen der Festländer umstellt erscheint. Das Südpolargebiet ist im Gegensatz dazu Festland, und zwar ein ausgedehnter Hochlandblock, der vom Meer umgeben wird.[3]

Mit dieser Feststellung wird der grundlegende Gegensatz der beiden Polargebiete genau charakterisiert. Noch deutlicher tritt das in der folgenden Feststellung hervor:

> Der Nordpol liegt in einem tiefen Meer von der Größe des Erdteils Europa, das am Pol selbst über 4200 Meter tief ist. Der Südpol dagegen ist, wenigstens annähernd, der Mittelpunkt eines gewaltigen Festlandes, eines Erdteils, anderthalbmal so groß wie Europa. Er liegt auf einer Hochebene in etwa 2900 Meter Meereshöhe. Während nun um das tiefe und weite Meeresbecken am Nordpol die ungeheuren Landmassen Asien, Europa und Amerika einen fast geschlossenen Ring bilden, liegt das Festland des Südpols, der sechste Erdteil, völlig isoliert im 5000 Meter tiefen Weltmeer. Atlantik, Pazifik und Indik fließen zu einer unabsehbaren riesigen Wassermasse zusammen.[4]

Versucht man, dieses Bild der beiden Erdpole noch stärker zu konturieren und sich dazu vorzustellen, dass das nördliche Polarmeer 4000 Meter eingesunken und das südpolare Festland beinahe 3000 Meter hoch ist, sodass eine Höhendifferenz von 7000 Metern besteht – bedenkt man ferner, dass im Norden ein von Ufern umgebenes Meer, im Süden aber eine vom Meer umgebene riesige Insel vorhanden ist, dann wird dieser Gegensatz in seiner Urbildlichkeit noch greifbarer. Der Nordpol ist ein See, von den Ufern der großen Kontinente umsäumt. Der Südpol wird zur Insel, von mächtigen Ozeanen umbrandet.

See und Insel werden zu den beiden Urgestalten, die immer neu und in fast unendlicher Variabilität die Landschaft der Erde formen. Die Ur-Insel ist der Südpol. Der Ur-See ist die Arktis, und aus beiden Bereichen schiebt sich die formende Kraft in alle übrigen Erdgebiete hinein. Man möchte fast sagen, dass alle Inseln, wo immer sie auch liegen, Kinder der Antarktis sind. Die Seen aber, so klein oder groß sie auch sein mögen, sind die Geschöpfe des nordpolaren Einbruchbeckens. Die Insel, jede Insel, ist ein aus dem umgebenden Wasser herauskristallisiertes, verdichtetes Stück Erde. Die im flüssigen Element lebenden Kräfte konzentrieren sich auf einen Mittelpunkt hin und backen die Insel heraus. Der See aber ist ein Auflösungsprozess, der sich im Zentrum des harten Erdreichs bildet. Aus seinem Mittelpunkt strömen die verflüssigenden Kräfte hinein in die umgebenden Ufer und tragen in Jahrtausenden Felsen und Berge ab.

Die Insel ist ein Erde-Werden; der See ein Entwerden, ein Erde-Vergehen. Verdichtung und Auflösung leben in diesen beiden Gestalten. Der Nordpol ist alt; dort löst die Erde sich auf. Von dort atmen die Eiszeiten in den Strom der Evolution hinein, überdecken die nördlichen Kontinente für Jahrhunderte mit Eis und ziehen sich dann wieder zurück, zur Urmutter aller Seen. Vom Südpol hingegen strömen die verdichtenden Insel-Kräfte in die Erde hinein. Sie halten die Kontinente zusammen und geben dem Erdreich seine verhärtenden Eigenschaften.

Auflösung strömt aus dem Norden; sie aber wird von den mächtigen Landmassen der Kontinente im Gleichgewicht erhalten, damit die Erde nicht völlig verflüssigt werde. Verdichtung wirkt aus dem Süden; die Wassermassen der Ozeane stellen sich dieser gigantischen Macht entgegen, damit nicht die Erde ganz verhärte.

Das sind die Gegensätze der beiden Polargebiete. Die quellende

Schönheit der Seen, die ein träumendes, ahnendes Element in jede Landschaft hineingießen, da der Himmel sich in ihren Wassern spiegelt und darin sich selbst erblickt, stammt aus dem Norden. Die verhärtende Strenge, die ein Grundcharakter aller Inseln, die den Wassern Halt geben, ist, und die dem Himmel nicht einen Spiegel, sondern eine Faust entgegenstrecken, kommt aus dem Süden. Die Erde wird eigenständig und lehnt sich gegen den Himmel auf.

Die Pinguine sind Geschöpfe dieser eigenwilligen Kräfte. Sie versammeln sich im Wirkungsgebiet der Erdverdichtung und Inselbildung.

Fisch oder Vogel?

Warum fühlen wir uns, wenn immer wir den Pinguinen begegnen, ein wenig über sie erhaben und drücken das in einem leisen Lächeln aus? Auch wenn wir an diese kleinen, sich aufrecht haltenden Tiere denken, empfinden wir eine Art tragikomischen Mitgefühls für sie. Ist es die Karikatur des Vogels, die uns veranlasst, den Pinguin zu belächeln? Er ist ein Vogel und ist wieder keiner; denn fliegen kann er nicht und die beiden Flügel sind verkümmerte Stummel, die gleich missgebildeten Armen mit Schuppenfedern bedeckt, hilflos auf und ab bewegt werden. Streckt der Pinguin diese Arme aus, dann wird es eine kümmerliche Geste; denn niemals – das sieht man ihnen an – könnten die Stummelglieder den runden Leib in die Luft hinaufheben. Dass dieser Vogel nicht fliegen kann, macht ihn aber nicht zur lächerlichen, sondern zur tragischen Gestalt.

Die Komik, die von ihm ausgeht, hat eine andere Wurzel. Liegt sie nicht dort, wo der Pinguin versucht den Menschen nachzuahmen? Statt zu fliegen, stellt er sich, wenn er an Land geht, aufrecht hin, fängt zu schnattern und zu schreien an und nimmt sich so wichtig, als wäre er wirklich jemand. So erscheint es uns; und deshalb verzieht sich unser

Mund zum Lächeln. Es ist, als würde ein Fisch, dem die Bauchflossen zu Füßen geworden sind, an Land steigen und aufrecht dort herumstolzieren. Der Pinguin ist eigentlich ein zum Fisch umgewandelter Vogel. Sein Reich ist das Wasser; und dort ist er ganz zu Hause. In *Brehms Tierleben* heißt es:

> Meist schwimmen sie unter Wasser etwa 30 m weit, dann springen sie, vermutlich um Luft zu holen, wie kleine Delphine bis 30 cm über die Oberfläche empor und verschwinden nach einem 60 bis 80 cm weiten Satz wieder im Wasser. Bei dieser Bewegungsart bedienen sie sich nur der Flügel; sie fliegen gleichsam im Wasser ... Dabei bewegen sie sich mit außerordentlicher Geschwindigkeit durch die Flut, nach Chun so rasch, dass sie den in Fahrt begriffenen Dampfer mit spielender Leichtigkeit überholen.[5]

Bei Gerlach lesen wir:

> Mit ihren Flügeln können sie nicht mehr fliegen: dafür führen sie die Flugbewegung mit ihnen unter Wasser aus. Die Flossenflügel drehen sich in geschwinder und weiter Schwingung und machen bis zu zweihundert Schläge in der Minute. Die Pinguine sausen wie im Fluge unter Wasser dahin und legen zehn Meter in der Sekunde zurück.[6]

Sie können also leicht in zwei Minuten einen Kilometer und in einer Stunde 30 Kilometer schwimmend zurücklegen. Ist es dann zu verwundern, dass es noch immer nicht zu ergründen ist, wohin sie ziehen, wenn sie mit ihren herangewachsenen Jungen die Inseln verlassen und ins Meer hinein verschwinden? Vielleicht sind alle südlichen Meere bis zum Äquator hinauf ihr Lebensgebiet. Wir wissen es nicht; aber das Wasser ist ihre rechte Heimat.

Kommen sie an Land, um ihre Eier zu legen und auszubrüten, dann beginnen wir erst sie komisch zu finden. Denn nun nehmen sie, wie in der Rückerinnerung, das Vogelleben an; Männchen und Weibchen finden einander, bauen Nester, und ein ehrbares Familienleben beginnt. Aus einem ziehenden Jäger ist ein gesetzter Bürger geworden. Ein Fisch verwandelt sich in einen Vogel.

Durch den aufrechten Gang, die seltsame Zeichnung und Färbung des Federkleides, mit weißer, über den Bauch reichender Hemdbrust und schwarzem, frackähnlichem Rücken, wird diese Bürgerlichkeit noch deutlich unterstrichen. Dazu stehen sie zu Tausenden zusammen, schwätzen, schnattern, stoßen einander, nehmen sich gegenseitig die Steine, die sie zum Nestbau nötig haben, fort; rauben sich auch gelegentlich die Gattin und das wohlbehütete Ei, sind aber trotzdem gute Eheleute und treubesorgte Eltern. Diese heute schon genau beobachteten und ausführlich beschriebenen Eigenschaften machen den am Land weilenden Pinguin zur komischen Figur. Er muss ein Vogel sein und kann es doch nicht; denn es fehlen ihm die Flügel, und er ist deshalb an die Erde gebunden. Um diesen Mangel zu überkommen, versucht er menschenähnlich zu sein. Dieses Wagnis jedoch ist kläglich gescheitert. So lebt der Pinguin ein missglücktes Dasein, verurteilt dazu, die Hälfte des Jahres die Heimstatt der Meere zu verlassen, an Land zu steigen und eine Zwischenform darzustellen, sich seines einstmaligen Vogellebens zu erinnern und es zu wiederholen und gleichzeitig aufrecht wie ein Mensch herumzustehen und doch keiner sein zu können. Wer erinnerte sich da nicht an Fluch- und Zaubersprüche, die Menschen in Tierleiber hineinbannen oder Wesen dazu verurteilen, einen Teil ihres Daseins an Orten zu verbringen, die ihnen zur Qual werden? Wie Demeters Tochter einst ins Reich der Unterwelt beschieden wurde und nur für wenige Monate ans Licht kommen darf! Ähnliches liegt im Leben der Pinguine verborgen und wird mit der Maske der Unvollkommenheit und Komik verdeckt. Hat Kirke, die zaubermächtige Tochter des Helios, hier ihre Hand im Spiel gehabt?

Fluglose Vögel

Auf den Ufern und Inseln der Arktis gibt es keine Pinguine. Und doch hat bis zum Anfang des vorigen Jahrhunderts eine besondere Art von Vögeln dort gelebt, die den Pinguinen durchaus vergleichbar ist: der Riesenalk. Obwohl einem ganz anderen Zweig des ganzen Vogelgeschlechtes zugehörig, sind sie einer ähnlichen Umbildung unterworfen worden. Auch beim Riesenalk wurde der Flügel zu einer verkümmerten Gliedmaße und die Fähigkeit des Fliegens ging verloren. In der Größe war er den größeren Pinguinarten gleich; er maß etwa 80 cm. Auch er war aufrecht, hatte einen weißen Bauch und einen schwarzen Rücken. Seine nächsten Verwandten sind Tordalk und Trottellumme der nordischen Vogelfelsen. Er bewohnte in früheren Zeiten nicht nur die Inseln der nördlichen Meere, sondern seine Reste aus vorgeschichtlicher Zeit wurden an den Küsten Dänemarks, Irlands und sogar in südlichen Gebieten Nordamerikas gefunden.[7] Die letzten lebenden Exemplare wurden noch um 1820 in und um Grönland gesichtet. Seither ist dieser Vogel – der ähnlich zahlreich gewesen sein muss, wie es heute noch der Pinguin ist – von der Erde verschwunden.[8] Er war in geschichtlichen Zeiten auf Neufundland, Grönland und Island besonders häufig anzutreffen.

> Alle Beobachter erwähnen, dass sie (die Riesenalken) mit hoch erhobenem Kopf, aber eingezogenem Nacken zu schwimmen pflegten und, beunruhigt, stets untertauchten. Auf den Felsen saßen sie gerade aufgerichtet, steiler als Lummen und Tordalken. Sie gingen oder liefen mit kleinen, kurzen Schritten aufrecht einher wie ein Mensch und tauchten bei Gefahr vier bis fünf Meter hinab in die See.[9]

Auch dieser Riesenalk brütete im Sommer und legte ein einziges Ei; über die Art und Zeit des Brütens bestehen nur Vermutungen. Jedenfalls waren im arktischen Gebiet ähnliche Lebensformen zur Entstehung gekommen, wie wir ihnen heute noch in den Pinguinen begegnen. Beide verloren ihr Vogeltum dadurch, dass sie das Fliegen aufgaben und das Schwimmen dafür erwarben. Riesenalken und Pinguine, wohl stammesgeschichtlich nicht verwandt, unterlagen der gleichen Bestimmung und mussten dem Fliegen entraten. Gibt es auch andere Vögel, die ein ähnliches Schicksal hatten? Wir kennen eine ganze Reihe, von denen einige noch leben, andere schon ausgestorben sind. Allen voran die Familie der Strauße. Ihre Flügel sind verkümmert und tragen so weiche Federn, dass sie zum Fliegen unbrauchbar sind. Dafür aber werden Hals und Beine kräftig entwickelt, und ein richtiger Strauß erreicht oft eine Höhe von über zwei Metern. Ähnliche Gestalt haben die australischen Emus, die südamerikanischen Nandus und die seit vielen hundert Jahren ausgestorbenen Moas aus Neuseeland. Die Letzteren erreichten eine Größe von dreieinhalb bis vier Meter, mit mächtigen Oberschenkeln und gewaltigen Hälsen. Dort lebt jetzt noch ganz vereinzelt und selten der flugunfähige Kiwi, der neuseeländische Schnepfenstrauß.

Alle diese Vögel haben ihr Flugvermögen eingebüßt. Sie haben dafür, mit Ausnahme der Kiwis, mächtige Beine und ellenlange Hälse entwickelt. Es ist, als hätten sie den Verlust der Flügel an diesen Stellen wettgemacht. Man denkt unmittelbar an Goethes Darlegungen in dem Gedicht über die «Metamorphose der Tiere»:

> Doch im Innern scheint ein Geist gewaltig zu ringen,
> Wie er durchbräche den Kreis, Willkür zu schaffen den Formen
> Wie dem Wollen; doch was er beginnt, beginnt er vergebens.
> Denn zwar drängt er sich vor, zu diesen Gliedern, zu jenen,
> Stattet mächtig sie aus, jedoch schon darben dagegen
> Andere Glieder, die Last des Übergewichtes vernichtet
> Alles Schöne der Form und alle reine Bewegung.

Von den jungen Straußen und Kasuaren wird erzählt, wie anmutig sie sich noch bewegen. Je älter und größer die Tiere werden, je mehr «die

Last des Übergewichtes» von Hals und Beinen hervortritt, umso gröber und plumper wird ihr Verhalten. Die Flügel und der Flug wurden von den Beinen und dem Laufen aufgezehrt. Um der Ausbildung der mächtigen Untergliedmaßen das Gleichgewicht zu halten, schob sich der Hals aus dem Leib heraus; und so entstand die jetzige Form. Diese Laufvögel leben (mit Ausnahme der Kiwis wieder und der in den Regenwäldern Nord-Guineas und Nordost-Australiens lebenden Kasuare) in der weiten Steppe. Sand, Sonne, kurzes Gras und Trockenheit sind ihre Umwelt. Die gewaltigen Madagaskar-Strauße (Aepyornithes) wurden, so meint Portmann, dadurch allmählich vernichtet, dass

> die fortschreitende Rodung des lichten, savannenartigen Waldes vieler Teile von Madagaskar die Tierwelt dieser Wälder immer mehr in die sumpfigeren, unzugänglicheren Urwaldgebiete verdrängt habe. Und: Die Riesenstrauße fielen in diesen sumpfigen Waldungen den Krokodilen zum Opfer.[10]

Nicht nur das; das Lebensgebiet dieser Tiere war die Steppe und nicht der sumpfige Wald; deshalb starben sie dahin.

Bei allen diesen Vögeln überwogen die Kräfte der trockenen Erde. Sie dörrten ihren Leib aus, verfeinerten das Federkleid, schlissen es auf, und der Flieger wurde zum Läufer. (Beim Kiwi ging die Kraft der Flügel in den überlangen, gebogenen Schnabel hinein.) Es ist bezeichnend, dass diese Tiere hauptsächlich auf der südlichen Erdhälfte leben. Sind sie aber nicht die richtigen Gegensätze zu den Pinguinen? Beiden Gruppen wurden die Flügel vom Schicksal gestutzt. Bei den Letzteren aber wurden Hals und Beine nicht ausgestreckt, sondern eingezogen. Jedem Pinguin sitzt der Kopf direkt auf der Brust und die Füße ragen wie kurze, törichte Stummel unter dem Bauch hervor. Hier dörrte nicht die Luft den Leib aus; im Gegenteil: Die Feuchte und die Dunkelheit füllte den Körper so aus, dass Beine und Hals in ihm verschwanden. Diese Gestalt erinnert an Walfisch, Seehund und Delphine. Die Glieder werden zu flossenartigen Anhängseln, weil die Rundung der Leiber, vom Fett geformt, ballonartig aufquillt.

Im Norden sowohl als im Süden, wo Kälte, Dunkelheit und Wasser zu überwältigenden Kräften werden, entstehen Riesenalk und Pinguin als Gegenbild zu Strauß und Kasuar. Ist es uns heute noch möglich, das verborgene Rätsel in dieser Existenz zu erkennen?

Der Jahreskreislauf

In den letzten Jahrzehnten ist das Verhalten großer Pinguin-Kolonien sehr eingehend studiert worden. Dabei ergab sich, dass der Rhythmus des Kommens und Gehens für die einzelnen Arten verschieden ist. So kehren z. B. die von Kearton studierten Eselspinguine auf der Dassen-Insel, nördlich von Kapstadt, zweimal im Jahr ein, im März und im September; und beide Male kommt es zur Eiablage, zur Bebrütung und zum Auskriechen von Jungen. Diese Pinguine legen auch meistens zwei Eier, was im Gegensatz zu den anderen Arten steht, die gewöhnlich nur ein einziges Ei produzieren.

Die neuerdings von einer französischen Forschergruppe[11] studierten Kaiserpinguine wählen gerade den antarktischen Winter, die mörderischste Jahreszeit, die es gibt, zur Brutpflege und Aufzucht der Jungen. Man kann hier kaum mehr von einem Instinkt sprechen, welcher der Erhaltung der Art zu dienen scheint. Die Männchen und Weibchen beginnen im April und Mai auf den Eishochflächen der Antarktis zu erscheinen. Die Zeit der völligen Polarnacht, die Periode der schlimmsten Orkane und der eisigsten Kälte wird ohne jegliche Nahrungsaufnahme, in rührender Hingabe an die eben geborenen Kleinsten hingebracht.

Die meisten anderen Arten brüten, soweit es uns bekannt ist, während des antarktischen Frühjahrs und Sommers. Es lässt sich daher kein einheitlicher Lebensrhythmus für das Pinguingeschlecht nachweisen.

Die verschiedenen Arten haben ihre individuellen Perioden des Wanderns. Es ist aber zweifellos, dass das Auftauchen der Pinguine auf ihren Brutplätzen mit der Rückkehr aller anderen Zugvögel in die Heimat zu vergleichen ist. Das Brüten ist für die Pinguine die Zeit der Arbeit und des Wachens. Es ist Liebe, Geburt und Kampf, die sie in diesen Monaten durchleiden; und erst wenn sie wieder in die wässerigen Traumlande des Meeres zurückkehren, beginnt die Freude und das Spiel. Was für die Vögel unserer Regionen «der Süden», das ist für die Pinguine «das Meer». Sie sind Vögel, die nicht nur ins Wasser gefallen sind, sondern die sich das Wasser als ihr Paradies erkoren haben. Sie streben so nach dem Wasser, wie die anderen Vögel ihr fernes Traumland zu erreichen trachten. Auf dem Lande aber versuchen sie, obwohl sie nicht fliegen können, sich wie alle anderen Vögel zu verhalten. Sie zeigen vogelartige Gesten und Gebräuche der vorhochzeitlichen Zeit. Sie bauen die verschiedensten Nester, sind durch Jahre hindurch monogam und auf die Brutpflege besonders bedacht. Diese Vogel-Verhaltensweisen sind bei den Pinguinen noch gesteigert, oft sogar karikiert und ins Bizarre verzogen. Da sie aufrecht gehen, kommt es in der Werbe- und Brautzeit zu richtigen Kussszenen, bei denen das Paar die Schnäbel aneinanderreibt und auch die Köpfe aneinanderschmiegt. Das junge Männchen breitet oft die Flügelstummel aus und versucht, sein Weibchen zu umarmen. Dabei werden alle möglichen Laute, Schreie und bellende Töne ausgestoßen.

Der Nestbau wird von beiden Partnern gemeinsam durchgeführt. Erst arbeitet der eine, und wenn er müde ist, kommt der andere daran, bis nach Tagen das Gehege (meistens eine Vertiefung im Boden, die einer kleinen Höhle gleicht) fertig ist. Dann steigen nach getaner Arbeit Mann und Frau gemeinsam zum Strand herunter und haben dort ihr Bad und ihre Abendmahlzeit. Dann trifft man sich zu einer Plauderstunde mit seinen Bekannten, flaniert die Hauptstraßen entlang, um endlich ins neugebaute Haus zurückzukehren.

Das nach drei bis vier Wochen gelegte Ei wird mit Erstaunen und

Freude begrüßt, und wieder sind es beide Eltern, die das Geschäft des Brütens abwechselnd miteinander besorgen. Es ist eine Zeit der Gefahr und Bedrohung. Räuberische Möwen lauern überall darauf, die kostbaren Eier zu stehlen und zu verspeisen. Nur etwa die Hälfte aller Küken kriechen aus, und auch diese werden in großer Zahl noch Opfer der Feinde und unwirtlichen Lebensbedingungen. Für die Kleinen der Kaiserpinguine gibt es kein Nest. Das Ei wird in einer Bauchfalte aufgehoben und ausgebrütet, und das Pinguinkind hockt durch Wochen auf den Füßen des Vaters, von dessen Bauch überwölbt, geschützt und gewärmt. Die Mutter ist fern, irgendwo in den Gewässern, um sich neue Kräfte anzuessen. Die Väter aber stehen zu Hunderten und Tausenden in der eisigen Polarnacht dicht aneinandergedrängt, um den vernichtenden Todesstürmen standzuhalten. Sie bilden ganze Trauben von Pinguinen, die sich gegenseitig das letzte Maß an Wärme, das ihnen geblieben ist, zuführen. Wenn die Jungen schlüpfen, kehren die Mütter vom Meer zurück, während die abgemagerten Väter jetzt dorthin gehen, um sich erneut Kräfte anzuessen. Am Boden dieser Vogel-Traube hocken die kleinen, fast federlosen Pinguinkinder und warten auf den Strahl der nach Wochen wiederkehrenden Sonne. Das Leben der Pinguine ist nicht nur Spiel und Lust. Wenn sie an Land sind, dann tragen sie ihr Vogelschicksal gleich einer schmerzlich lastenden Erinnerung mit sich, und Qual und Not sind ihr Teil.

Sie müssen einmal ihr Vogel-Dasein fortgeworfen haben, um ein anderes, ein besseres Leben vielleicht, zu erwerben. So tauchen sie ins Meer, müssen dafür aber ein- oder gar zweimal im Jahr ihrer Verzauberung entraten, um sich ihrer Vogel-Existenz schmerzlich zu erinnern. Kearton beschreibt, dass die einige Wochen alten Pinguine noch große Scheu vor dem Wasser hätten und nur mit der größten Mühe und Geduld der Eltern dazu gebracht werden, die ersten Tauch- und Schwimmversuche zu machen. Er fügt aber noch etwas hinzu:

> Manchmal scheinen sie merkwürdigerweise das Gefühl zu haben, ihre Flossen wären Flügel und mit ein wenig Übung könnten sie sicher fliegen. Jedenfalls habe ich oft beobachten können, wie junge Vögel in deutlichem Bemühen mit den Flossen schlugen, als wären sie überzeugt, dass man es so machen müsste … Diese Versuche sieht man so häufig, dass es sich meiner Meinung nach nicht nur um Entspannung der Muskeln handeln kann. Vielleicht ist es ein Vermächtnis aus früheren Erdaltern … als die Pinguine wirklich fliegen konnten.[12]

Es ist sehr wahrscheinlich, dass das einmal wirklich der Fall war und dass eine Reihe von Ereignissen oder eines in der Erdvergangenheit den Verlust des Fliegens herbeigeführt hat. Nachdem der Pinguin nicht mehr fliegen konnte, schrumpften die Flügel und wurden zu Flossen, die ihm das Leben im Wasser ermöglichten.[13] Die antarktischen Kräfte der Inselbildung, der Dunkelheit und der mächtigen Wasserwüsten trieben ihm den Leib auf, der Beine und Arme in sich hereinnahm. So wurde aus einem Vogel ein Fisch, der aber jährlich einmal ein Vogel sein muss, obwohl das schwer und mühsam ist. Das Geschlecht könnte nicht weiterleben, würde dieser jährliche Opfergang ans Land nicht angetreten.

Die beiden Höhepunkte des Pinguindaseins

Während dieser Periode an Land wird der Pinguin zur Menschenkarikatur. Er verfällt sogar einer regelmäßig auftretenden Erkrankung: Der Mauserung. Diese ist zwar ein Charakteristikum des gesamten Vogelgeschlechts, tritt aber meist nur bei Wasservögeln so auf, dass während einiger Wochen eine völlige Flugunsicherheit vorhanden ist. Schwäne, Enten und Gänse werfen alle Schwungfedern gleichzeitig ab. Sie verbergen sich im Dickicht der Ufer und Sümpfe, bis ihnen die Körperbedeckung, die ihnen das Fliegen zurückgibt, wieder nachgewachsen ist. Die meisten anderen Vögel mausern in einer weniger drastischen Form. Die alten Federn werden allmählich abgeworfen und schrittweise durch die neuen ersetzt. Die davon Ergriffenen schauen dann oft armselig aus, können aber fliegen und fressen.

Der Pinguin jedoch wird bei der Mauserang richtig krank. Er kann dann für mehrere Wochen keinerlei Nahrung zu sich nehmen. Denn wie andere Vögel das Fliegen, so verliert er durch den Wechsel des Federkleides die Fähigkeit zu schwimmen. Kearton erzählt, dass die Pinguine, die er beobachten konnte, regelmäßig im Dezember mausern. Sie spüren das Herankommen dieser Erkrankung; denn in den vorhergehenden Tagen fressen sie besonders viel, um ein wenig Vorrat zu haben:

> Sie gleichen Weihnachtsmastgänsen ... werden fetter und fetter, bis eines Tages das erste, unverkennbare Zeichen des Mauserns eintritt. Von diesem Augenblick an ist alles mindestens sechs Wochen lang grauestes Elend.[14]

Die Kraft zum Tauchen und Schwimmen ist verloren gegangen. Die Nahrungssuche hört auf, der Vogel verlässt seinen Nistplatz und kampiert irgendwo im Freien. Fleckenweise fallen über den ganzen Körper hin die Federn aus:

> Tausende von Pinguinen kann man so auf einem dieser freien Plätze engversammelt stehen sehen und einer sieht immer kläglicher aus als der andere.

Die ganze Insel ist dann bald fußtief mit Federn bedeckt und dazwischen stehen die hungernden Jammergestalten.

Am Ende der Mauserkrankheit sind die Pinguine so mager geworden, dass sie zu leicht zum Tauchen sind. Und nun beginnen sie die Kiesel des Strandes zu verschlucken, um die nötige «Tauchschwere» zu erreichen:

> Man kann sie nun die Küste entlang wandern und einen Kiesel nach dem anderen prüfen sehen, wobei sie manche liegen lassen (die wahrscheinlich zu groß sind oder nicht glatt genug, um sich schlucken zu lassen), während sie andere hinunterschlingen, bis sie genügend Ballast an Bord genommen zu haben glauben. (Kearton)

Jetzt fängt der Pinguin wieder an, ein Fisch zu werden. Er muss Steine essen, um das zu erreichen. Denn als Vogel, der er nach der Mauserung geworden ist, fehlt ihm die genügende Erdendichte, um ins Wasser tauchen zu können. Deshalb verschluckt er die Kiesel, verhärtet und beschwert sich und wird zum Wassertier. Die Zeit der Mauserung gab ihn, der dabei fasten und leiden musste, dem Vogelgeschlecht wieder zurück. Die harten Steine ziehen ihn hinein ins Wasser.

Fragt man nach den Höhepunkten des Pinguinlebens und nach den markanten Symptomen seiner Existenz, dann sind es zwei besondere Erlebnisse, die jedem Pinguin beschert sind. Das eine hängt wohl mit der eben beschriebenen Mauserung zusammen. Der Zustand der Not, des Unwohlseins und des Fastens gemahnen ihn an jene dunklen Zeiten, in welchen er sein Vogelsein vertan hat und zum Fisch geworden ist. Dafür ist ihm eine jährliche Buße auferlegt, die alle Wasservögel tragen müssen. Ist es nicht bemerkenswert, dass der Pinguin sich gerade dann nicht zurückzieht und im Dunkel seiner Nesthöhle diese Zeit übersteht? Er sucht die Gemeinschaft seiner Genossen, als spürte er, dass geteiltes Leid nur halbes Leid sei.

Bald darauf aber isst er Steine und tritt dadurch wieder in die «Pinguin-Sünde» ein, wird ein Fisch, beginnt zu träumen und zieht hinaus in die Wasser des Meeres.

Der andere Höhepunkt ist der Anblick des neu gelegten Eies. Alle Beobachter erzählen, mit welcher Erregung und welchem Erstaunen beide Eltern das Ei begrüßen; wie sie es hin- und herrollen und von allen Seiten betrachten und sich gar nicht genug daran tun können. Keimt in ihnen etwas herauf, das sich ahnend mit dem vergleichen lässt, was Rudolf Steiner einmal über die Gestalt des Eies geäußert hat? Er sagte:

> Das Ei ist nichts anderes, als das wirkliche Abbild des Kosmos … und die Philosophen sollten nicht spekulieren, wie die drei Dimensionen des Raumes sind, denn wenn man nur richtig weiß, wo man hinzuschauen hat, so kann man überall die Weltenrätsel anschaulich dargestellt finden. Dass die eine Weltenachse länger ist als die beiden anderen, dafür ist ein anschaulicher Beweis das Hühnerei; seine Grenzen, die Eierschalen, sind ein wirkliches Bild unseres Raumes.[15]

Vielleicht wacht eine Ahnung dieses Wissens im Empfinden der Pinguin-Eltern auf. Sie erdämmern sich diese Anschauung. Dadurch aber entzündet sich in ihnen die Kraft, dieses Ei nun mit aller Hinneigung und instinktiver Pflege auszubrüten, da es ihnen dieses tiefe Erlebnis vermittelt hat. Obwohl sie so bedauernswert und lächerlich aussehen, verbirgt sich die Größe und Tragik allen Daseins unter diesem Narrenkleid. Sie sind schon Menschenvorfahren, die Pinguine, nur ist bei ihnen alles verzerrt und verschoben. Denn jede Tragödie hat auch ihr Satyrspiel; und so hat das Menschenwerden im Pinguindasein seine Clownerie.

Vom Sinn der Pinguinexistenz

Wenn noch immer in *Brehms Tierleben* zu lesen ist, dass man *nicht viel Aufhebens von dem Nutzen machen kann,* den die Pinguine den Menschen bringen, dann ist das eine sehr armselige Art der Betrachtung. Denn die Frage lautet vielmehr: Was ist der wahre Sinn ihrer Existenz?

Sofort aber muss man dann daran denken, dass diese Gruppe von Vögeln einen Kontinent bewohnen, der völlig menschenleer geblieben ist. An den Randgebieten der Arktis lebt noch der Eskimo. Die Antarktis aber, vom Meer umgeben, ist eine völlig menschenleere Landschaft. Die Lebensbedingungen sind so unwirtlich und bedrohlich, dass Menschen nur unter größten Opfern einige Zeit dort existieren können. Der Pinguin aber hat den Schritt gewagt, die dunkle Einsamkeit und Kälte der Antarktis mit seinem Dasein zu durchdringen. Das allein ist eine Jahr für Jahr sich neu vollziehende Heldentat. Besonders die Adelie- und Kaiserpinguine besiedeln die schnee- und eisbedeckten Hochflächen des Südpols. Tragen sie damit nicht ein Stück Erdenschicksal in diesen so verlassenen Bereich des Erdgestirns? Und wenn die Pinguine, nach vollzogenem Brutgeschäft, wieder ins Meer zurückgehen, dann schwimmen sie hinaus nach allen Seiten; zu den Falklandinseln bei Südamerika, zum Kap von Südafrika, nach Neuseeland, nach Tasmanien und bilden so eine lebendige Verbindung zu den von Menschen bewohnten Gebieten. Die Pinguine binden den antarktischen Kontinent an die übrigen Erdgebiete, indem sie jährliche Botschafter zwischen beiden sind. Das sind keine Staatsverträge und territorialen Ansprüche, die sie verbreiten. Sie tragen die Kunde vom Dasein des Menschen auf Erden in die polaren Regionen.

Vielleicht wird eine nähere Kenntnis der wenigen Gattungen existierender Pinguine es einmal ermöglichen, sie den verschiedenen Arten der Menschenrassen zuzuordnen, sodass sie dadurch ein Schattenbild der ganzen Menschheit darstellen, das auf dem und um den antarktischen Kontinent herum existiert. Sie, die in vielen Zügen den Menschen karikiert wiederholen und nachahmen, tragen sein Bild in die äußersten Grenzen des Erdendaseins hinein.

Einstmals war die ganze Vogelwelt ein gewaltiges Geistwesen, das brütend über den Wassern schwebte. Die meisten Vogelgeschlechter können deshalb noch heute ihre Flügel ausbreiten und himmelwärts fliegen. Andere aber mussten dem Flug entsagen und sich der Erde und dem Wasser verschreiben. Die Pinguine sind die Affen der Vögel. Auch sie hatten einst Flügel, aber sie stürzten zu schnell in die Verhärtung hinunter und verloren dabei die Kunst des Fliegens. Stattdessen erwarben sie sich das Schwimmen, und nun ziehen sie jährlich zweimal vom Wasser zum Land und zurück und verkünden dem nächtlichen Südpol das Lied vom Menschen. Es ist ein rauher Gesang; mehr dem Schrei des Esels gleich als dem Lied der Vögel. Sie krächzen und quaken und prusten und bellen – und dennoch ist es ein Laut, der aus dem Innern in die furchtbare Stille der Polarnacht tönt und ihr zuruft: Die Erde ist beseelt.

Die Wanderungen der Aale und Lachse

Ursprünge und Ziele

Während der letzten Jahre sind die Naturforscher, besonders die Zoologen und Paläontologen, durch einen aufsehenerregenden Fund in Atem gehalten worden. Einer der ältesten Fische der Erdgeschichte, von dem die Wissenschaft angenommen hatte, dass er seit etwa 70 Millionen Jahren ausgestorben ist, wurde in einigen lebenden Exemplaren aus den Tiefen des Indischen Ozeans heraufgeholt. Das erste Tier am 22. Dezember 1938, das aber damals in den angehenden Wirren des kommenden Krieges nicht besonders viel Aufmerksamkeit fand; bis nun [1956] sind acht weitere Exemplare aufgefischt worden. Das letzte, am 12. November 1954, konnte sogar lebend an die Küste gebracht werden und ist dort unter besonderen Umständen, da es vor dem Licht der Sonne nicht genügend geschützt wurde, eingegangen.

Coelacanthiden (Hohlstachler) ist der Name dieser uralten Gruppe von Fischen, die sich trotz des «Kampfes ums Dasein» und der «natürlichen Zuchtwahl» in der gleichen Form erhalten haben, die ihre Brüder und Schwestern in den Versteinerungen Grönlands, Südafrikas, Madagaskars und Australiens von der Karbonzeit im Erdaltertum bis zur

Kreidezeit im Erdmittelalter zeigen. Wichtig daran ist, dass lebendige Zeugen dieser frühen Erdenzeit in die unmittelbare Gegenwart hineinragen, ohne Änderung der Gestalt und Lebensart, und damit eine Brücke bilden, die bisher als untergegangen angesehen wurde.

Aus den Meerestiefen um Madagaskar und Südafrika herum sind diese acht Urwelt-Geschöpfe aufgestiegen. Die nächsten Jahrzehnte werden vielleicht noch mehr derartige Geheimnisse enthüllen und damit viele der Anschauungen, die sich eine agnostische Wissenschaft über das Werden der Organismen gemacht hat, in ihrer Fadenscheinigkeit aufzeigen.[1] Latimeria – dieser Name wurde dem uralten Fisch gegeben – ist nur eines der Zeichen, dem manche folgen werden, dem aber einige auch vorangegangen sind. Dazu gehört die Enträtselung des Aal-Problems.

Erst vor kurzer Zeit, während der ersten beiden Jahrzehnte des 20. Jahrhunderts, ist ein bedeutendes Licht auf das Kommen und Gehen der Aale gefallen. Schon in den neunziger Jahren des vorigen Jahrhunderts hat der italienische Naturforscher Grassi die Frühformen des europäischen Aales identifiziert und dabei gezeigt, dass die bisher als selbstständige Gattung angesehenen Fischlein mit dem Namen Leptocephalus nichts anderes sind als die Larven der sich daraus entwickelnden Aale. Der dänische Forscher Johannes Schmidt griff am Anfang dieses Jahrhunderts diese Hinweise auf, und durch jahrelange und mühevolle Untersuchungen ergab es sich ihm, dass die europäischen sowohl als die amerikanischen Aale in der Sargassosee im Atlantischen Ozean den Zentralraum ihrer Existenz haben. Dort ist ihre Wiege wie auch wahrscheinlich ihr Grab.

Damit aber konnte ein vorher kaum glaubliches biologisches Phänomen klar dargelegt werden. Die Aale wandern in regelmäßigen Zügen während ihrer Larvenzeit aus der Sargassosee quer durch den ganzen Atlantik, bis sie die europäischen Küstengebiete erreichen. Das dauert etwa zwei bis drei Jahre. Dann steigen sie die Flüsse aufwärts, werden dabei groß und stark und kehren nach einem drei- bis vierjährigen Aufenthalt wieder nach Westindien zurück.

Nach der Sargasso-See!
Wo es am dunkelsten
Tiefsten und dunkelsten.
Dort ist das Ziel, der Beginn und das Ende uns
Liebe und der Tod.

So lässt der Dichter Albert Verwey die Aale sprechen. Und so wird es auch sein, dass «Beginn und Ende» sie dort erwartet. Warum aber steigen sie nach jahrelanger Wanderung durch die offenen Meere zu Milliarden in den Flüssen nach aufwärts? Alles was bisher darüber gesagt wurde, war menschlich, allzu menschlich. Dass die Aale z. B. bessere Lebensbedingungen in den Flüssen fänden oder dass sie dorthin getrieben würden, wo ihre «Vorfahren» schon gewesen, und was mehr an gedanklichem Unsinn sonst darüber ausgesonnen worden ist. Die Lebensbedingungen sind in den Flüssen viel schwieriger und gefährlicher als in der offenen See; und was gilt für ein Tier das Wort «gefährlich»? Was gilt für ein Tier solch ein Gedanke wie «bessere oder schlechtere Lebensbedingungen»? Was bedeutet es, bei einem Tier von Instinkt zu sprechen?

Das Tier lebt eingebettet in eine Welt von Phänomenen, deren Teil es selbst ist und welche es nicht mehr oder weniger gut benutzt oder gar ausnutzt, sondern innerhalb welcher es seine ihm vom Weltenwesen zugeordneten phänomenologischen Akte erfüllt. Ein Tier ist nie ein Werdendes; das ist der Mensch allein. Ein Tier ist immer ein Vollendetes, in eine bestimmte Umwelt hinein Gegliedertes, und darin vollzieht sich durch Jahrtausende der dieser Gruppe, Familie oder Art zugehörige Akt.

Das Tier agiert seine Rolle, die ihm für eine gewisse Zeit auf der Bühne des Daseins aufgetragen ist. Seine Zuschauer sind die Götter selbst, die dieses Welttheater sich erschaffen haben. Auch der Mensch agiert auf dieser Bühne; auch ihm lauschen und folgen die Götter, greifen auch manchmal selbst in das Spiel ein. Er aber sieht sich auch selber zu und weiß, dass er spielt, dass er Spieler und Zuschauer zur gleichen Zeit ist. Das Tier aber ist allein Spieler.

So wurde Latimeria jetzt auf die Bühne des Welttheaters gestellt; so kamen die Züge der Aale in das Proszenium und werden jetzt besonders deutlich erblickt. Es ist selbst ein Phänomen der großen Welt. Dort wo Erd- und Himmelskräfte sich finden und miteinander wirken, da haben sie einstmals, vor vielen Jahrtausenden, die Aalwanderungen in das Erdendasein gesetzt. Seitdem bestehen sie und weisen hin auf diejenige Zeit, auf die Epoche, in welcher dies geschah. Dorthin müsste der Blick gerichtet werden, um Einsicht, nicht Erklärung zu finden in dieses seltsam grandiose Spiel, das sich seit diesem Weltenaugenblick im Leben der Erde zuträgt.

Nun gibt es aber allerlei Fische, die wandern; die Neunaugen z. B. und die Störe, die Lachse und Heringe, und von allen gilt, was eben von den Aalen gesagt wurde. Nur zeigen die Lachse eine Art der Wanderung und des Lebens, die fast polar dem, was die Aale tun, entgegensteht. Denn die Lachse, die auch die Flüsse aufwärts wandern und dann wieder ins Meer zurückkehren, haben im Quellgebiet jedes Flusses und Baches ihre Wiege. Dort werden die Eier und Samen ausgestreut, und die jungen Lachse entwickeln sich an diesen Orten; dann erst, nach Zeiten wechselnder Länge, gehen sie ins offene Meer, um später wieder an die Orte ihrer Kindheit zurückzuwandern und selber Nachkommen zu zeugen.

So gehen die Aale ins Meer, um dort ihren Nachwuchs zu zeugen, die Lachse hingegen steigen die Flüsse hinauf, um dort oben zur Begattung zu kommen. Es ziehen die Aale vom Meer zum Fluss und zurück ins Meer. Die Lachse wandern vom Fluss zum Meer und zurück in die Flüsse. So entstehen zwei Gegensatzpaare, die im Betrachten der Polarität vielleicht Einsicht zu bieten mögen in etwas, was bisher noch im Dunkel geblieben ist.

Gegensätzliche Lebenszyklen

Die Wissenschaft hat diese Polarität mit zwei Namen belegt; sie nennt die Lachse und alle jene Fische, die, um sich fortzupflanzen, vom Meer in die Flüsse hinaufsteigen, *anadrom*, und die gegensätzlichen Aale, die im Meer ihre Wiege haben, *katadrom*. Mit dieser Bezeichnung allein wäre nicht viel getan, wenn nicht gleichzeitig eine lebendige Anschauung der vorliegenden Phänomene gefunden würde. Es sind heute schon genügend Einzeltatsachen bekannt, um ein einigermaßen vollständiges Bild der sich vollziehenden Wanderungen zu bekommen.

Verweilten wir ein Jahr hindurch an der Mündung einer der in die Nord- oder Ostsee sich öffnenden Flüsse und würden wir dabei wachen Auges die Möglichkeit haben, die ein- und ausziehenden Fische zu beobachten, wir könnten eine überwältigende Fülle von Phänomenen wahrnehmen. Es müsste aber so sein, dass wir unsere Beobachtungen noch um die Zeit der Mitte des 19. Jahrhunderts machten, als keine Stauwehre die Flüsse sperrten und keine Fabriken mit ihren Abwässern das Leben zerstörten.

Zur Herbstzeit, vom Oktober an und den ganzen Winter hindurch, steigen die Lachse aus dem Meer in die Flüsse. Es sind die großen, reifen Männchen und Weibchen, die aufwärts wandern, den Quellen zu. Im Frühjahr werden diese Winterlachse durch die Frühlingslachse ersetzt; das sind kleinere, schwächere und jüngere, die fast alle nur Männchen sind. Sie ziehen bis in den Sommer hinein in die Flüsse und dann wird es still. Im Spätsommer und Frühherbst gibt es nur selten einen Lachs an der Flussmündung zu sehen. Es gibt aber auch da verschiedene Rhythmen, die sich fast für jeden einzelnen Fluss spezialisiert haben. So stiegen früher, als die Flüsse noch nicht verschmutzt und verbaut waren, im Frühsommer die St.-Jakobs-Lachse den Rhein und die St.-Bartholomäus-Lachse die Elbe aufwärts, denen dann später die größeren Weibchen folgten und im Herbst die Hauptarmee der großen und schweren Lachse.

Anfang Mai aber, an der Rheinmündung, etwa zwischen dem 4. und 18. dieses Monats, erschienen in der anderen Richtung ziehend die jungen Salme, die, ein bis eineinhalb Jahre alt, zum ersten Mal ins Meer zurückwandern. Sie hatten ihre Kindheit oben in den Bergen verbracht und gehen nun hinaus in die große Welt. Sie tragen noch ihr Jugendkleid mit den dunklen Querbändern, das erst allmählich durch den vollen Silberglanz der Schuppen ersetzt wird. Die meisten der alten Lachse jedoch sind in ihren Laichgebieten an Erschöpfung gestorben.

Immer sind die Lachse, ob sie hinauf- oder hinunterziehen, Einzelgänger, die vielleicht zu kleinen Gruppen zusammenfinden können, aber dies nur wie zufällig tun. Bei den Aalen aber ist es anders. Im Spätwinter und Frühling erscheinen sie, vom Atlantik herkommend, an den Westküsten Europas; in Irland und England früher, in Dänemark, Deutschland und in den baltischen Ländern entsprechend später, und bilden als kleine, durchsichtige, 6–8 cm lange Glasaale zu Zehntausenden lange, die Flüsse aufsteigende Züge. Brehm zitiert einen Beobachter, der es in folgender Art beschreibt:

> Als wir eines Morgens Ende Juni oder Anfang Juli auf dem unmittelbar an die Elbe stoßenden Deich des Dorfes Dreenhausen traten, sahen wir, dass entlang des ganzen Ufers ein dunkler Streifen sich fortbewegte. Er wurde von einer unzähligen Menge junger Aale gebildet, die dicht an der Oberfläche des Wassers stromaufwärts zogen und sich dabei stets so nahe und unmittelbar am Ufer hielten, dass sie alle Krümmungen und Ausbuchtungen einhielten. ... Dieser wunderbare Zug der Fische dauerte ununterbrochen in gleicher Stärke den ganzen Tag hindurch und setzte sich auch am folgenden fort.

Die aufsteigenden Aale bleiben durch mehrere Jahre in den Flüssen und Bächen, kehren dann aber, zum Blankaal geworden, groß, dunkelpigmentiert und rund, wieder ins Meer zurück. Meistens in der Herbstzeit ziehen sie in den offenen Ozean hinaus; auch dies geschieht nicht einzeln, sondern in kleineren und größeren Karawanenzügen.

So werden die Flussmündungen fast das ganze Jahr über zu den Einfalls- und Ausfallstoren dieser Milliarden von Fischen, die eine lebendige Kommunikation zwischen dem Salzwasser des Meeres und dem Süßwasser der Ströme, Flüsse und Bäche vermitteln. Mit ungeheurer Gewalt streben Aale sowohl als Lachse flussaufwärts. Brehm zitiert wieder:

> Ich befand mich Ende Juli zu Ballyshannon in Irland an der Mündung des Flusses, der während des vorigen Monats Hochwasser gehabt hatte. In der Nähe eines Falles war er getrübt von Millionen kleiner Aale, die fortwährend die nassen Felsen an den Ufern des Wasserfalles zu erklimmen suchten und dabei zu Tausenden umkamen; aber ihre feuchten, schlüpfrigen Leiber dienten den übrigen zur Leiter, um den Weg fortzusetzen. Ich sah sie sogar senkrechte Felsen erklettern; sie wanden sich durch das feuchte Moos oder hielten sich an die Leiber anderer, die bei dem Versuch ihren Tod gefunden hatten.

Ähnlich, nur nicht so massenweise, ist das Aufwärtsstreben der Lachse. Sie zwingen die größten Hindernisse wie Felsen und Wasserfälle, indem sie sich von Felsvorsprung zu Felsvorsprung emporschnellen, um so Schritt für Schritt ihrem Ziel näherzukommen.

Aale und Lachse wandern, streben, ziehen und schwimmen die gesamte Weite und Breite eines Flusses ab; sie gehen in die meisten Nebenflüsse, in die Bäche und Rinnsale, sodass sie mit dem ganzen Netzwerk eines einzigen Stromes innig verflochten sind. Dabei scheinen die Aale mehr die Breite, die Lachse mehr die Höhe zu lieben. Der Strom als individuell-biologische Einheit wird von diesen Fischen erfüllt und erhält durch sie eine enge Verbindung zum Meer.

Das Leben der Lachse und Aale ist aber nicht nur dadurch voneinander verschieden, dass die einen anadrom, die anderen katadrom sind, sondern in vielen Einzelzügen drückt sich diese Polarität aus.

Aus dem Sargassosee kommen die Aale. Dort, wo der Golfstrom, in der Höhe von Florida, aus dem Golf von Mexiko kommend, nach Norden sich kehrt und der Küste von Nordamerika entlang strömt, ist weiter im Süden das Becken ihrer Brut. Es ist ein mächtiges Gebiet, das fast zur Gänze von einem Zweig des Golfstromes umspült wird. Dort ist das Meer um 6000 Meter tief. Von den Laichplätzen in etwa 400 Metern Tiefe steigen die jungen Aale nach oben. Die amerikanische Art brütet etwas westlicher, die europäische Gruppe etwas östlicher. Milliarden kleinster, 2-3 cm langer, durchsichtiger und blattförmiger Fischchen erheben sich aus diesen Tiefen. Es sind dem Aussehen nach noch richtige Fischformen, die, je mehr sie den westlichen und östlichen Küsten zustreben, etwas größer werden. Die Wanderung nach Europa, die zugleich die Umwandlung zum Glasaal bedeutet, dauert etwa zweieinhalb bis dreieinhalb Jahre. Es wird angenommen, dass die Befruchtung im März bis April in den Tiefen von 400 m sich vollzieht, dass dann langsam die jungen Larven aufsteigen, heranwachsen und auf der Wanderung nach Osten sich in den runden wurmförmigen Glasaal umwandeln. Der Weg nach Westen ist kürzer, und die amerikanischen Glasaale sind deshalb auch kleiner als die europäischen.

Sobald die Aale Flüsse erreicht haben, verändern sich ihre Leibesfunktionen. Gelbbraunes Pigment setzt sich an der Haut ab, und gleichzeitig beginnt eine mächtige Stoffaufnahme und -abgabe. Ihr Wachstum vollzieht sich schnell; sie nehmen oft gewaltig an Größe und Gewicht zu und verweilen für etwa drei bis acht Jahre im Gebiet des Süßwassers. Am Tag halten sie sich im Schlamm des Bach- oder Flussbodens verborgen, und erst wenn es dunkel geworden, beginnt die Zeit ihrer Jagd. Die Aale sind besonders in der Nacht aktiv und lebendig; das Licht des Tages aber fürchten sie. Louis Roule, einer der kenntnisreichsten Ichthyologen, schreibt darüber:

> Der Aal muss zu den nächtlichen Tieren der Gewässer gezählt werden, die erst dann aktiv werden, wenn es dunkel ist. Er behält die früh erworbenen Eindrücke, die er sich in den Tiefen des Meeres, wo er geboren wurde, erworben hat. Wenn Aale in einem Aquarium gehalten werden, und ein Lichtstrahl wird plötzlich auf sie gerichtet, dann geraten sie unmittelbar in eine Panik, stürzen in allen Richtungen fort, um endlich sich im dunkelsten Winkel zusammenzudrängen. Sie pressen sich so nah als möglich aneinander, um dem Licht, das sie hassen, zu entgehen. Diese dauernde, unentrinnbare Furcht vor dem Licht ist ein wesentlicher Faktor im Leben der Aale und enthüllt uns die Tatsache, dass sie wirklich Geschöpfe der Tiefe sind.

Es ist aber nicht nur das Licht, das sie fürchten. Sie entziehen sich ebenso der Kälte, und während des Winters sind sie tatenlos; eingegraben in den Schlamm halten sie eine Art von Winterschlaf. Unter den übrigen Flussfischen sind sie die ersten, die sich im Herbst verkriechen, und die letzten, die im Frühling wieder zum Vorschein kommen. Ihr Lebenselement ist die dunkle Wärme; die helle Kälte aber ist das Reich, das sie fliehen.

Ganz verschieden davon sind die Lachse. Wenn sie im Herbst aus dem Meer in die Flüsse steigen, dann beginnt ihr ganzer Leib zu erglänzen. Gerlach beschreibt es so:

> Beim Aufstieg wechseln die Lachse ihre Farben. Auf den Kiemendeckeln und an den Seiten der Männchen leuchten rote Flecken; solche sind auch über den bläulich schimmernden Kopf verstreut. Der Bauch wird purpurn. Ein Rosarot überhaucht die Flossen.

In diesem Farbenzauber steigen sie flussaufwärts, bis sie die Quellen der einzelnen Nebenflüsse und Bäche erreicht haben. Sie suchen das Licht und die Kälte der Höhen; um und nach der Weihnachtszeit, also im eisigen, lichtdurchglänzten Wasser, findet die Paarung statt.

Die Weibchen entleeren gewaltige Mengen von Eiern in eine vorher mit den Flossen zubereitete Grube und die männliche Milch ergießt sich darüber. Ein bis zwei Wochen dauert dieses Begattungsspiel und kurz darauf sterben die meisten Lachse. Die wenigsten treiben zurück ins Meer, woher sie gekommen waren und laichen im nächsten Jahr ein zweites und ganz selten ein drittes Mal ab.

Während der gesamten aufsteigenden Flussreise nahmen sie keine Nahrung zu sich. Der Darm ist in dieser Zeit wie degeneriert und behält kein Futter. Dafür entwickeln sich die Geschlechtsorgane zu gewaltigen Massen. Die Ovarien sind fast ein Viertel, die Hoden beinahe ein Achtel des gesamten Körpergewichtes am Ende der Reise.

Die aus den befruchteten Eiern sich entwickelnden Salme verbleiben für ein bis eineinhalb Jahre im Quellbereich. Erst nach dieser Zeit, zum Junglachs herangewachsen, ziehen sie die Flüsse hinunter, zurück ins Meer. Dort beginnt dann die Jagd, und das Leben währt zwei bis vier Jahre lang. Wo während dieser Periode die Lachse jagen, ist heute unbekannt. Es gibt zwar viele Theorien, aber die Wahrheit ist noch verborgen. Sicher ist eines, dass es die Tiefen sind, in welche die Lachse vordringen; ob diese Tiefen küstennah oder viele hunderte Meilen weit fort sind, wird nicht gewusst.[2]

Die Aale hingegen, feist und groß geworden, wenn sie ins Meer zurückkehren, sind keine Räuber mehr. Sie haben ein einziges Ziel: Hin zur Sargassosee! Jetzt aber beginnen bei ihnen, die das Dunkel liebten, die Augen zu wachsen. Diese werden um das acht- bis neunfache größer, und der nun dunkel gewordene Leib fängt leicht silbern zu erglänzen an. Vielleicht ertragen sie jetzt auch das Licht, nicht das direkte, aber das reflektierte Sonnenlicht, das im Wasser sich bricht und das ihnen jetzt den Weg weist, zurück zu den Tiefen, woher sie gekommen.

So werden Lachs und Aal wirklich zu gegensätzlichen Paaren. Die einen lieben das Licht und die Kälte, die anderen fürchten sie; dafür aber lieben diese die dunkle Wärme, an welcher die anderen keinen Anteil haben. Beide aber verbinden Meere und Ströme, Salzwasser und Süßwasser und leben im Wasserkreislauf der Erde wie Wanderer, die dort und hier ihre Stätte haben und gleich den Zugvögeln im Ziehen ihr Dasein empfinden und sich als Geschöpf erleben.

Licht und Dunkelheit

Der Gegensatz zwischen Lachs und Aal ist eng verknüpft mit dem Gegensatz ihres Lebenselementes: dem Wasser der Meere und dem Wasser der Flüsse und Bäche. Das Erstere ist Salzwasser, das Letztere Süßwasser. Wie verschieden müssen auch diejenigen Geschlechter sein, die ihre Befruchtung und frühe Entwicklungszeit auf den Höhen der Berge und Hügel im Reich der Quellen haben, von denen, die in der dunklen Tiefe des Ozeans diesen Lebensanfang erfahren! Es wird angenommen, dass die Aale im tiefen Gewässer, in der Tiefe von 400 m die Befruchtung vollziehen. Nimmt man für das Brutgeschäft der Lachse eine durchschnittliche Höhe von 1000-2000 m an, dann besteht eine ganz erhebliche Höhendifferenz zwischen diesen beiden Lebensanfängen.

Auch ist es die Zeit des Winters für die Lachse, im Gegensatz zum Sommer für die Aale, und dazu kommen die nördlichen Höhengebiete, welche die Salme aufsuchen, während die Sargassosee in der Höhe von Florida dem subtropischen Klimakreis zugehört.

Die Eier des Aales entwickeln sich daher im Dunkel des Salzwassers, die des Lachses in der Helle des Süßwassers. Hier spielen tiefgreifende qualitative Unterschiede eine gewaltige Rolle im Werden der Fische. Denn das Meerwasser enthält nicht nur im Vergleich zum Süßwasser eine etwas größere Menge von Salzen, sondern die Zusammensetzung seiner chemischen Elemente und Stoffe gibt ihm ein ganz eigenartiges Gepräge für das dauernd in seinem Schoß sich bildende organische Leben. Gegensätzlich dazu ist das Süßwasser der Ströme und Bäche; es ist heller, leichter, schneller und hat durchaus nicht diesen «brütenden» Charakter, der dem Meerwasser so eigen ist.

Rudolf Steiner hat diesen Gegensatz einmal in einem Vortrag für die Arbeiter am Goetheanum ganz grundlegend gekennzeichnet. Er sagte da, am 9. Februar 1924:

> Ja, sehen Sie, wenn man das eigentliche Salzwasser, das sehr salzhaltige Meerwasser untersucht, da kommt man darauf, dass dieses Meerwasser wenig mit dem Weltenraum in Beziehung steht. Die Quellen, die süßes Wasser haben, sind frei für den Weltenraum und sind wie unsere Augen, die sich auch hinaus ins Freie öffnen. Sodass wir sagen können: da auf den Ländern, wo Quellen sind, da schaut die Erde weit in den Weltraum hinaus, da sind die Sinnesorgane der Erde; während der Körper der Erde, die Eingeweide der Erde mehr im salzigen Meer sind ... Und alles das, wodurch die Erde in Verbindung steht mit dem Weltenraum, alles das kommt vom süßen Wasser; alles dasjenige, wodurch die Erde ihre Eingeweide hat, kommt vom salzigen Wasser.[3]

Damit aber ist sofort ein ganz unmittelbares Verständnis für die vorliegenden Phänomene eröffnet. Denn nun ist es anschaubar, dass die Lachse in den «Augen der Erde», in den Quellen der Bäche und Flüsse, ihre Eier ablegen und dadurch von Anfang an in intimster Art mit dem Licht des Weltenalls verbunden sind. Daher ihr Farbenspiel, ihre Helle, ihr «lachsfarbenes» Fleisch, ihre gewaltige Kraft beim Aufstieg in den Flüssen. Es ist das Licht, das in sie hineinversenkt wurde und das nun in ihnen lebt und wirkt. Sie sind aus Licht gewobene Fische, die, wenn sie aus den Höhen der Berge ins Meer ziehen, dieses Licht mit sich führen und es in die Weiten und Tiefen der Meere hinaustragen.

Die Aale aber, aus den Niederungen des Salzwassers kommend, bleiben alle Zeit hindurch dem Dunkel verbunden. Sie sind Nachttiere, die das Licht fliehen und zum Finstern hinstreben. Farblos, d.h. lichtlos, steigen sie als Larven an die Oberfläche des Ozeans, treiben den Küsten zu und verlieren den Charakter der Fischform, um sich in die Wurmform umzubilden. Sobald sie aber Süßwasser berühren, wird ihre Oberfläche gelblich pigmentiert, damit das Licht des Erdenwassers abgehalten werden kann. Dann wächst der Aal heran, wird zur unterseits dunkelgelben und oberseits schwarzgrünen Wasserschlange, die durch Jahre in den Flüssen leben muss. Wie der Lachs in das Meer hinaus verbannt ist, um sein Licht in die Tiefen zu tragen, so ist der Aal den Flüssen verschrieben, um ihnen ein notwendiges Maß von Dunkelheit zu bringen.

Wenn aber am Ende seiner «Fluss-Zeit» der Aal ins Meer zurückkehrt, um seiner Heimat entgegenzuziehen, dann beginnen seine Augen zu wachsen und sein Leib beginnt dunkelsilbern zu erglänzen. Denn jetzt braucht er den Abglanz des Lichtes, dem er sich bisher entzogen hat. Er braucht es, damit seine nun wachsenden Geschlechtsorgane die Kraft der Reproduktion erhalten. Was den Lachsen durch die lichthaft helle Umwelt der Quellen und Bäche gegeben ist, das erwirbt sich der Aal durch die enorme Vergrößerung seiner Augen. Beide brauchen das Licht, damit ihre Nachkommenschaft gewahrt wird.

In dem oben zitierten Vortrag für Arbeiter kommt dann Rudolf Steiner auch auf die Lachse zu sprechen und beschreibt, wie es für diese Fische notwendig ist, in die Gewässer hinaufzusteigen, um sich dort oben die Himmelskräfte für ihre Fortpflanzungsorgane zu holen. Er sagt:

> Auf alles Muskulöse wirkt die Erde; auf alles Knochige wirkt die Erde. Die Erde teilt uns ihr Salz mit und wir kriegen starke Knochen, starke Muskel. Mit diesem Salzabgang der Erde könnten wir aber gar nichts machen für die Sinnes- und Fortpflanzungsorgane; die würden dabei verkümmern. Die müssen unter dem Einfluss des Außerirdischen, der Himmelskräfte kommen. Und der Lachs zeigt das, welchen Unterschied er macht zwischen Salz-

und Süßwasser. Er geht ins Salzwasser, um dick zu werden, um die Erdenkräfte aufzunehmen.

Nun liegt schon ein vollständigeres Bild der sich hier zutragenden Phänomene vor. Wir empfinden die Gegensätzlichkeit des Wirkens im Meer und in den Flüssen und lernen zu sehen, dass diese Wanderungen, welche beschrieben wurden, einen sinnvollen Hintergrund haben. Sie tragen das Licht der Flüsse und Bäche in das Dunkel der Meere; und die Finsternis des Ozeans in die Helligkeit der Ströme. Aale und Lachse sind dauernde Sendboten, Träger einer Art von Atmung, welche Licht und Dunkel zwischen Erde und Meer hin und her strömen lässt. Wo immer Fische leben, also überall, wo Wasser fließt und strömt, wo es sich bewegt oder im Bewegen ruht, da lebt im Zusammenspiel von Licht und Dunkel die Welt der Fische. Von der fratzenhaften Dunkelgestalt ihrer Tiefseeformen bis zur hellen Prägung der Heringe und Sprotten, Forellen und Elritzen, die fast wie Lichtpfeile wirken, spielen Helle und Finsternis ineinander. Die Lachse und Aale aber werden von diesem Licht und Dunkel ergriffen, nehmen es in sich herein und werden deren Boten.

Wird aber die hier gewonnene Vorstellung in ihrer ganzen Realität aufgegriffen und veranschaulicht, dann lässt auch eines der kompliziertesten Probleme der Aal- und Lachsforschung sich dem Verständnis näherbringen. Bisher war es völlig undurchschaubar, wieso der Lachs z.B. immer, wenn er die Flüsse hinaufsteigt, sich in das gleiche Stromgebiet begibt, aus welchem er stammte. Dort, wo er sich entwickelt hatte, dorthin kehrt er auch wieder zurück. Man wollte das zunächst mit dem Gemeinplatz der Vererbung abtun; neuere Experimente aber zeigen eindeutig, dass der Lachs nicht dorthin zurückkehrt, wo seine Vorfahren lebten, sondern dorthin, wo er selbst seine Jugend verbracht hat.

Gerlach berichtet von amerikanischen Züchtungsversuchen, die das eindrücklich beweisen. Er schreibt:

> Am Columbia River im Nordwesten der Vereinigten Staaten ist seit dem Jahre 1939 die Umsiedlung der Chinook-Lachse gelungen. Diese steigen im Columbia River aufwärts. Wenn sie 600 km geschwommen sind, versperrt ihnen der Grand-Coulee-Damm jetzt den Weg; er ist 180 m hoch, und der Stausee über ihm hat zu warmes Wasser, als dass sich die Lachse darin halten könnten. Im Jahre 1939 begann der Federal Fish and Wildlife Service unter Leitung von Dr. Ira Gabrielson, die Lachse 120 km unterhalb des Grand-Coulee-Dammes beim Aufstieg durch die Fischtreppen einzufangen und mit großen Tankwagen zu der Fischbrutanstalt von Leavenworth zu schaffen, wo die Lachseier künstlich befruchtet wurden. Als die geschlüpften Jungen so groß waren, dass sie ihre Flossen gebrauchen konnten, wurden sie von den Tankwagen in das Quellgebiet der Flüsse Wenatchee, Eutiat, Okanagon und Methow gefahren und dort ausgesetzt. Diese Flüsse münden unterhalb des Grand-Coulee-Dammes in den Columbia River. In ihnen blieben die jungen Chinooks, bis sie nach einem Jahr gegen fünfzehn Zentimeter lang waren. Dann ließen sie sich zum Ozean hinabtreiben und wurden nicht mehr gesehen. Im Jahre 1944 mussten sie bei ihrem Laichzug wieder erscheinen. Fünf Jahre nach ihrer Geburt kehrten sie zurück. Und sie taten es. Als sie klein waren, hatte man sie durch Beschneiden ihrer Flossen gekennzeichnet. Die im Wenatchee ausgesetzt waren, nahmen, ohne zu zögern, den Weg zu diesem Fluss, und die Lachse vom Eutiat, Okanagon und Methow fanden genauso sicher die Stelle wieder, wo sie aufgewachsen waren. Aber die Heimat ihrer Eltern, oberhalb des Grand-Coulee-Dammes, suchten sie nicht. Man verfuhr mit den folgenden Jahrgängen ebenso, und das Experiment der Umsiedlung glückte.

Damit ist ganz präzise auf die seltsame Fähigkeit der Lachse hingewiesen, nach vielen Jahren und nach Wanderungen, die sicher viele Tausende von Meilen betragen, genau an ihren Ursprungsort, an die Quelle ihrer Kindheit zurückzufinden. Eine solche Fähigkeit mit dem Wort Instinkt abzutun, wäre eine Verlegenheitsphrase. Auch Vererbung kann dabei keinerlei Rolle spielen; es ist ein anderes Prinzip, das hier vermutet werden kann. Den Weg «finden» können die Fische nicht; sie haben dazu weder die sinnlichen noch die urteilenden Möglichkeiten. Es ist nur vorstellbar, dass sie «blind» wandern, aber «blind» im Sinne der Möglichkeiten, mit welchen heute Flugzeuge «blind» fliegen dadurch, dass sie ferngesteuert werden. Nur wenn die Vorstellung gewonnen wird, dass jeder einzelne Lachs mit dem besonderen Licht seines Quellenorts verbunden bleibt und eine zarte Lichtlinie bei allen seinen Wanderungen ihn begleitet, unsichtbar für das Menschenauge, wahrnehmbar aber für den Lachs, dann wird dieses rätselhafte Verhalten einem ersten Verständnis nähergebracht. Jeder einzelne Lachs trägt ein zartes «Lichtflämmchen» mit sich ins Meer hinaus. Und wie die Kinder im Märchen Brotkrumen streuen, um den Weg in die Heimat zurück wiederfinden zu können, so streut der Lachs kleine «Lichtfäden» in das Meer, an denen er sich nach Jahren noch wieder zu seinem Ursprung zurücktasten kann.[4]

Mir scheint es fast so zu sein, als würden die Millionen Lachse, die jährlich aus den Flüssen in das Dunkel der Meere hinuntersteigen, diese Lichtflämmchen und Lichtfäden mit sich führen und damit die Finsternis leise erhellen, bei ihrer Rückkehr aber diesen Lichtfaden wieder aufrollen und ihn dazu verwenden, das Farbenspiel ihres Hochzeitsgewandes zustande zu bringen. Diese Vorstellung gewinnt viel, wenn an die verschiedensten Tiefseefische erinnert wird, die jeder mit den oft absurdesten Lämpchen und Lichtchen an allen möglichen Stellen ihrer Leibesorganisation ausgestattet sind. An ihnen werden diese Lichtquellen auch für Menschenaugen sichtbar, da diese Fische nicht in den Höhen der Quellen laichen und damit ätherisches Licht als Lichtäther wie eine Art Geburtsgeschenk mitbekommen. Die Tiefseefische müssen diese Lichtquellen aus ihrem Körperinnern erzeugen und dadurch wird es ein buntfarbiges Licht, das gerade noch scheint, aber nicht leuchtet.

Ein ähnliches Rätsel wie die Lachse bieten auch die Aale, die in ihren Wanderungen die Flüsse finden und beim Zurückkehren die Sargassosee nicht missen. Auch hier kann nur das «blinde» Schwimmen, wie es oben beschrieben wurde, eine plausible Erklärung geben. Sie kommen aus dem Dunkel, steigen als durchsichtige Larven an die Oberfläche des Meeres und treiben den europäischen und amerikanischen Küsten zu. Dabei ist es so, dass in ihrer immensen Kinderstube kein Unterschied zwischen amerikanischen und europäischen Larven gemacht wird; die beiden wachsen gemeinsam heran und dennoch «weiß» jede einzelne Larve genau, wohin sie gehört. So treiben die einen nach Westen, die anderen aber nach Osten. Wollte man hier von Instinkt sprechen, würde man wieder das Problem nur verdecken. Vorstellbar aber ist, dass die europäischen sowohl als die amerikanischen Flüsse ein sehr zartes Licht in das Dunkel des Meeres ausstrahlen und dass verschiedene Lichtqualitäten vom Osten und vom Westen her scheinen. Die amerikanischen Aallarven haben als fast einzigen Unterschied ihren europäischen Genossen gegenüber eine geringere Anzahl von Rückenwirbeln; die ersteren haben 103 – 111, die letzteren 110 – 119. Vielleicht wirkt die Wirbelsäule als feinste Antenne und zieht die eine Gruppe westwärts, die andere aber ostwärts.

In solchen Fragen des Tierlebens darf keinesfalls die Umwelt in ihrer gewaltigen Differenziertheit übersehen werden. Die Vielfalt ihrer Kräfte wirkt auf das Tier, das aus ihnen und für sie entstanden ist. Eine Aallarve ist fast nichts als ein Sinnesorgan, und erst wenn aus ihr der Glasaal sich rundet, wird ein zusätzlicher Verdauungs- und Stoffwechselorganismus daraus. So wird die «Lichtantenne» in die Richtung geführt, aus der ihr das für sie wahrnehmbare Licht erscheint. Ist aber diese Lichtspur des Flusses erreicht, dann wird das Leuchten so stark, dass die Haut sich pigmentiert und das Tier zum Fressorganismus um-metamorphosiert wird. Erst wenn es nach Jahren wieder aus den Flüssen in das Meer wandert, beginnt sein Auge zu wachsen, denn nun kehrt der Aal in seine dunkle Heimat zurück und wird wieder Sinnesorganismus; jetzt hört er auch zu fressen auf und strebt der Finsternis entgegen, aus der er einst gekommen. In einem dauernden Wechselspiel zwischen Licht und Dunkel vollbringen die Lachse sowohl als die Aale ihre Lebenszeit.

Nun wird auch völlig anschaubar, was Rudolf Steiner einmal, am 28. Oktober 1923, in einem Vortrag über die Natur der Fische ausgesagt hat:

> Der Fisch hat wohl Wasser in sich, aber er fühlt sich nicht als das Wasser. Der Fisch fühlt sich als das, was das Wasser einschließt, er fühlt sich als die Umgebung des Wassers; er fühlt sich als die glitzerige Hülle oder Schale des Wassers. Aber das Wasser fühlt er als ein ihm fremdes Element, das in ihm aus- und eingeht und, indem es aus- und eingeht, ihm auch zugleich die Luft bringt, die er braucht. Aber Luft und Wasser fühlt er als etwas Fremdes. Er fühlt es als physischer Fisch zunächst als etwas Fremdes; doch der Fisch hat ja auch seinen Äther- und seinen astralischen Leib. Und das ist gerade das Eigentümliche des Fisches; dadurch, dass er sich eigentlich als Hülle fühlt und das Wasser verbunden bleibt mit dem übrigen wässrigen Elemente, dadurch fühlt er den Äther als dasjenige, in dem er eigentlich lebt. Der Fisch ist das eigentümliche Tier, das so ganz Äthertier ist. Für sich ist er die physische Schale für das Wasser; das Wasser, das in ihm ist, fühlt er zusammengehörig mit allen Wassern der Welt. Gewissermaßen überall setzt sich ihm die Feuchtigkeit fort und in dieser Feuchtigkeit nimmt er den Äther wahr. Die Fische sind allerdings für das irdische Leben stumm, aber wenn sie reden könnten, dann würden sie sagen: ‹Ich bin Schale, aber die Schale trägt ein überall sich ausbreitendes Wasserelement, das der Träger des Ätherelementes ist. In dem Naher schwimme ich eigentlich.› – Also der Fisch fühlt sein Leben als das Leben der Erde. Daher nimmt er auch innig teil an alldem, was im Jahresablauf durchgemacht wird von der Erde: dieses Hinausgehen der Ätherkräfte im Sommer, dieses

> Zurückgehen der Ätherkräfte. Den Äther empfindet der Fisch wie das Atmende der Erde.[5]

Damit aber beschreibt Rudolf Steiner die so außerordentlich sensitive Empfindungswelt der Fische, die als Sinnes-Antennen das Spiel der Erden-Ätherwelt vernehmen. Die Aale und Lachse leben mit ihrer ganzen Organisation in diesem Ätherbereich; im Wasser schwimmen sie; ihr Dasein aber haben sie im Ätherströmen von Licht und Dunkel, von Wärme und Kälte, von Klang und Chemismus, von Leben und Sterben.

Deshalb sind die Lachse in den Jahreskreislauf eingefügt wie eine Sonnenuhr in den Gang des Tages. Sie steigen im Herbst, wenn der Erdenäther eingeatmet wird, hinauf zu ihren Quellen, um in der Winterzeit zu laichen. Sie ziehen im Frühling ins Meer hinaus, gemeinsam mit dem Ausatmungs-Strom des Erdenäthers.

So kehren auch die Aale im Herbst zurück ins Meer, um zur Mittsommerzeit in der Sargassosee zu laichen und zu sterben.

Beide Fischordnungen aber leben im Spiel von Licht und Dunkel, das sich zwischen Meer und Flüssen, zwischen Salzwasser und Süßwasser, zwischen Himmelskräften und Erdentiefen dauernd und immer wieder neu vollzieht.

Die Evolution der Lachse und Aale – spirituell betrachtet

Seit Johannes Schmidt die bedeutende Entdeckung gemacht hat, dass die Sargassosee der Brutplatz der europäischen und amerikanischen Aale ist, haben die verschiedensten Gelehrten viel darüber nachgesonnen, warum das gerade dort und nirgendwo anders sich zuträgt. Mehr und mehr ist Wegeners Theorie von der Wanderung der Kontinente damit in Verbindung gebracht worden, und heute wird von einer Gruppe von Forschern angenommen, dass die Aale einstmals Süßwasserfische waren, aber durch die allmähliche Auseinanderschiebung der Kontinente sozusagen ins Meer gefallen sind; wie wenn sie sich zwischen zwei Stühle gesetzt hätten, die ihnen dann von unten weggezogen worden sind.

Muir Evans z. B. beschreibt, wie der afrikanisch-europäische Länderblock sich vom amerikanischen losgelöst hat und sagt dann:

> Wenn das richtig ist, dann kann man sich leicht vorstellen, wie die Larven des europäischen Aales die östlichen Flüsse, die damals ganz nahe gewesen sind, hinaufstiegen, dann aber, als die Kontinente sich teilten, die Reise der Larven zum Süßwasser immer weiter wurden, bis sie zu einer Länge von 3000 Meilen angewachsen war. Es ist freilich schwer, in geologischen Maßen zu denken, aber diese Theorie allein gibt eine vernünftige Erklärung für die Wanderung des europäischen Aales.[6]

Auch Eugen Kraus hat sich in seiner Schrift über «Das Aalproblem»[7] um diese Frage bemüht und versucht, geisteswissenschaftliche Vorstellungen darüber zu entwickeln. Er konnte dabei als Erster darauf hinweisen, dass die Wanderungen der Aale im Zusammenhang mit dem Golfstrom zu stehen scheinen, und er denkt daran, dass Rudolf Steiners Angabe, wonach der Golfstrom einstmals den atlantischen Kontinent umfloss, ein wesentliches Rätsel des Aalproblems lösen könnte.

Wenn nun diese Angabe Rudolf Steiners exakt ins Auge gefasst wird, dann berührt aber der damalige atlantische Kontinent keineswegs die Zone der heutigen Sargassosee. Denn die Angabe lautet:

> Vom Süden herauf, durch die Baffins-Bay gegen das nördliche Grönland verlaufend und es umfassend, dann herüberfließend nach Osten, sich allmählich abkühlend, dann in der Zeit, in welcher Sibirien und Russland noch lange nicht zur Erdoberfläche gehoben waren, in der Gegend des Ural herunterfließend, sich

> umkehrend, die östlichen Karpaten berührend, in die Gegend hineinfließend, wo die heutige Sahara ist, und endlich beim Meerbusen von Biskaya dem Atlantischen Ozean zugehend. Dieser Strom ist der Golfstrom, der einst den atlantischen Kontinent umflossen hat.[8]

Dieser Küstenumlauf der alten Atlantis, deren Mittelpunkt etwa in die Gegend des heutigen Irlands fällt, liegt weit außerhalb der Sargassosee. Die Verbreitung der Aale geht aber nur teilweise parallel mit dieser Küstenlinie. Kraus selbst schreibt:

> Der europäische Aal kommt also vor: an sämtlichen Küsten Europas, entlang Skandinaviens bis zum Weißen Meer, in der Ostsee, im Mittelländischen Meer, an der Nordküste Afrikas, im Schwarzen Meer, im Asowschen Meer, im Marmara-Meer und schließlich auf Island (dessen östliche und nordöstliche Küste ausgenommen). Der amerikanische Aal besiedelt den Osten Nordamerikas bis Labrador, das südwestliche Grönland, die Nordküste des Golfes von Mexiko, den Ostrand des Karibischen Meeres, die Bahama-Inseln, die Großen und Kleinen Antillen bis zu den Mündungen des Orinoko an der Nordostküste Südamerikas.

Damit aber wird die Region gekennzeichnet, welche die Aale heute bewandern, die aber recht verschieden ist von derjenigen, die einst die atlantische Umgrenzung war. Es kann wohl so sein, dass die Aale auch einstmals in den Flüssen der Atlantis aufgestiegen sind und dass sie beim allmählichen Untergang dieses Kontinents sich schrittweise anderer Küstengebiete bemächtigt haben. Aber seit Erdepochen, die lange vor der Atlantis existiert haben, muss die Sargassosee der Uterus der Aale gewesen sein. Sie sind Fische und gehören deshalb ihrer Entstehungsgeschichte nach dem Altertum der Erde an.

Sie haben aber ihre Metamorphose von der Fischform zur Schlangenform auch heute noch beibehalten, ähnlich den Metamorphosestadien des Frosches und anderer Amphibien, die ihren Ursprung als Kaulquappen, die fischähnlich sind, noch jetzt aufweisen. Diese Umwandlung der Larve des Aales in seine Schlangenform ist zweifellos der Hinweis auf uralte Umbildungen, welche diese Tiergruppe einstmals durchschritten hat.

Wer sich anhand von Rudolf Steiners *Die Geheimwissenschaft im Umriss*[9] mit der Erdentwicklung vertraut gemacht hat, wird wohl kaum daran zweifeln, dass diese Umwandlung der Aale zu einer Zeitperiode sich vollzogen hat, während welcher für das Menschengeschlecht der Sündenfall eingetreten ist, der gleichen Zeit, da auch der Mond sich aus der Erde herauszog und dadurch die weiteren Evolutionsschritte ermöglichte. Wie alle Fische, so müssen auch die Aale ihren Ursprung in der Epoche der Hyperboräis haben; dort, als noch Sonne und Erde ein Weltkörper waren, durchwirkt von Licht und Wärme, liegt diese Ursprungswelt. Als aber die Sonne sich aus der Erde gebar, entstand der Fisch als tierisches Wesen. Rudolf Steiner deutet das an, wenn er sagt:

> In einer sehr geistigen, feinätherischen Art war der Mensch schon vorhanden, als Sonne und Erde noch vereinigt waren. Als Sonne und Erde sich trennten, stieß er die Tiere ab, die auf jener Entwicklungsstufe stehen geblieben waren, welche dem Stadium entspricht, da die Sonne noch in der Erde drinnen war. Aus diesen Wesen, die damals als Tierformen sich entwickelten, als die Sonnenwesen noch mit der Erde verbunden waren, sind natürlich im Laufe der Zeiten ganz andere Formen entstanden, denn da haben wir eine lange Nach-Entwickelung. Aber wenn wir die charakteristische Form nehmen, die wir heute noch haben, die wir etwa vergleichen können mit denen, die stehengeblieben sind beim Abstoßen der Erde von der Sonne, so müssen wir die Fischform nehmen. Es ist sozusagen dasjenige, was noch den letzten Nachklang der Sonnenkräfte in sich hatte.[10]

Damit wird ein erstes, aber wichtiges Licht auf die Entstehungsgeschichte der Fische geworfen: dass dieser ganze Stamm wohl zu den ältesten Sprossen der irdischen Organismenwelt zu rechnen ist. Aus dieser Urvergangenheit ragt auch die eingangs erwähnte Latimeria unverwandelt bis in unsere Zeit herein.[11]

Andere Fische, wohl die meisten, zeigten eine «Nachentwicklung» und die Metamorphose der Aale vom Fischlein zur Schlange ist eine Form solcher Umbildungen. Dazu aber sagt Rudolf Steiner im gleichen Vortrag, dem das obige Zitat entnommen ist, das Folgende:

> Als die Sonne heraustrat, ging die Erde in ihrer Entwickelung zurück, sie wurde schlechter; erst als der Mond mit den allerschlechtesten Dingen hinausging, da trat wieder eine Verbesserung ein, eine Erhebung. Sodass wir eine Zeit lang eine aufsteigende Entwickelung in der Evolution haben, bis die Sonne hinausging; dann eine absteigende, wo alles schlechter wurde, grotesker; und dann, als der Mond hinausging, stieg die Entwickelung wieder. Auch von dieser Entwicklungsstufe hat sich eine Form erhalten, die degeneriert ist und gar nicht ausschaut wie damals. Aber sie ist da; es ist diejenige Form, die der Mensch gehabt hat, bevor der Mond hinausgegangen ist, ehe der Mensch noch ein Ich hatte. Diejenige tierische Wesenheit, welche den Menschen sozusagen erinnert an den tiefsten Stand der Erdentwickelung, an denjenigen Punkt, wo wir am weitesten in die Leidenschaften hineingestiegen sind, wo der Astralleib des Menschen den schlechtesten äußeren Einflüssen zugänglich war; diejenige Wesenheit, in der festgehalten ist der Tiefstand unserer Entwickelung auf dem Erdplaneten, ist was wir heute, wenn auch degeneriert, in der Schlange sehen.

Diese Schlangenform hat der Aal sich erhalten und auch die Schritte sind noch verfolgbar, die vom Fisch zur Schlangenform führen; über den Glasaal, durch den Gelbaal zum schwarzen Blankaal. Das ganze

Geschlecht der Aale ist wie ein noch erhaltenes Denkmal jener Erdenperiode, in der die Schlangenform sich ausbildete und dann weiter sich in die heutigen Reptilien umgewandelt hat.[12]

Aus dieser Zeit her sind die Aale auch Giftträger geblieben. Ihr Blut und ihre Körpersäfte wirken lähmend und tötend auf andere Organismen ein. Das ist ein Rest jenes «Tiefstandes» der Erdentwickelung, von dem uns der Geistesforscher berichtet.

In den Sagen und Mythen der Menschenstämme, die Madagaskar, Australien, die Philippinen und die Südsee-Inseln bewohnen, spielt der Aal eine große Rolle. Die Seelen der Verstorbenen leben in ihm, aber auch die Vorväter werden als Aale bezeichnet. Dort ist auch die Region, welche eine große Aalfamilie bewohnt. Kraus schreibt darüber:

> Da gibt es 19 Arten, und zwar gehören drei den gemäßigten Zonen, die übrigen 16 der heißen Zone an. In der nördlichen gemäßigten Zone findet sich der japanische Aal, welcher den atlantischen Aalarten auffallend ähnelt und dadurch aus der Zahl der übrigen indo-pazifischen Arten deutlich hervortritt.

Dort also, wo einstmals der Mond die Erde verließ und wo der lemurische Kontinent ausgebreitet lag, ist heute noch ein anderes, vielleicht ebenso wichtiges Aalgebiet. Es ist noch unbekannt, wo der Sargassosee entsprechend, im indischen oder pazifischen Ozean der Brutplatz der lemurischen Aale ist. Dass sie aber an jener Stelle auch zu finden sind, wo einstmals ihre Umwandlung vom Fisch zum Aal sich vollzog, ist bezeichnend, und Kraus hat mit Nachdruck als Erster darauf hingewiesen.

Von dieser Welt des Sündenfalls ist der Lachs frei geblieben. Er lebt im Licht der Quellen, hat dort seine Jugend und zieht von da ins Meer als ein Lichtträger. Er ist ein wahrer Fisch, der zurückweist auf jene hyperboräische Zeit, da Sonne und Erde noch verbunden waren. Ein Rest jenes Glanzes, der diese Erdenzeit durchleuchtet hat, lebt heute noch im Lachs. Sein Verbreitungsgebiet ist von dem des Aals recht verschieden. Brehm schreibt:

> Als die Heimat der Lachse müssen wir die Gewässer des gemäßigten Europa, südwärts bis zum 43. Grad nördlicher Breite, und die der Neuen Welt bis zum 41. Grad nördlicher Breite ansehen. Er fehlt in allen Flüssen, die sich in das Mittelländische Meer ergießen. In Deutschland besucht er hauptsächlich den Rhein und seine Zuflüsse, die Oder und die Weichsel, ohne jedoch in Elbe und Weser zu fehlen. Häufiger findet er sich in den Flüssen Großbritanniens, Russlands, Skandinaviens, Islands, Grönlands und Nordamerikas, seltener in denen Westfrankreichs und Nordspaniens.[13]

Damit aber ergibt sich ein Gürtel, der sich fast um die gesamte arktische Region herumlegt. Wie ein um den Nordpol ausgebreitetes Band leben die Lachse in der Alten sowohl als in der Neuen Welt. Damit aber sind sie jener Region treu geblieben, in welcher sie einstmals entstanden. Die Hyperboräis war dort, wo heute die Lachse schwimmen: im Norden, wo das Licht und die Kälte in unmittelbarer Art auf die Erdoberfläche einwirken.

Der Lachs ist der Fisch, welcher der Sonne treu geblieben ist. Er zog ihr, als sie die Erde verließ, nach; er tat es so, dass er aus dem Meer in die nördlichen Flüsse hinaufstieg, immer höher, der Sonne zu, um am äußersten Punkt, dort wo die Quellen die «Augen der Erde» sind, seiner Mutter am nächsten zu sein. Dort vollzieht er die Handlung seiner Zeugung, und seine Jungen sind für mehr als ein Jahr dem Reich des Lichtes hingegeben.

Der Aal aber ging den Weg der Erde mit. Er tauchte in die Tiefen des Atlantischen und Indischen Ozeans, verließ damit das Licht und wurde zum Sohn der Finsternis. So musste er auch die Verwandlung in die Schlange mitmachen und zum Träger des Erdendunkels werden. Er ist dem Mond verfallen. Er wird noch heute, wie einstmals, von ihm regiert. Seine Farbe ist gelb und grünlich, wie die des zunehmenden Mondes. Gleich dem unsichtbaren Neumond steigt er als durchsichtig-unscheinbares Wesen aus den Tiefen auf, nimmt an Stärke zu und wandert hinauf in die Flüsse. Dort aber bleibt er ein Nachttier, weil er dem Mond verschworen ist.

Beide, der Lachs und der Aal, sind Fische. Aber der eine ist ein Fisch und damit ein Sohn der Sonne geblieben. Der andere ist weitergegangen und ein Monden-Spross geworden und hat das Los der Schlange auf sich genommen.[14] Beide aber sind Brüder; sie wissen voneinander, und einstmals, wenn das Ende der Erde gekommen sein wird, werden sie auch wieder gemeinsam in ihre Gotteskindschaft eingehen.

Am Ende der Bergpredigt (Matthäus VII, 9 und 10) heißt es: *Welcher ist unter euch Menschen, so ihn sein Sohn bittet ums Brot, der ihm einen Stein bietet? oder, so er ihn bittet um einen Fisch, der ihm eine Schlange bietet?* In diesen Worten des Evangeliums lebt die Aussage, die Fisch und Schlange, Lachs und Aal in ihrer gegenseitigen Verschwisterung zeigen.

Rudolf Steiner aber fasst das alles zusammen, wenn er sagt:

> Fisch- und Schlangensymbol sind aus den Rätseln unserer Entwickelung herausgeholt. Wie es dem natürlichen Gemüt wohl zumute ist, wenn es den leuchtenden Fischkörper sieht in dem reinen, keuschen Element, wie ihm da friedlich zumute ist, so wird es einem unverdorbenen Gemüt gräulich zumute sein, wenn es die schleichende Schlange sieht. Solche Gefühle sind nicht unbegründete Erinnerungen an Tatsachen, die wir einst in der Entwickelung durchgemacht haben.[15]

Die Zeugen davon sind Lachse und Aale. Lebendige Zeugen einer schon vergangenen und dennoch vorhandenen Welt, die den Sinnen kaum mehr wahrnehmbar, dem verstehenden Beobachten aber wieder erschließbar ist. Es ist die Welt, aus welcher alles Lebendige entsteht, jenes

Reich, da Licht und Dunkelkräfte wehen und fließen und die Heimat der Organismen sind.

Jahr um Jahr steigt im Indischen Ozean und in der Sargassosee der milliardenfältige Brunnen der Aallarven aus den Tiefen des Meeres nach oben; wandelt seine Geschöpfe aus Fischen zu Schlangen um und fordert sie wieder zurück.

Demgegenüber steht die tausendfältige Peripherie der Quellen aller nördlichen Flüsse, Ströme und Bäche Amerikas, Europas und Asiens. Dort werden jährlich wie in einem Riesenkreis die Lachseier vom Lichte ausgebrütet und die jungen Lachse ziehen von der Peripherie zum Zentrum des Polarmeeres.

Ein in einem Zentrum und ein in einer Peripherie beginnender Kreislauf stehen hier einander gegenüber, der eine Licht, der andere Finsternis tragend. Sein Weben aber erhält im Zusammenspiel den Kreislauf der Wasser, die durchlichtet und durchdunkelt sind.

Und ist kein Ding in der Natur,
das geschaffen oder geboren worden ist,
es offenbaret denn seine innere
Gestalt auch äußerlich.
(Jacob Böhme)

Die Elefanten

> Nur der kann Erkenntnis als etwas Wirkliches betrachten, der sich sagt: Was ich gegenwärtig machen kann in meinem Geiste in der Erkenntnis, das muss zuerst in den Dingen enthalten sein. Und insofern ich in meinem Geist etwas von den Dingen hereinnehme, gleichgültig welchem Reiche es angehört, setze ich in allen Reichen den Geist voraus.
>
> Rudolf Steiner[1]

Das Bild des Elefanten

Von frühester Kindheit an erscheinen die Elefanten in unserem Bewusstsein. Ihr Bild und Dasein begleiten uns, wenn wir heranwachsen und zu lernen beginnen. Ja, es wird kaum einen Menschen geben, der von ihrer Existenz nichts weiß. Zunächst begegnen wir ihnen im Zirkus und im Zoologischen Garten. Da blicken wir, noch Kinder, furchtsam und staunend zu der gewaltigen Masse auf, die sich vor uns auftürmt. Wir wundern uns am Spiel des Rüssels und erschrecken vielleicht vor dem Schnaufen und Trompeten, das plötzlich daraus ertönt.

Später lesen wir in Abenteuer- und Jägerbüchern vom Leben dieser mächtigen Tiere in Afrika und Asien; hören von der außerordentlichen Kraft des Arbeitselefanten in Indien und Ceylon und sehen die Bilder der in Prunkumzügen mit herrlichen Stoffen behängten Tiere, die auf Hals und Rücken die Maharadschas und deren Frauen tragen.

Und noch später lernen wir vom Auftreten der Kriegselefanten während der Punischen Kriege. Von der panischen Angst der römischen Legionäre in der Schlacht bei Tunetum, wodurch das Expeditionskorps der Römer völlig vernichtet wurde. Wir begleiten Hannibals Zug über die Alpen mit einem Tross von Elefanten, von denen nur einer schließlich in der italienischen Tiefebene ankommt, und wie die römischen Heere sich allmählich an die Kriegselefanten gewöhnen, ja selber anfangen, sie zu verwenden.

So wird der Elefant ein jedem Menschen zugehöriges Tier. Nicht gerade ein Haustier wie Kühe und Schweine, Hunde oder Lamm und Ziege; doch aber näher als der Bär und die Schlange, die uns nah und dennoch so fern sind. Gezähmt wird der Elefant nur in Indien; in Afrika bleibt er sich selbst überlassen, insofern er nicht schon der Vernichtung durch Jagd und Habgier zum Opfer gefallen ist.[2]

Ähnlich wie er uns von Kindheit an als Bild und Erlebnis begleitet, so nahm er Anteil am Erwachen der Menschheit. Er war da, als die Menschen begannen, auf der Erde festen Fuß zu fassen, und in den Urzeiten des vorgeschichtlichen Daseins war er auf fast allen Kontinenten zu Hause. Vom Polarkreis bis zum Äquator und weiter südlich noch besiedelte er Asien und Amerika, Europa und Afrika und Südost-Asien. Nur in Australien und Neuseeland und Südamerika scheint er niemals gelebt zu haben. Als Mammut im hohen Norden, als Elefant im Süden war die ganze Gruppe der Probosciden (die einen Rüssel tragenden Säugetiere) weit verbreitet.

Heute ist dieser umfassende Tierstamm auf ganz wenige Arten zusammengeschmolzen. Es gibt den afrikanischen Elefanten, der noch die Zentralgebiete dieses riesigen Erdteils bewohnt und zwei Unterarten hat:

den Steppen- und den Waldelefanten (Loxodonta africana und Loxodonta africana cyclotis). Der afrikanische Elefant ist größer und mächtiger, hat gewaltigere Stoßzähne und scheint noch weiter in der Erdgeschichte zurückzureichen als sein asiatischer Bruder. Alle anderen Gattungen sind ausgestorben und nur aus Abdrücken und Skelettfunden noch bekannt. Allein das übermächtige Mammut wurde, in einzelnen Exemplaren, als völlig erhaltenes Tier, mit Haut und Haar und allen Organen, ja, mit dem Mageninhalt der eben noch verspeisten Nahrung, Jahrtausende nach seinem ganz plötzlich erfolgten Erfrierungstode, hoch im Norden aufgefunden. Das erstarrte Mammutblut wurde aufgetaut und seine Serumreaktion ergab, dass es wirklich ein naher Verwandter der heutigen indischen Elefanten ist. So reichen sich Urgeschichte und Gegenwart die Hand.

So ist es aber auch in uns. Auch wir empfinden, irgendwo in den Tiefen unserer Seele, dort, wo die Willenskräfte wurzeln, unseren Zusammenhang mit diesen Tieren. Sie gehören zu uns, sind Teil von unserem Dasein und Teil von unserer Substanz. Als Kinder blicken wir zu ihnen auf, als junge Menschen möchten wir ihnen begegnen und sie verstehen; als Erwachsene wenden wir uns von ihnen ab, weil wir davor zurückscheuen, in unseren eigenen Tiefen ihrer Existenz zu begegnen. Nur einzelne Menschengruppen bleiben ihnen ihr ganzes Leben lang nah und verbunden. Einstmals war die ganze Menschheit ein Glied im Reich der Elefanten. Sie, diese Tiere, waren gleich Königen die Herrscher auf Erden. Sie besaßen gewaltigen Grund und Boden, und nur Schritt um Schritt wurde der Mensch ihr Herr. Der Elefant zog sich zurück, er verlor seine Reiche und seine Ländereien und geht nun, als ewiger Bettler, und dennoch ein König, die Straßen seines Daseins entlang.

Physiologie und Erscheinungsbild

> Wie sich ein Wesen darlebt, darin zeigt es, was es unmittelbar innerlich erlebt.[3]

Diesen programmatischen Satz formulierte einmal Rudolf Steiner, als er von einer möglichen Erkenntnis der tierischen Organisation sprach. Wir wollen daher versuchen, den sich darlebenden Elefanten anzuschauen.

Von vorne wollen wir ihm gegenübertreten und als Beispiel den uralten, den afrikanischen Elefanten betrachten. Er blickt uns mit kleinen, tief eingesunkenen Augen an. Die Stirne entfaltet sich felsenförmig nach oben und strahlt in den oberen Rand der mächtigen Flügelhauben der Ohren aus. Dieser Ohrenflügel ist etwa ein Meter lang und 80 cm breit; er umgibt den Schädel und den Hals wie ein großer Schirm, der den Leib vom Kopf abteilt. So bleibt, von vorne gesehen, der massige Körper hinter den mächtigen Ohren wie verborgen und nur die Säulen der Beine treten in unser Blickfeld.

Das Antlitz aber verlängert sich von der Stirne an in den gewaltigen Rüssel, der gleich einer fünften Gliedmaße bis zum Boden reicht. Dieses Organ ist eine mächtig ausgestaltete Oberlippe, die sich mit der Nase verschmolzen hat und die untere Partie des ausgedehnten Mundes überdeckt. Zu beiden Seiten des Rüssels ragen aus dem Oberkiefer die beiden nach oben konkaven Stoßzähne heraus.

Dieser Rüssel ist das Zeichen der Elefanten. Seine Natur und sein Wesen sind wie beschlossen darin. Was ist dieses seltsame Gebilde? Wir gaben schon die Antwort: eine verlängerte Oberlippe, welche die Nase in sich mit beschließt. Oder hat die Nase die Oberlippe im übermäßigen Wachstum mit sich gerissen? Wie dem auch sei – was ist der Rüssel selbst?

Zunächst ist er, ohne Zweifel, eine Gliedmaße, die fast wie eine Hand Verwendung findet. Der Elefant reißt mit ihm Blätter und Zweige von den Bäumen und Sträuchern und stopft sie in sein Maul. Er isst also nicht mit dem Mund selbst wie Huf- und Raubtier, sondern verwendet die «Hand» des Rüssels dazu. Er reißt mächtige Grasbüschel mit dem Rüssel aus, klopft die daran hängende Erde an den Knien ab und verzehrt den Bissen. Er saugt mit dem Rüssel Wasser auf und spritzt es ins Maul. Dieser Rüssel ist also das Bindeglied zwischen ihm und der Welt, so wie beim Menschen die Hand und der Arm es sind.

Mit dem Rüssel teilt der Elefant sanfte und harte Schläge aus. Er legt den Rüssel liebkosend um den Rumpf eines anderen Artgenossen. Das Elefantenkind, wenn es noch klein ist, umklammert beim Wandern den Schwanz der Mutter mit dem Rüssel und lässt sich so von ihr weiterziehen.

Der Rüssel ist aber nicht nur Gliedmaße. Er ist gleichzeitig ein außerordentlich feines und wie allumfassendes Sinnesorgan. Ein großer Teil des Wahrnehmungsvermögens des Elefanten ist im Rüssel und darum herum konzentriert. Der Rüssel kann außerordentlich fein und weit riechen; manche Beobachter meinen, dass auf eine Entfernung bis zu fünf und sechs Kilometer die Art des Laubes oder die Nähe des Wassers er-rochen werden kann. Mit dem Rüssel wird aber auch getastet, und die Haare, welche die Öffnung an seinem Ende umgeben, sind ganz außerordentlich sensitiv. Die Innenseite, die vom Nasengang – einer mit Schleimhaut ausgekleideten Röhre – durchzogen ist, hat einen stark entwickelten Wärmesinn, und alles, was aufgenommen und aufgesogen wird, wird zuerst sehr sorgfältig be-rüsselt.

Die Bewegungen dieses Sinnes-Instrumentes sind so vielfältig und so ausdrucksvoll, dass sein Eigenbewegungssinn sehr hoch entwickelt sein muss.

Blond hat ganz recht, wenn er sagt:

> Der Rüssel ist so vollkommen gebildet, dass er möglicherweise den Elefanten über alles unterrichtet, und dass er ihm, selbst aus der Entfernung, Kenntnisse über die Bodengestaltung vermittelt. … Man hat selten den Eindruck, dass der Elefant mit dem Auge be-

> obachtet. Der Rüssel schwingt, dreht sich, wird angehoben, sucht. Der Rüssel, nicht das Auge, scheint alles wahrzunehmen.[4]

Deshalb ist es wohl berechtigt, davon zu sprechen, dass der die Formen und Linien der Umwelt empfindende Bewegungssinn im Rüssel seinen Sitz hat und das Auge im Wahrnehmen des Raumes und seiner Gestalten weitgehend ersetzt.[5]

So wird dieses Organ zu einem komplizierten Gebilde, da es Gliedmaße und Sinnesorgan zugleich ist. Es nimmt dadurch eine Mittelstellung zwischen diesen beiden polaren Wirkensfeldern des tierischen Leibes ein und verknüpft und verschmilzt in eines, was sonst getrennt vorhanden ist. Unsere Hand empfindet sehr fein, aber sie ist vorzüglich Bewegungsorgan. Unsere Nase ist vor allem Sinnesorgan und hat nur wenig Bewegungsmöglichkeiten. Beim Elefanten aber wächst sie mithilfe der in sie hineinmetamorphosierten Oberlippe zu einem von Muskeln umgebenen Schlauch so aus, dass sie Greif- und Schlag-, Tast- und Wärme-, Druck und Stoßorgan zugleich wird.

Dazu kommt, dass des Elefanten Gefühle und Triebe, Emotionen und Stimmungen im Rüssel ihren Ausdruck finden. Die Töne, die er erzeugt, und die Bewegungsgesten, die er vollzieht, enthüllen das Innenleben seines Trägers. Vom liebenden Grunzen bis zum furchterregenden Trompeten, das die Umgebung erschüttert und fliehen macht, steht eine Menge von tönendem Ausdruck dem Rüssel zur Verfügung. Die Seele des Elefanten wird in diesem Organ zu einer sich immer neu offenbarenden Gestalt.

Auf einer viel tieferen Stufe und an ganz anderer Stelle finden wir ein ähnliches Organ im Reich der Kopffüßler. Die Tentakel der Tintenfische und die mächtigen Fangarme der großen Polypen und Kraken sind dem Rüssel zu vergleichen. Auch dort ist eine «Lippe», gewaltig ausgebildet, zu einem Bewegungsorgan geworden, das ausgebreitete Sinnesfunktionen hat. Hier entsteht, im Reich der Wirbellosen, ein rüssel-ähnliches Gebilde.

Wie anders aber ist es in Gestalt und Art! Diese Fangarme sind Organe der Gier. Furchterregend sind die oft viele Meter langen Tentakel der Riesenkraken, die sich am Opfer festsaugen und nie mehr von ihm lassen können. Der Rüssel des Elefanten aber ist Spür-, Berühr- und Greiforgan. Er gibt dem Tier eine außerordentliche Vielfalt von Empfindungserlebnissen, die wohl bis zur höchsten Lust, ja fast bis zu Freude und Schmerz sich steigern können. Im Rüssel ist das Innenleben des Elefanten wie konzentriert.

Neben diesem Organ verschwinden die Augen fast völlig. Statt ihrer sind die mächtigen Ohren da, die ausgespannten massigen Flügeln gleich, um die Wurzel des Rüssels herum ausgebreitet liegen. Auch diese Ohren zeigen, ähnlich dem Rüssel, durch ihre Bewegungen an, was im Innern des Tieres vorgeht. Alle Aufmerksamkeit kommt in ihnen zum Ausdruck. Die innere Spannung oder Gelassenheit ist mit ihrer Funktion eng verwoben. Was der Rüssel wittert, macht das Ohr sich entfalten, und was das Ohr an Geräuschen vernimmt, lässt den Rüssel sich aufstellen und schnuppern. Beide Organe, Rüssel und Ohr, wirken zusammen und ergänzen einander in einer außergewöhnlich komplexen Art. Dadurch aber wird das Wahrnehmungsfeld viel größer und ausgebildeter als bei allen anderen Tieren. Es umgreift den Raum in seinen Weiten und Tiefen, die erfüllt sind von Geräuschen und Gerüchen, von Wärme und Kälte, von Wind und Wetter, vom Wollen und Bewegen.[6]

Der Elefant ist ein so mächtiges Tier, weil er mit Rüssel und Ohren in einem so gewaltigen Umkreis lebt und diesen beherrscht. Er ist wie ein Wächter der Raumes-Nähe und der Raumes-Fernen, die er bewältigt, weil er deren Ausmaß erkennt. Der Elefant ist der König des Erdenfeldes.

Das Charakteristische des Elefanten

Hinter dieser mächtigen Sinnessphäre aber befindet sich ein relativ kleines Gehirn. Die Knochenkapsel, in die es eingebettet liegt, ist im Umfang bedeutend geringer als der gewaltige Schädel selbst. Diese Gehirnkapsel ist in einem Netzwerk von Knochenwaben wie aufgehängt, sodass sie von den Schädelaußenwänden weit entfernt, wie in das Innere versenkt ist. Die sie umgebenden Knochenwaben sind mit Luft gefüllt, und deren Wände sind mit Schleimhaut überkleidet. Sie stehen in direkter Kommunikation mit dem Innern der dem Rüssel zugehörigen Nasenpartien und können mächtig vergrößerten Stirn- und Gesichtshöhlen verglichen werden. Diese seltsame Anordnung ermöglicht es, dass Gerüche und überhaupt alle dem Luftbereich zugehörigen Empfindungen ins Innere des Schädels eintreten und dort das Gehirn wie mit Geruchswolken und atmosphärischen Wahrnehmungen umgeben und einhüllen. Das Gehirn ist wie eingebettet in die ganze Atmosphäre und wird dadurch ein lebendig-empfindendes Barometer.

Damit hängt es wohl zusammen, was viele Beobachter des Elefantenlebens erzählen: dass Bäche und Flüsse, Sand und Lehm, Hügel und Ebenen kilometerweise «gerochen» oder «gewittert» werden. So wird dem Elefanten nicht nur der Erd-, sondern auch der Luftkreis zu einem offenen Buch, darin er zwar nicht liest, aber riecht, empfindet und wahrnimmt.

Diese riesige Sinnessphäre aber muss dauernd erhalten werden, und so ist hinter den Riesenohren ein ähnlich mächtiger Leib, der Tag und Nacht Unmassen von Nahrung aufnimmt, umwandelt und ausscheidet. Es sind fast unvorstellbare Mengen, die durch diesen Organismus gehen, schon deshalb, weil der Verdauungsvorgang die Nahrung sehr unvollkommen, nur zu etwa 40 Prozent verwertet.[7] Derselbe Autor schätzt, dass Elefanten in der freien Wildbahn täglich etwa 100–150 kg Blätter, Zweige und Wurzeln zu sich nehmen und eine ähnliche Menge in Litern an Flüssigkeit. Der Darm selbst ist 40 Meter lang und erzeugt täglich im Akt der Verdauung und Abscheidung etwa 700 Liter Methangas.

Diese Zahlen geben eine gewisse Vorstellung von der Menge der aufgenommenen, verwandelten und abgegebenen Substanzen. Der Elefantenleib gleicht einem Laboratorium, das enorme Quantitäten von pflanzlichen Stoffen aufnimmt und in tierische und mineralische Substanzen umbaut. Kein geschlossener Lebensraum ist groß genug, diesem Verbrauch zu genügen. Deshalb ist der Elefant ein Wanderer, der dauernd umherzieht und in Wald und Steppen, Savannen und Bergen beheimatet ist:

> Diese wilden Elefanten nehmen von einer sehr großen Zahl verschiedenster Umwelten Besitz; sie scheinen in jeder von ihnen zu Hause zu sein. Sie passen sich ebenso leicht dem Leben im Wald und Busch an, wie dem auf den kühlen Hochebenen oder den heißen Küstenstrichen; sie ertragen die dampfenden Täler Ceylons wie die nebligen, 3000–4000 Meter hohen Abhänge der afrikanischen Berge.[8]

In dieser erstaunlichen Anpassungsfähigkeit sind Mensch und Elefant einander gleich. Nur muss der Mensch mit allen möglichen von ihm erfundenen Mitteln, mit Kleidung und Behausung, Heizung und Kühlung, diese verschiedenen Erdgebiete sich erobern. Dem Elefanten hingegen sind sie untertan; denn er gebietet den verschiedenen Umwelten durch die erstaunliche Anpassungsfähigkeit seiner Innenwelt.

Auch seine Körpertemperatur ist der des Menschen fast gleich; sie ist vielleicht ein wenig höher, etwa 37 Grad Celsius, sodass der Elefantenleib gleich einem angenehm warmen Ofen ist.

Es währte lange Zeit, bis man in Erfahrung brachte, ob und wie lange Elefanten schlafen.

> Niemand hat je einen wilden Elefanten in der Freiheit schlafen gesehen. Nie hat ein Jäger oder Forscher den Schlaf der Herde unter Mond und Sternenhimmel beobachten können. Der Schlaf

> der Elefanten ist so kurz und vor allem so unglaublich leicht, dass man lange geglaubt hat, die einzige Ruhe dieser Tiere sei der tägliche Halbschlaf, bei dem sie stehenbleiben.[9]

Benedict sowohl als Hediger[10] haben sich eingehend darum bemüht, diese Frage zu lösen, und es ist beiden gelungen, schlafende Elefanten zu beobachten. Allerdings mussten sie die größten Vorsichtsmaßnahmen anwenden, da die Tiere so übersensitiv sind, dass die Nähe der Menschen sie sofort und tiefgehend stört. Beide Forscher konnten unabhängig voneinander feststellen, dass gewöhnlich um Mitternacht die erwachsenen Elefanten sich zu einem kurzen, zwei bis drei Stunden dauernden Schlaf auf die Erde hinlegen.

Die relative Kürze der Schlafzeit sollte uns nicht verwundern. Denn das Gehirn dieser Riesen ist verhältnismäßig klein und die Sphäre ihres Bewusstseins, das sich vor allem in den niederen Sinnen ausbreitet, wohl recht dumpf. Ein träumendes Wahrnehmen in Bildern durchzieht das Elefantenwesen und macht es nicht notwendig, dass lange Schlafperioden eingeschaltet werden. Hier gilt, was Rudolf Steiner in dem schon zitierten Vortrag darstellt:

> So recht das seelische Leben des Tieres betrachten können wir nur, wenn wir es im Selbstgenuss seiner Leiblichkeit belauschen. Das ist das Wesentliche. Wir merken das Wesentliche eines Tieres wenig, wenn wir darauf sehen, wie es sich an der Außenwelt freut – wohl aber dann, wenn wir beobachten, wie es seine eigene Verdauung erlebt. Man muss innerhalb der Grenzen der Organe stehenbleiben, wenn man das Höchste des seelischen Erlebens beim Tiere haben will. Das Tier erschöpft sich geradezu innerhalb seiner Organisation in seinem seelischen Erleben, und was es nach außen noch übrig hat, ist doch für das Tier nur insofern bedeutsam, als es sich im inneren Seelischen des Tieres ausleben kann.

Wenn wir diese Angaben Rudolf Steiners anwenden, dann werden manche der hier dargestellten Züge des Elefantenlebens wie durchsichtig und deutlich. Es muss sich bei diesem Tier wohl um eine Grenzsituation handeln. Es scheint weniger als andere Tiere an seinen Verdauungsvorgang hingegeben zu sein, weil es ja nur zwischen 40 Prozent und der Hälfte der Nahrung wirklich umsetzt und verwandelt. Es träumt weniger innig mit seinem Stoffwechsel mit, wie etwa die Kuh, die das Futter viel intensiver verwertet.

Der Rest bleibt dem Träumen im Sinnesprozess vorbehalten. Dort wird das erfahren, was sich «im inneren Seelischen des Tieres ausleben kann». Das aber ist beim Elefanten die dumpfe und wie hellfühlende Wahrnehmung seiner Erdenumwelt, die Litho-, Hydro- und Atmosphäre. Nicht das «alles durchdringende Licht», nicht die Helle des Tages und das sternendurchwirkte Dunkel der Nacht sind ihm Erlebnis. Die Helle und die Farben, das Blau des Himmels und der Glanz der Fernen sind dem Elefanten fremd. Deshalb ist auch seine Außenseite stahlgrau und farbig stumpf. Keine Zeichnung, keine Linie belebt seine Haut. Eintönig grau ist auch seine Innenwelt, insofern sie dem Licht angehört. In diesem Halbdunkel aber weben die Wolken der Gerüche, tönen die Stimmen des Windes und der Gewässer, brüten die Dünste der Täler und kühlen erfrischend die wehenden Stürme, die von den Bergen niederfahren. Das Rauschen des Flusses, das Glucksen der Quellen, das Schreien der Tiere und das Brechen und Knacken der Zweige und Blätter unter den tausendfältigen Schritten der Kreatur leben im Seeleninnern der Elefanten.

Dort erfährt und erlebt sich nochmals die Welt aller Geräusche und Gerüche. Wie uns Menschen das Licht die Gedanken gibt, so brütet der Elefant seine seltsame Weisheit in der unendlichen Vielfalt seiner Gerüche aus. Was uns Menschen aber Ton und Klang bedeutet, ist für diesen Riesen das Geräusch.

Der Mensch begreift, wenn die tönende Prägung des Wortes vom Lichte des Denkens erfasst wird.[11] Wenn im Elefanten die tausendfältigen Gerüche die Vielfalt der Geräusche abtasten, dann entsteht sein dumpfes Erfassen, Wissen und Handeln. Denn der Rüssel ist nicht nur Nase, sondern auch Gliedmaße, die wie ein Führer dem Willen des Tieres voranschwebt. Da entstehen noch keine Begriffe, keine Ideen und Absichten. Aber Motive des Tuns, Instinkte des Handelns und Begierden der Tat sind vorhanden. Sie wirken seit Jahrtausenden in gleicher Art und führen die Herde und das einzelne Tier von Ort zu Ort. Bei Rudolf Steiner heißt es:

> Das Tier bringt, was es kann und was das Dasein es erleben lässt, mit auf die Welt. Was genießt, was erlebt das Tier seelisch? ... Von der Geburt bis zum Tode erlebt es seine Art.[12]

Das aber gilt auch vom Elefanten. Er erlebt das Wesen seiner Art und lebt im Bewusstsein der ihm zugehörigen Gattung. Eingebettet in ihren Strom zieht er dahin und vollbringt seinen Erdenauftrag.

Der Gemeinschaftssinn

Ab und zu findet sich ein Einzelgänger unter den Elefanten. Es ist dann meistens ein altgewordener Bulle, der krank und verbittert die ihm früher zugehörige Herde verlassen hat, und der nun als Wildling, ganz auf sich gestellt, lebt. Manchmal sind es auch zwei oder drei solche alte Herren, die sich abseits der anderen zu einer Schein-Gemeinschaft zusammentun.

Sonst lebt der Elefant in der Gemeinschaft der Herde. Diese aber besteht aus Individuen, die mehr oder weniger nahe miteinander verwandt sind. Carrington sagt:

> In einer Herde findet man Eltern und Kinder, Brüder, Schwestern, Onkel und Tanten, Nichten und Neffen und möglicherweise auch einige wenige angeheiratete und in die Lebensgemeinschaft akzeptierte Exemplare zusammen. Die Zahl der Tiere wechselt; in den kleinen Herden sind zehn bis zwölf, in den großen bis zu fünfzig und mehr Individuen vereinigt.[13]

Zu Zeiten finden sich auch einige Herden in einer noch viel größeren Lebensgemeinschaft zusammen. Das aber geschieht nur, wenn Mangel an Wasser und Nahrung sie an bestimmten Orten zusammenführt. Dann bleiben sie während der Notzeit beieinander. Es kommt dann vielleicht zwischen den individuellen Herden auch zu manchem Austausch von Tieren; bald aber ziehen die einzelnen Familienverbände als geschlossene Einheit wieder davon.

Dabei handelt es sich nicht um Familienverbände, wie wir sie beim Menschen kennen. Der Elefant ist nicht monogam. Ein Bulle verbindet sich zur Paarungszeit mit einem Weibchen, bleibt für die ersten Monate seiner Schwangerschaft mit ihm zusammen und wendet sich dann wieder von ihm ab. Meistens ist es das weibliche Tier, welches das Interesse an dem männlichen verliert und sich dem werdenden Nachkommen ganz zur Verfügung stellt. Die Tragzeit dauert zweiundzwanzig Monate, und für gewöhnlich wird nur ein einziges Junges geboren. Seltene Zwillingsgeburten sind beobachtet worden. Das Neugeborene gehört eng der Mutter an; diese aber wählt unter ihren Genossinnen eine aus, die ihr bei der Aufzucht des Kindes als Wärterin hilft.

Wenige Stunden nach der Geburt kann das Elefantenkind, das etwa 100 kg wiegt, sich aufstellen und laufen und wird nach einigen Tagen ein Mitglied der Herde. Mit den anderen Kleinen wächst es heran, spielt, tollt und macht eine Menge Unfug. Es braucht etwa acht bis zehn Jahre, ehe es voll herangereift ist. Eine Elefantenkuh kann schon zwischen zehn und fünfzehn Jahren schwanger werden, aber die eigentliche Zeit der Reife tritt erst, ähnlich wie beim Menschen, nach dem zwanzigsten Jahre ein.

Die Mütter sind an ihre Kälbchen völlig hingegeben. Sie pflegen und beschützen sie durch Jahre hindurch; und wenn die Jungen schon erwachsen sind, werden sie von ihren Müttern noch als die ihrigen «erkannt». Wahrscheinlich ist es der spezielle Geruch, der dieses «Erkennen» ermöglicht.

Meistens, vielleicht sogar immer, führt eine der Kühe die Herde an. Bei den Wanderungen gehen die Weibchen mit der Führerin an der Spitze. Zwischen sich haben sie die Jüngsten; ihnen folgt das Jungvolk und den Abschluss bilden die jungen und alten Bullen. Die Gemeinschaft der Herde ist eine seelische Einheit. Sie gehört zusammen, ergänzt sich physisch dauernd durch die Neugeborenen und hat ein ausgesprochenes Gemeinschaftsgefühl. Ein krankes oder angeschossenes Glied dieser Einheit wird von den andern in die Mitte genommen, gestützt und gepflegt und als Teil des Ganzen empfunden.

Es ist eine enge Blutsgemeinschaft, die sich hier herausgebildet hat und die gemeinsam empfindet, lebt und ihren Instinkten und Einsichten gehorcht. Es ist eine große, in sich beschlossene Familie, deren Mutter die Gesamtheit der Kühe und deren Vater die Gesamtheit der reifen Bullen ist. Die Jungen aber zeigen zunächst noch recht individuelle Züge, die sich beim Heranwachsen allmählich verlieren, im Alter aber wieder hervortreten. Dann scheiden die Greise und Greisinnen sich von der Herde ab und leben ihr eigenes Dasein.

Der Elefant ist auch im Lebensalter dem Menschen ähnlich. Bis zum 60. Jahr bleibt er zeugungsfähig. Um diese Zeit hören die Mahlzähne auf sich zu ergänzen, und mit ihrem Schwund setzt der allmählich über den ganzen Leib sich ausbreitende Vergreisungsprozess ein. Ob es die sogenannten Elefantenfriedhöfe gibt, zu denen die alten Tiere hinwandern, um dort zu sterben, ist nicht erwiesen. Vielleicht ist es nur eine Legende, die wie aus dem Wesen der Elefanten selbst entstanden ist. Unter den heutigen Lebensbedingungen, die für den Elefanten Vernichtungs- und Aussterbebedingungen sind, wird eine Antwort nicht mehr möglich sein. Denn zu viele Elefanten sterben den künstlichen Tod der Verfolgung und Ausrottung.

Noch aber war es möglich, die letzten Reste dessen zu erhaschen, was ihre natürlichen Lebenszustände einmal gewesen sind: die von den Frauen geführte Familienherde, die als gynäkokratischer Verband eine höhere Lebensgemeinschaft, die über das Einzeltier hinausreicht, gebildet hat. Das erinnert an die Urverbände menschlicher Gesellschaftsformen. Reifwerdung, Lebensalter und Körpertemperatur sind die drei anderen, dem Menschen ungewöhnlich nahen Eigenschaften.

Die mächtigen Stoßzähne sind bleibende Zähne. Sie treten im zweiten Lebensjahr hervor und ersetzen die Milchschneidezähne. Auch hier tritt ein menschennahes Symptom sehr deutlich zutage. Mensch und Elefant zeigen in allen diesen Eigenschaften eine ganz eigentümliche Verwandtschaft und biologische Nähe. In ihrem Körperbau sind sie vom Menschen weit abgerückt; in ihren animalischen Zügen aber sind sie ihm nahe verwandt. Und die Frage tritt auf: Woher kommen die Elefanten?

Herkünfte und Wanderungen

Wir erwähnten schon im ersten Abschnitt dieses Aufsatzes die erstaunliche Tatsache, dass in den Vorzeiten der jetzigen Erde das Geschlecht der Probosciden, der Rüsseltiere, fast über alle Kontinente in einer Zahl von etwa 352 verschiedenen Arten und Familien verbreitet war. Die letzten Nachkommen dieser gewaltigen Tiergruppe sind die beiden heute gerade noch lebenden Familien des afrikanischen (Loxodonta) und indischen (Elephas) Elefanten.

Bis zum Anfang dieses Jahrhunderts blieb ihre Herkunft ein Rätsel. Man hatte zwar eine große Zahl von Skeletten ausgestorbener Arten von

Rüsseltieren gefunden. Es waren Riesen, von denen manche noch größer, andere ein wenig kleiner als die heutigen Elefanten waren. Ihre Stoßzähne waren entweder ganz gerade nach vorne weisend wie bei Anancus und Palaeoloxodon oder eingerollt wie bei den verschiedenen Mammutarten. Der Bau des Schädels variierte stark, und Fuß- und Beinskelette zeigten viele sehr voneinander verschiedene Formbildungen. Diese Tiere aber waren schon die Zweige an einem Baum, dessen Stamm selbst noch nicht gesehen wurde.

Erst zwischen 1901 und 1904, als Beadnell und Andrews, zwei englische Forscher, die Randgebiete des einstmaligen Mare Moeris in der ägyptischen Provinz Fayum, südwestlich von Kairo, nach fossilen Resten untersuchten, entdeckten sie Knochen von damals unbekannten Tieren. So wurden Teile einer altertümlichen Seekuh (Eosiren) gefunden, dann ein seltsames, einen großen knöchernen Stirnkamm tragendes Tier (Arsinotherium) und drei verschiedene Arten primitiver Rüsseltiere. Diese wurden zu einer Familie zusammengefasst und Moeritherium, nach dem Platz, wo sie gefunden wurden, genannt. Diese Exemplare, die nicht viel größer als heutige Schweine waren, zeigen schon den Ansatz von Stoßzähnen im Oberkiefer. Auch hat der Schädel die lufthaltigen Knochenzellen, die wir für die Elefanten beschrieben, und die Knochen der Gliedmaßen weisen einen Bau auf, der nur bei den Probosciden gefunden wird.[14]

Carrington, dem ich diese Angaben entnehme, schreibt dazu:

> Ein großer Teil von Nordafrika war einstmals von einem weiten Meer, das Tethys hieß, bedeckt; statt der dürren Sahara breiteten sich riesige Sümpfe und fruchtbare Ebenen aus, die von der Mitte des heutigen Atlantischen Ozeans bis an die östlichen Grenzen von Arabien sich erstreckten. Das war die Umwelt, von der die Wissenschaftler annehmen, dass sie der Lebensraum von Moeritherium gewesen ist. Manche seiner anatomischen Formen sprechen dafür, dass es ein den Sumpf liebendes Tier und in manchen seiner Eigenschaften dem Wasser zugetan war.[15]

Es handelt sich also um ein verhältnismäßig kleines, aber schon wie im Ansatz alle Zeichen und Eigenschaften des Elefanten tragendes Tier, das sich in den Sümpfen und Gewässern Nordafrikas damals zu entwickeln begann. In dieser Region wurden dann die Reste eines tapirgroßen, ähnlichen Tieres (Phiomia) gefunden, das etwas später, aber noch zusammen mit Moeritherium auftaucht. Man nimmt an, dass es schon mehr an das Landleben angepasst war. Gleichzeitig aber leben die Seekühe, die vollkommene Wassertiere waren und die dem Stamm der Probosciden nahestehen.

So finden wir die Wurzeln der Elefanten und der ihnen verwandten Tiere in einer Welt des Wassers und der Sümpfe. Im Norden Afrikas ist ihre Wiege, und von dort breiteten sie sich, immer größer und mächtiger werdend, nach Süden und Norden, nach Westen und Osten aus. Mit ihrer zunehmenden Größe wächst auch der Rüssel, als ob er die Waage zu dem immer gewaltiger und mächtiger werdenden Leib halten wollte.

Carrington glaubt zwar, dass

> die ersten Wanderungen nach Asien erfolgten, welches dann selbst ein Zentrum für eine weitere Ausbreitung und Entfaltung wurde. Es war von dieser zweiten Heimat sowohl als auch von Afrika, von wo die Probosciden ihre weiten Wanderungen über die Erde antraten.

Es wird auch angenommen, dass sie Amerika erst über Sibirien und Alaska erreichten.

Solche Vorstellungen können aber nur dann entstehen, wenn man die Existenz und Geschichte des atlantischen Kontinents übersieht. Nimmt man aber die Hunderte von Hinweisen ernst, die uns seine vorsintflutliche Existenz versichern, dann ergibt sich ein besseres Verständnis für die Urgeschichte der Rüsseltiere. Sie beginnen in der Vorzeit der Atlantis im heutigen Nordafrika zu erscheinen. In den geologischen Epochen des Eozän und Oligozän bilden sich Moeritherium, Eosiren und Phiomia heraus.

Vom Miozän an, das wir wahrscheinlich mit den ersten beiden Epochen der Atlantis gleichsetzen können, entstehen, wie sprunghaft, die großen und gewaltigen Probosciden. Dinotherium im Osten, mehr auf dem asiatischen Kontinent, und Mastodon im Westen, in den Zentren des atlantischen Erdteils. Übermächtig breiten sie sich überallhin aus und bereiten den allmählich die Erde ergreifenden Menschen ihren Lebensraum vor. Sie sind die Pioniere, in deren Gefolge erst der Mensch erscheinen kann; sie präparieren die Lebensbedingungen für ihre Menschenbrüder.

Rudolf Steiner hat öfter darauf hingewiesen, wie die atmosphärischen Bedingungen zur Zeit der alten Atlantis von den jetzigen durchaus verschieden waren. Luft und Wasser, noch miteinander vermischt, umgaben die Erde; dadurch war alles Dasein in dauernde Nebelmassen eingehüllt. Die Konturen der Dinge verschwammen in dem dichten Nebelschleier, und weder die Sonne noch Mond und Sterne konnten so gesehen werden, wie wir sie heute wahrnehmen.

Das Erdreich war weich. Die Vegetation üppig, tropenartige Pflanzen bedeckten den Grund. Macht man sich diese Angaben zu eigen, dann erst ergibt sich ein Verständnis für die Natur des Rüssels aller Probosciden. In der Nebelatmosphäre war dieses Organ das einzige Mittel der Orientierung. Es roch und empfand, tastete und nahm wahr, was den Augen selbst noch verborgen blieb. Der Rüssel war das Periskop, vermittels dessen die mächtigen Boote dieser Tiere durch den Wasserdampf und Feuernebel der Atlantis ihren Weg fanden. Fressend und verdauend halfen sie, die übermäßige Macht der Vegetation schrittweise zu überwinden, und dadurch wurden sie die Wegbereiter der damals entstehenden und sich entfaltenden Menschheit.

Auch heute noch lieben die Elefanten das feuchte Element. Sie sind die besten Schwimmer unter den Land-Säugetieren und können die breitesten und reißendsten Flüsse durchqueren. Sie können aber auch seichtere Flüsse so durchwaten, dass nur das Endstück des Rüssels aus dem Wasser herausragt. So ist er wirklich eine Art von Periskop geblieben, das zu Zeiten als solches erscheint.

Carrington[16] schreibt:

> Elefanten gehen manchmal, einfach aus reiner Lebensfreude, in die Flüsse, um dort zu schwimmen, oder in die Sümpfe, um sich darin zu wälzen. Eine Gruppe von badenden Elefanten gehört zu den unterhaltendsten Anblicken. Die Tiere trompeten und schlagen im Wasser umher, bespritzen sich gegenseitig oder liegen in vollster Zufriedenheit am Rand des Sees.

Blond[17] deutet auch auf diese innige Beziehung zum Wasser hin und sagt:

> Die Elefanten des Tschad führen zeitweise ein halbes Wasserleben. In den uralten Lehren der Berber und der neolithischen Zivilisation des Nils trifft man immer wieder auf Beziehungen zwischen dem Elefanten und dem Wasser. Zahlreiche Zeichnungen auf Felsenwänden zeigen den Elefanten neben Wellenlinien, dem Symbol des flüssigen Elementes.

Und er schließt dieses Kapitel, in welchem er eine badende Herde beschreibt, die nachts aus dem Fluss heraussteigt, mit den folgenden Worten:

> Sie ragten über die Schilfmauer empor, triefend, riesige schwarze Blöcke, leuchtend wie Anthrazit. Sie waren ein Abbild des Lebens in seinen Anfängen, in der Nacht geboren, aus dem Wasser steigend und auf dem Wege zur Eroberung der Erde.

Mensch und Elefant

Vor langen Zeiten, in den Tagen der alten Atlantis, hatten die Elefanten die Erde erobert. Sie durchpflügten die dichten Wälder und waren wohl schon damals die Begleiter der Menschen. Ein intimes Zusammenleben zwischen Mensch und Prosciden muss einstmals gewaltet haben. Sie eroberten für den Menschen den Raum, in welchen hinein er ihnen folgte und darin er allmählich sich niederließ. Damals waren die Stämme der Menschen so blutsgebunden wie die Familien der Elefanten. In dieser Zeit war auch das Matriarchat für den Menschen die gegebene Sozialordnung, und erst allmählich bildeten sich neue und neuartige Gruppierungen heraus.[18] Dann aber kam die Zeit, da der atlantische Kontinent in gewaltigen und lange anhaltenden Wasserkatastrophen unterging und die heutige Bildung der Gliederung der Erdoberfläche sich allmählich herausschälte.

Mit diesem Kataklysma ist auch der Untergang der Probosciden besiegelt. Diejenigen von ihnen, die nicht unmittelbar bei den Katastrophen ihr Ende fanden, gingen allmählich an den veränderten Umweltbedingungen zugrunde. Manche, wie die nördlich lebenden Mammuts (Mammuthus primigenius), versuchen sich den hereinbrechenden Eiszeiten anzupassen, werden aber allmählich vom Schnee, der Kälte und dem ewigen Winter vernichtet. Die Riesen sterben im Kampf mit noch größeren Gewalten; ihre Zeit ist vorbei.

Mit den Menschen aber, die aus dem untergehenden Kontinent nach Osten strömen, wandern auch die Tiere mit, darunter die späteren Elefanten. Rudolf Steiner stellt diesen Strom so dar, dass er beschreibt, wie ein nördlicher von einem mehr südlichen Zug zu unterscheiden sei. Es heißt dort:

> Da haben wir einen Strom der Menschheitsentwicklung, der dadurch zustande kommt, dass sich gewisse Völker herüberschieben von dem alten atlantischen Lande mehr in einem nördlichen

> Gebiet, sodass sie Gegenden berühren, die heute England, Nordfrankreich umfassen, dann nach dem heutigen Skandinavien, Russland, bis nach Asien hinein, bis nach Indien hinunterziehen. Ein anderer Strom der Menschheitsentwickelung geht einen anderen Weg; er geht mehr südlich, geht so, dass wir seinen Weg etwa suchen müssen herein vom Atlantischen Ozean durch Südspanien, durch Afrika, bis hinüber nach Ägypten, dann nach Arabien. Zwei Ströme, große Völkerwanderungen gleichsam, ergießen sich aus der alten Atlantis nach Osten hinüber.[19]

Damit aber löst sich die Frage der beiden noch bestehenden Elefantenfamilien. Der indische Elefant war der Begleiter des nördlichen Zuges, und der afrikanische Elefant wanderte mit dem südlich ziehenden Menschheitsstrom. Weil sie sich an die von der Atlantis fliehenden und neue Daseinsgründe suchenden Völkerschaften hielten, konnten sie überleben. Dennoch sind sie nur die Denkmäler einer vergangenen Welt, die sich bis heute erhalten haben.

Eine ganze Anzahl von Höhlenmalereien und Felsenbilder aus Frankreich und Afrika legen Zeugnis für diese Auffassung ab. In der typischen Manier der Steinzeit, die der Wanderungszeit der atlantischen Menschheit entspricht, erblicken wir die deutlichen Umrisse von Elefanten.[20] Die berühmte Zeichnung aus der Höhle von Pindal in Spanien zeigt den Elefanten mit der Andeutung eines Herzens, und im nördlichen Frankreich werden Bilder von Mammuts und Elefanten mit geraden Stoßzähnen dargestellt. Es wäre möglich, dass der indische Elefant ein Abkömmling des Anancus ist, während der afrikanische von den Mastodonten her sich entwickelt hat.

Aus der römischen und griechischen Zeit sind Münzen erhalten, die den Elefanten als Sonnen- und Mondanbeter darstellen. Vielleicht, weil er erst nach dem Untergang der Atlantis, nachdem eine klare, licht- und sterndurchleuchtete Atmosphäre entstand, dieser beiden Gestirne ansichtig wurde.

Besonders in Indien jedoch wurde der Elefant bewundert und angebetet. Der Gott Indra wurde auf einem Elefanten reitend dargestellt, dessen Name Airavata war. Dieser war gleichsam der Urelefant, aus dem alle späteren entstanden sind. Rudolf Steiner beschreibt Indra als

> die mächtigste der Wesenheiten, die hinter den Erscheinungen des Luftkreises wirken. Sie [diese Gottheit] ist zu gleicher Zeit diejenige, die beteiligt ist an der ganzen Einrichtung unseres Atmungsprozesses.[21]

Bedenken wir die intime Beziehung, die, wie beschrieben, zwischen dem Elefanten und der ganzen Atmosphäre besteht, dann bekommt das Bild des auf dem Airavata reitenden Indra noch einen besonderen Sinn.

Die allerhöchste Verehrung aber wurde bis in die neueste Zeit in Indien dem weißen Elefanten zuteil. Es handelt sich dabei um ganz seltene, heller gefärbte Elefanten, die wahrscheinlich Albinos sind, da auch ihre Augen rötlich aufleuchten. Wurde ein solches Tier gefangen, dann wurden ihm königliche Ehren zuteil. Es wurde in feierlicher Prozession zum Sitz des Herrschers geleitet, von ihm in tiefster Ehrerbietung empfangen und in ein besonders für ihn erbautes Gebäude geführt. Von Dienern umgeben und mit den besten Speisen gefüttert, brachte er sein Dasein zu. Es sind manche Reden, die bei den Empfangszeremonien eines weißen Elefanten gesprochen wurden, erhalten. Der Schluss der einen lautet:

> O Vater Elefant, wir bitten dich, gib deine Wünsche, im Walde zu verweilen, auf. Schau auf diesen lieblichen Palast, diese himmlische Stadt! Sie fließt über von Reichtum und allem, was deine Augen nur zu sehen wünschen können und dein Herz zu besitzen erstreben würde. Es ist dein eigenes Verdienst, der dich hierherbrachte, um diese Stadt anzuschauen, sich an ihrem Reichtum zu

> erfreuen und der bevorzugte Gast seiner allerhöchsten Majestät des Königs zu sein.

Auch in den Beschwörungsgesängen der Pygmäen, die sie nach der Elefantenjagd intonieren, sprechen sie vom «Vater Elefant»:

> Unsere Speere sind in die Irre gegangen,
>   Oh, Vater Elefant!
> Wir wollten nicht dich getötet sehen,
> Wir wünschten nicht dich zu kränken,
>   Oh, Vater Elefant!

In Indien und in Afrika tritt in den kultischen Reden und Gesängen diese Vater-Identifikation immer wieder auf. Der Elefant wird als väterliche Wesenheit empfunden, die dem himmlischen Weltengrunde zugehört.

In einer Geburtslegende des Buddha heißt es:

> Und nachdem der zukünftige Buddha zum weißen Elefanten geworden war und über die goldenen Hügel wanderte, ließ er sich, nicht weit davon, hernieder und begann die silbernen Hügel zu ersteigen und nahte ihr [seiner Mutter] vom Norden. In seinem silbernen Rüssel hielt er eine weiße Lotusblüte, und nachdem er einen weithin hallenden Schrei ausgestoßen hatte, betrat er das goldene Haus und, nachdem er sich dreimal vor seiner Mutter Lagerstatt verbeugt hatte, berührte er zart ihre rechte Seite und schien in ihre Mutterhöhle einzuziehen.

Airavata ist der Urelefant. Er weist dorthin, wo alle Elefanten ihren Ursprung haben. Airavata wirkte durch Seekuh und Moeritherium; er bildete Phiomia und alle kommenden Geschlechter und Familien aus, die den Erdkreis durchdrangen. Und dann kehrten sie zurück, ins Land Indien und Afrika, von wo sie ausgegangen waren.

Der weiße Elefant aber ist wie die Ahnung und Verheißung eines Kommenden. In ihm erleben die Menschen, die ihm begegnen, eine Art Erhellung und Durchlichtung. Aus der dunklen Haut wurde die lichte, durchscheinende Umkleidung, und diese Gestalt trägt ein zukünftiges Licht in sich.

In der oben zitierten Geburtslegende des Buddha erreicht der weiße Elefant, der aus den Sonnengebieten der goldenen zu den Mondregionen der silbernen Hügel hinuntersteigt, eine Symbolkraft, die an das Bild der Taube im christlichen Legendenkreis anklingt.

Aus dem Kreis der Schöpfung trat der väterliche Airavata als Diener seines Herrn Indra hervor. Die Erde wird zur Zeit der alten Atlantis von seinen Geschöpfen durchdrungen, und sie helfen mit, die Atmosphäre zu erhellen und den Boden zu durchlichten. Nachdem sie die Arbeit vollbracht, werden sie abberufen, und nur die Zeugen ihrer einstigen Wirksamkeit bleiben erhalten. Diese nun tragen ein prophetisches Element in sich, das hinweist auf jene Sphäre, die wir die Region des Heiligen Geistes nennen.

Die einst Könige der Erde waren, sind nun zu Bettlern geworden und warten im Raume der Erde auf ihre Erlösung. Das Seufzen der Kreatur wird in ihnen besonders deutlich vernehmbar. Sie, die einst Herren waren, mussten Diener werden, und sie fügen sich willig in ihr Schicksal.

Das Bärengeschlecht und sein Mythos

Das Tier in der Mythologie

Tiergruppen sind geschlossene Individualgestalten. Sie entstehen, gedeihen und verbreiten sich, um zuletzt aus der irdischen Formenwelt wieder zu verschwinden. Sie haben dadurch ihr eigenes, besonderes und ganz persönliches Schicksal. Niemals aber sollten wir uns von Gedanken verführen lassen, die noch in den Büchern Brehms und seiner damaligen und heutigen Zeitgenossen immer wieder erscheinen: ob ein Tier nützlich oder schädlich sei. Damit wird nur einer sehr fadenscheinigen Teleologie, die ganz auf die Vorherrschaft des Menschen hingestellt ist, das Wort geredet. Nützlich kann ein Gegenstand sein; das Tier aber ist ein Wesen. Auch ein Mensch kann nicht danach beurteilt werden, ob er nützlich oder schädlich sei. Jeder Mensch ist würdig, auf der Erde zu leben; sonst wäre er nicht geboren.

So ist auch jede Tiergruppe im Rahmen ihrer eigenen Würde anzuschauen. Sie, die Tiere, sind zwar Glieder ihrer Art, Familie, Gruppe und ihres Stammes. Sie haben als solche aber eine nur ihnen zukommende und von ihnen allein durchführbare Aufgabe im Gesamtplan der Erdenschöpfung. Diese Aufgabe zu erkennen und zu beschreiben und damit das Schicksal einer ganzen Gruppe zu erraten, ist Teilaufgabe einer künftigen Zoologie. Die heutige Verhaltensforschung ist eine erste Türe, die zu diesem Neuland führen wird. Eine mehr spirituelle Interpretation ethnologischer Phänomene wird eine weitere Tür sein, die sich diesem Reich neuer Einsichten auftun wird. Dazu aber wird es notwendig sein, dass wir das Verhältnis zwischen Mensch und Tier, wie es sich heute in den zivilisierten Ländern der Erde herausgebildet hat, nicht als Maßstab gelten lassen.

In den großen und kleinen Städten, in den Kulturdörfern und Vororten lebt der Mensch fast völlig abgesondert von der Welt der Tiere. Er hat sich seine eigenen Reservate geschaffen und ihnen die restlichen Stücke von Wald und Wiese überlassen. Eine strenge Trennung zwischen Tier und Mensch ist durchgeführt. Wo es noch «Wilde» gibt, in den Wäldern und Sümpfen des Amazonas und an manchen Stellen Mittel- und Südafrikas, in Borneo und Celebes und Neuguinea, da leben Menschen und Tiere in einer viel engeren Gemeinschaft; sie wissen voneinander, verhalten sich mit-, gegen- und füreinander und bilden eine Lebenseinheit, eine Symbiose. Das Tier greift tief in das Leben der Menschen, der Mensch entscheidend in das Dasein der Tiere ein. Sie durchdringen einander, und es ist nicht nur Furcht und Aberglaube, welche die Tabus, die Feste, die Zauberhandlungen bedingen. Die Seelenwelt der Tiere selbst, ihre Handlungen, ihr Verhalten, ihre Phantasien und übersinnlichen Erfahrungen durchwirken das Vorstellen, Fühlen und Handeln der mit ihnen lebenden Wilden.

Ähnlich war auch eine frühere Menschheit dem Tier noch enger verschwistert. Einstmals, z. B. während der Zeit der Atlantis, deren letzte Reste noch Plato beschrieb, schritten nicht nur Götter und Heroen in Menschengestalt unter den erwachenden Erdensöhnen einher; auch die Gruppenseelen der Tiere waren den Menschen nah. Sie wirkten im Feld der Sinneswelt und bewirkten ihre eigenen Taten und Leistungen.

Götter, Heroen, Tierseelen, Menschen und Tiere gingen miteinander um. Sie kommunizierten in Handlungen und Kulten, in Ritualen und

Zeremonien; sie hatten Einfluss aufeinander und bestimmten ihr gegenseitiges Geschick.

Die Asche dieser Ereignisse finden wir in den Knochen und Gesteinsabdrücken, die als Reste vergangener Kulturen zutage treten. Wir sollten aber nicht meinen, dass es damals nur jene Aschenbestandteile gegeben hat. Vieles von dem, was damals lebte, war deshalb gar nicht veraschbar, weil es materiell viel zu locker und fein gewoben war.

Die Körper und Gestalten waren viel plastischer, leichter veränderlich und in ihren Formen viel wandelbarer, als sie heute geworden sind. Auch die Kluft zwischen Tier und Mensch hatte noch viele Brücken. Und nicht nur zu den Affen gab es morphologische Übergänge; auch zu den Raubtieren, den Wiederkäuern, den Elefanten und Walrossen, den Robben und Pferden. Denn Pane und Kentauren sind nicht phantastische Chimären eines primitiven Volksglaubens, sondern jene Brücken, die einstmals die werdenden Tiergruppen und die entstehenden Menschenrassen miteinander verbanden. Der Archaeopteryx ist eine dem Kentaur durchaus vergleichbare Übergangsform. Jener verbindet Vogel und Reptil; dieser überbrückt die Kluft zwischen Huftier und Mensch.

Die Zaubergewalt, die wir aus Märchen und Mythologien kennen, wo Menschen in Tiere und Tiere noch in Menschen verwandelt werden konnten, ist ein Überrest natürlicher Vollzüge, die einstmals dauernd sich begaben. Verwandlung war ein Urverhalten aller lebendigen Wesen. Was einstmals bis in die Gestalt des Körpers hinein sich vollzog, ist heute nur der Phantasie allein noch möglich. Sie kann noch im Traum und schöpferischen Bilden das erschaffen, was einstmals physisch-physiologische Realität gewesen ist.

Am Geschlecht der Bären wird, ihm nachsinnend, manches offenbar von dem, was hier als Ahnung ausgesprochen ist.

Das Bärengeschlecht

Dort, wo das Sternbild des Großen Bären nächtlich auf die Erde blickt – am Polarkreis, in den Wäldern Kanadas und Sibiriens, in den nördlichen Sümpfen Russlands und in vielen Provinzen Skandinaviens –, ist das Bärengeschlecht zu Hause. Es reicht auch weiter nach Süden, sein Umfang und Ausmaß aber wird, je näher es an den Wendekreis des Krebses herankommt, geringer. Die Gestalten der einzelnen Familien sind kleiner und verlieren an Bedeutung und Achtung. Südlich des Wendekreises gehen (in Südostasien und in Südamerika) zwei dünne Ausbreitungsarme bis über den Äquator hinaus.

Ein mächtiges und gewaltiges Geschlecht bewohnt, nach Süden zu sich immer mehr verdünnend und verlierend, die nördliche Halbkugel. Die einzelnen Formenkreise der Bärenfamilie liegen fast wie Gürtel um die Erde herum und variieren in ihrer Gestalt, je nachdem sie in Asien oder Amerika leben. Sie scheinen die Grundkreis-Sektoren vieler Kegel zu sein, die zusammen eine gemeinsame Spitze haben: Den Polarstern und den ihn umfahrenden Großen Bären.

Zuinnerst, jenseits des nördlichen Polarkreises, in den Eiswüsten der Arktis, lebt der Eisbär. Um den ganzen Pol herum ist er zu Hause:

> An der Ostküste des nördlichen Nordamerika, an der Baffin- und Hudson Bay, in Grönland und Labrador, auf Spitzbergen und anderen Inseln kommt er vor und ist ebenso auf dem festen Lande wie auf dem Treibeise zu erblicken.[1]

Auf der Insel Nowaja Semlja, im nördlichen Sibirien, überall, wo arktisches Eis liegt, lebt auch der Eisbär.

Einen nächsten Ring von Ostasien bis Nordamerika bildet das Geschlecht der Schwarzbären. Sie breiten sich dann südwärts über Kanada und die Regionen der Vereinigten Staaten bis nach Mexiko hinunter aus.

Der Braunbär oder Landbär ist der gewöhnliche, weitverbreitete, allbekannte Bär. Er erreicht verschiedene Größen, hat unterschiedliche Farben und Formen, und die Zoologen haben es nicht leicht, die einzelnen Untergruppierungen und Formenkreise voneinander abzugrenzen. Im *Brehm* heißt es:

> Vereinigt man alle genannten Formen zu einer einzigen Art, so hat man deren Verbreitungsgebiet von Spanien bis Kamtschatka und von Lappland und Sibirien bis zum Libanon und dem westlichen Himalaja auszudehnen.

In Europa lebt er noch in fast allen Hochgebirgen; in den Südalpen, Abruzzen, den Pyrenäen, Karpaten, auf dem Balkan, im Kaukasus und Ural. Daneben bewohnt er die Wälder Schwedens, Finnlands, Russlands. Er bevölkert auch Nord- und Mittelasien und ist dort in Syrien, Palästina, Persien und Afghanistan zu finden. Besonders mächtige Exemplare leben im Nordosten Asiens, um die Gebiete des Amur, auf Sachalin und Kamtschatka (Kamtschatka-Bär). Gewaltige Gestalten sind auch die nordamerikanischen Braunbären, die Grizzlies, und der Kodiakbär Alaskas ist das größte Raubtier der Erde.

Im südlichen Asien, in den dichten Wäldern und Sümpfen Burmas ist der Kragenbär zu Hause. Er ist auch in Nordindien und in Kaschmir an den Abhängen des Himalajas zu finden und hat sich von dort bis nach Südostsibirien vorgeschoben.[2]

Noch weiter südlich haben die Lippenbären ihre Wohnstatt. Sie sind über ganz Indien hin verteilt und auch in Ceylon bekannt.[3] Und nach Südosten geht der Malaienbär bis Sumatra und Borneo.

Die beiden über den Äquator nach Süden reichenden Bärenarten sind der die Kordilleren bis Bolivien bewohnende Andenbär und der Malaienbär. In Südchina und Amerika leben die den echten Bären nur entfernt verwandten Kleinbären, mit marder- und katzenähnlichen Formen (Wasch-, Wickel- und Nasenbären, Panda), aber auch einer typischen Bärengestalt, dem schwarz-weißen Bambusbär, dem großen Panda.

So offenbart die Verteilung des über die Erde ausgebreiteten Bärengeschlechts sehr deutlich, dass die nördlichen Zonen sein Lebensgebiet sind. Der Eisbär tritt bis in die Arktis hinein auf, und Braunbär und Grizzly schließen sich in weiten Kreisen, die in Amerika bis Mexiko, in Europa bis in den Balkan, in Asien bis zum Himalaja und nach Ostsibirien reichen, an. Es gibt keine Bären in Afrika, in Australien und Neuseeland und der Antarktis. Der Bär ist ein Tier der nördlichen Halbkugel, und nur in Südostasien und in den Anden stoßen sie in die Südhemisphäre vor. Er gehört zum Schicksal der drei nördlichen Kontinente und hat sich in das Leben der Menschen, in ihr Handeln und in ihr Ahnen, tief verwurzelt. Der Mensch ist den Bären zugetan, er respektiert, fürchtet und verehrt sie; er kämpft mit ihnen und will sie überwinden. Ähnlich empfindet der südliche Mensch im Löwen seinen Meister, seinen Feind und seinen Kampfgenossen.

Vielfalt und Variabilität

Die Bären sind eine Untergruppe der Raubtiere. Sie bilden eine eigene, in sich bestehende und abgeschlossene Familie wie die Hunde- und Katzenartigen. Die Zoologen stellen die Bären in die Nähe der Hunde und meinen, dass gewisse paläontologische Funde dafür sprechen, dass die Bären während des Miozäns aus Formen hervorgegangen sind, die als Vorläufer der Hunde anzusehen sind.

Manches spricht auch für die Annahme, dass das Bärengeschlecht im europäischen Norden seinen Ursprung hat; es ist aber schwer, mit Sicherheit etwas darüber auszusagen. Jedenfalls aber sind die Bären mit dem Kommen und Gehen der Eiszeiten eng verbunden. In vielen europäischen Höhlen werden große Lager von Überresten der einstigen Höhlenbären (Ursus spelaeus) gefunden. Bei den erhaltenen Resten dieser einstmals riesigen Bären, die die häufigsten Jagdtiere der Steinzeitmenschen waren, fällt eine große Variabilität der Kopf- und Gesichtsbildung auf. Abel sagt darüber:

> Die Schädelformen der Höhlenbären aus diesen Schichten (spätere Eiszeiten) schwanken in weiten Grenzen; zwischen ganz flachstirnigen Typen vom Aussehen der primitiven Bärenarten und auch des Mittelwertes der Ahnherren des Höhlenbären selbst liegen bis zu Formen mit enorm steiler Stirnwand alle nur denkbaren Übergänge vor ... Einige Schädel fallen durch ihre Schnauzenlänge auf, während andere einen auffallend gekürzten Gesichtsteil besitzen ... Otto Antonius konnte deshalb mit Recht darauf hinweisen, dass die Variationsbreite der Mixwitzer Höhlenbärschädel in ganz auffallender Weise an gewisse Hunderassen erinnert. (Schäferhund, Dogge, Mops.) ... Zweifellos liegt hier nichts anderes vor als eine ungewöhnlich große Variabilität dieses Bären, die über das Ausmaß der beim Kamtschatkabären zu beachtende Variationsbreite noch weit hinausgeht.[4]

Alle Bären zeigen diese für sie besondere Eigenart, dass sie die Grundgestalt ihres Typus in vielfacher Weise zu variieren vermögen. Einzelne Individuen der gleichen Art, ja Rasse, ändern in auffälligster Art die Farbe und auch Zeichnung des Fells und den Bau des Schädels. Deshalb heißt es auch bei Brehm:

> Bei den Bären scheint nicht nur die Farbe, sondern auch der Schädel sich außerordentlich abzuändern. Zwar kann man einzelne Individuen aus einer Gegend und solche aus einer entfernt davon liegenden an der Farbe gewöhnlich gut unterscheiden. Nimmt man aber die dazwischen liegenden Formen und die ganze Variationsbreite, so wird die Abgrenzung der einzelnen Formen schwer.

Dieser Hinweis ist von großer Bedeutung, denn er charakterisiert das ganze Bärengeschlecht. Es gibt beim Bären, sieht man von den südlichen Arten ab, keine richtig zu definierenden und abzugrenzenden Arten; Eis- und Braunbär sogar stehen einander so nahe, dass eine Kreuzung zu fruchtbaren Nachkommen führt. Sie sind so veränderlich wie die Rassen der Hunde. Diese Flexibilität hängt bei den Hunden mit ihrer Menschennähe zusammen. Auch der Bär steht dem Menschen sehr nahe. Noch heute haben bestimmte Stämme wie die Ainu im nördlichen Japan und auf den Kurilen und Sachalin, aber auch die Tungusen und Giljaken ein ganz inniges, ja religiöses Verhältnis zu den sie umgebenden Bären.

Was dem Menschen durch Zähmung und Dressur für den Hund gelungen ist, hat er beim Bären nie erreicht. Es gibt wohl vereinzelte Tanzbären, aber das Geschlecht als Ganzes ist frei und wild geblieben. Der Bär ist dem Menschen nahe, er ist ihm aber wie ebenbürtig und hat sich nicht unterwerfen lassen. Er flieht die Menschen, die ihn vernichten wollen, und lässt die, die ihm wohlgesinnt sind, in Frieden. Der Bär kann mit dem Menschen leben, wenn er von ihm als eigenes, unabhängiges Geschlecht respektiert wird. Die Variationsbreite, die sich das Bärengeschlecht in der Form und Farbe seiner Leiblichkeit erhalten hat, ähnelt der starken Rassenvariabilität, die auch dem Menschengeschlecht zu eigen ist. Hierin äußern sich Zusammenhänge, die heute noch nicht ganz fassbar sind. Aber Bären und Hunde zeigen diese Eigenart, die bei sonstigen Tieren nicht angetroffen wird.

Die Bärennatur

Der Bär lebt nicht nur dem Menschen nahe, er ist ihm auch sonst in vielen Zügen verwandter als die meisten anderen Tiere. So ist er vor allem ein Sohlengänger und stellt den ganzen Fuß bis zur Ferse auf die Erde. Die Sohle bleibt, mit Ausnahme der Eisbären, unbehaart und schält sich jährlich einmal.

Der Bär richtet sich auf; er geht seinen Gegner in erhobener Haltung an und stellt sich aufrecht dem Feind entgegen. In Kleists herrlichem Fragment *Über das Marionettentheater* wird solch ein Kampf geschildert:

> Der Bär stand, als ich erstaunt vor ihn trat, auf den Hinterfüßen, mit dem Rücken an einem Pfahl gelehnt, an welchem er angeschlossen war, die rechte Tatze schlagfertig erhoben, und sah mir ins Auge: das war seine Fechterpositur.

Und nachdem der Fechter sich vergeblich abgemüht hatte, den Bären zu treffen, heißt es:

> Nicht bloß, dass der Bär, wie der erste Fechter der Welt, alle meine Stöße parierte; auf Finten (was ihm kein Fechter der Welt nachmacht) ging er gar nicht einmal ein: Aug in Aug, als ob er meine Seele darin lesen könnte, stand er, die Tatze schlagfertig erhoben, und wenn meine Stöße nicht ernsthaft gemeint waren, so rührte er sich nicht.

Geht der Bär zur Flucht, so wird er ein Vierfüßler und trabt im Passgang davon. Poppelbaum nennt den Schritt des Bären *schlurfend und ein wenig schlampig, «trollend» im Trab; ein eigentlicher Galopp fehlt ganz.*[5] Diese Bewegungsart hängt auch damit zusammen, dass die Vordergliedmaßen beim Bären kürzer als die Hinterbeine sind. Es sind Arme und nicht Vorderfüße, und der Bär kann damit von den Sträuchern die reifen Beeren abstreifen und zum Mund führen; er kann Ameisenhügel aufgraben und den Inhalt von Larven und reifen Tieren mit der Hand ins Maul stecken. Ebenso kann er Bienenwaben öffnen, den Honig mit der Hand herausnehmen und in den Mund schmieren.

Ein Bärenskelett, das auf allen Vieren stehend montiert ist, gibt den unmittelbaren Eindruck, dass dieses Tier nach vorne übergesunken ist. Das Rückgrat, mit dem daran hängenden Kopf, fällt über die kurzen Arme nach vorne. Es wäre unrichtig zu meinen, dass sich der Bär, nachdem er ein Vierfüßler gewesen ist, später einmal aufgerichtet hätte. Es wird umgekehrt gewesen sein! Der Bär war ein aufrecht einhergehendes Geschöpf, ist aber, was er auch heute noch als Flüchtender und Schweifender tut, nach vorne gefallen. Es war ein Sturz in die Tierheft, den er einmal vollzog.[6]

Alle Beobachter erzählen von der Doppelnatur des Bären. Einerseits von seiner harmlosen Gutmütigkeit, seiner Gelassenheit dem Menschen gegenüber und der damit zusammenhängenden Geduldigkeit, die er meistens zur Schau trägt. So fasst der Oberförster Krementz seine langjährigen Erfahrungen, die er an Bären in den Rokitnosümpfen gemacht hat, in den Worten zusammen:

> Es ist mir nicht ein Fall vorgekommen, dass er jemals bei seinen Wanderungen und Begegnungen mit Menschen diese angenommen hätte. Im Gegenteil, er wird in den meisten derartigen Fällen flüchtig ... Der Bär ist gutmütiger Natur, obgleich ihm unter keinen Umständen zu trauen ist; besonders will er nicht gereizt und in seiner Ruhe nicht plötzlich gestört sein.[7]

Wird er aber gestört, aufgeschreckt, verwundet oder plötzlich angegriffen, dann kommt die andere Seite seiner Existenz zum Vorschein. Dann richtet er sich auf, wird wild und gefährlich. Dann reißt er Tiere und Menschen, bricht in die Hürden ein und schlägt das Vieh. So wird der vierbeinige, trollend gutmütige Pflanzenfresser zum zweibeinigen, wilden Raubtier. Dann stellt er sich aufrecht zum Kampf. Dennoch ist er kein eigentliches Raubtier; als gutmütiger, herumtollender Vegetarier wird er der gezähmten Hundeheit ähnlich. Richtet er sich aber schreitend und kämpfend auf, dann wächst er über seine Raubtiernatur hinaus und wird ein wütender Vormensch:

> Es ist ein Zeichen für die hohe Intelligenz des Bären, dass er sein Verhalten ganz nach den Umständen richtet, dass er zutraulich

> oder sehr vorsichtig wird, je nach der Erfahrung, die er gemacht hat. Obwohl er in der Nähe eines Dorfes hausen kann, wird er jahrelang nie von jemandem gesehen, so gut weiß er sich zu verbergen und so heimlich geht er nachts auf Beute aus.[8]

Der Bär ist trotzdem kein ausgesprochenes nächtliches Tier. Er kann überall auch am Tage angetroffen werden; auf einsamen Schlägen im Hochwald, in den dichten Sumpfgebieten und im Dschungel Südasiens. Der Bär meidet den Menschen; ich bezweifle aber, dass er Angst vor ihm hat. Er meidet ihn aus einer Art Scham, die gleichzeitig eine Form der Erhabenheit ist. Er empfindet seine tiefe Verwandtschaft mit dem Menschen. Er ahnt, dass auch er einmal aufrecht war, wie der Mensch es heute noch ist.

Auch der Bär hat Arme und geht, gleich dem Menschen, auf seinen Sohlen. Aber Kopf und Antlitz wurden von einem dichten Fell überwachsen, das auch die Arme und Hände wie mit Ärmeln und Handschuhen überzog. Dahinter aber lebt, wie im Märchen von *Schneeweißchen und Rosenrot*, der Prinz, dessen goldenes Gewand manchmal hindurchleuchtet.

Ist es daher zu verwundern, dass die Bärenkinder, die blind und nackt und klein wie Ratten geboren werden, sechs volle Jahre brauchen, ehe sie einigermaßen erwachsen sind? Die ganze Zeit verbringen sie in der Nähe der Mutter; der Vater kümmert sich nie um sie. Diese jungen Bären sind in vieler Hinsicht noch menschenähnlicher als das erwachsene Geschlecht. Gerlach meint:

> Was uns an den jungen Bären so komisch vorkommt, ist ihre Menschenähnlichkeit in vielen Bewegungen, der gewichtige Sohlengang, das Aufrichten, die Benutzung der Vorderpranken als Hände.

In dem hervorragenden Walt-Disney-Film *White Wilderness* können spielende Eisbärjunge beobachtet werden. Sie rollen Schneebälle, werfen sie aufeinander und rutschen wie Kinder auf ihren Rücken Schneehügel herunter. Sie kugeln sich, zanken und spielen, wie nur Menschenkinder es sonst tun.

Ist es wohl deshalb, dass der Teddybär zu einem so beliebten Spielzeug der Menschenkinder geworden ist? Weil der Bär nicht gezähmt wurde, haben wir ihn uns nach- und abgebildet und so zum Begleiter unserer Kinder gemacht. Der Teddybär ist die Bann-Form des wilden Bären.

Das Verhältnis des Menschen zum Bären

Diese Menschennähe, die im Verhalten und im Dasein der Bären so deutlich hervorbricht, findet einen noch augenfälligeren Ausdruck, wenn die menschlichen Verhaltensweisen gegenüber dem Bärengeschlecht untersucht werden.

Die oben schon erwähnten Ainu, die besonders innig dem Bären verbunden sind, haben in jedem Dorf besondere Käfige, die zur Aufzucht junger Bärenkinder dienen. Ja, die der Bärenmutter ganz früh entwendeten Bärlein werden von den Ainu-Frauen an der Brust gesäugt; später wachsen sie in den Hütten mit den Kindern der Zieheltern heran, bis sie groß genug sind, um in den Käfig zu kommen und dort zwei oder drei Jahre bis zum Fest des Bärenessens zu bleiben.

Frazer hat der Darstellung dieses Festes ein eigenes Kapitel gewidmet, in welchem er alle vorliegenden Beschreibungen zu vereinigen sucht. Es handelt sich um ein jährliches Fest, das entweder in der Mitte des Winters oder im Herbst begangen wird. Die ganze Bevölkerung des Dorfes nimmt daran teil. Zuerst tritt der Vater des Festes vor den Käfig und hält dem gefangenen Bären eine Ansprache:

> O du Göttlicher, du wurdest in die Welt gesandt, damit wir dich jagen können. Oh, wir verehren dich, wir bitten dich, erhöre unser Gebet. Wir haben dich ernährt und aufgezogen und viel Schmerz

> und Kummer um dich gelitten, denn wir lieben dich. Nun da du erwachsen bist, senden wir dich heim, zu deinem Vater, zu deiner Mutter. Wenn du bei ihnen bist, dann, bitte, sprich nur Gutes über uns und sage ihnen, wie freundlich wir uns dir gegenüber verhalten haben. Komme doch auch wieder zu uns, damit wir dich wieder opfern dürfen.[9]

So etwa lautet die Ansprache.

Dann wird der Bär aus dem Käfig gelassen und gebunden in zeremoniellem Zug durch das Dorf geführt. Daran anschließend wird mit stumpfen Pfeilen auf das Opfertier geschossen und, nachdem es wild geworden ist, sein Hals zwischen zwei starken Pfosten zermalmt.

Bei den Giljaken wird der Bär in jedes Haus des Dorfes geführt und von den einzelnen Bewohnern mit Brei gefüttert; nachher wird ihm mit einem Pfeil das Herz durchbohrt. Dabei weinen und heulen die Frauen einen Totengesang.

Bei den Giljaken sowohl wie auch bei den Ainu wird der Kopf des Opfertieres mit dem daran hängenden Fell auf dem Ehrenplatz des Hauses installiert und sein eigenes Fleisch und Blut wird ihm zeremoniell zur Speise dargereicht. Nachher werden in ritueller Form die Eingeweide und das Fleisch gekocht und in festlicher Gemeinschaftsmahlzeit verzehrt. Der Becher, aus dem der Kopf des Opfertieres getrunken hat, wird herumgereicht und jeder Anwesende muss daraus einen Schluck nehmen. Dieser Becher heißt *Opferschale.*

Oft dauert das Festessen einige Tage. Die Frauen führen heilige Tänze auf, und am Ende der Mahlzeit wird jedem, der durch die Tür ins Freie tritt, vom Dorfältesten mit einer Birkenrute ein leichter Schlag versetzt.

Die Nanai nennen diese Opferbären ihren Sohn und Bruder; und viele der Ainu sagen, dass sie von den Bären abstammen, und nennen sich *Kinder der Bären*. Der Bär aber ist der Gott der Berge, und sie sagen dann:

> Was mich betrifft, so bin ich ein Kind des Gottes der Berge. Ich stamme von dem Göttlichen, der die Berge regiert.

Frazer versucht, alle diese Einzelheiten zu verstehen, und er meint:

> Es wird uns ganz deutlich mitgeteilt, dass die auf Sachalin lebenden Ainu den Bären nicht als ein göttliches Wesen, sondern als göttlichen Boten ansehen. Die Botschaft, die sie ihm vor seinem Tode auftragen, bestätigt diese Annahme. Auch die Giljaken sehen im Bären einen Boten, den sie, mit Geschenken beladen, zum Gott der Berge wieder zurückschicken. Sie behandeln das Tier als ein Wesen, das einer höheren Ordnung als der Mensch selbst angehört; er ist für sie eine niedere Gottheit, dessen Anwesenheit viel Segen für das Dorf schon deshalb bedeutet, weil er die bösen Geister, die dauernd vorhanden sind, ferne hält.

Der einzelne Bär, der als Opfertier gehalten und dann verzehrt wird, ist sicher ein *Bote* der Götter, denn er ist nur ein Teil jenes umfassenden Wesens *Bär,* von dem die Naturvölker wissen und dessen Wirkung sie kennen. Wie die Menschenseele nach dem Tode in die höheren Welten zurückkehrt, so vereinigt sich die Seele des Opfertieres wieder mit Vater und Mutter, das heißt, dass sie in ihre geistige Heimat eintritt.

Es ist wahrscheinlich, dass Völker wie die Ainu, auch die Kungusen und Giljaken, die dauernd von Bären umgeben sind, aber auch in allen Nächten, besonders im Winter, den *Großen Bären* fast senkrecht über ihren Häuptern erglänzen sehen, dort oben die Heimat jener Wesen empfinden, die bei ihnen unten Bärengestalt annehmen.

Es ist sehr aufschlussreich zu hören, dass

> ... die sieben großen Sterne, die das Sternbild des Großen Bären formen, und keinerlei Ähnlichkeit mit der Gestalt eines Bären haben, doch fast über die ganze Welt hin unter diesem Namen bekannt sind, selbst bei Wilden, in deren Umwelt es keine Bären gibt.

Es ist also nicht eine äußerliche Ähnlichkeit, die den sogenannten «primitiven» Menschen die Sternbilder mit bestimmten Namen bezeichnen lässt. Der «primitive», traumbegabte, bild-erschauende Mensch erblickt in jenem Himmelswagen das Angesicht der Bärenheit, nennt den Namen und benennt die Sternenkonstellation nach diesem *In-Bild*. Bayley fügt dann noch hinzu:

> Dieses Sternbild war früher auch der ‹Schafstall› genannt, und von den vorliegenden Emblemen scheint es so zu sein, dass der Große Bär als das Symbol des ‹Großen Geistes›, der ‹Dreifachen Vollkommenheit› des ‹Lichtes der Welt›, des ‹Alpha und Omega› und des ‹Christus Jesus› betrachtet wurde.
> Ist vielleicht daraus das Bild des Schafstalls zu verstehen, wie es im 10. Kapitel des Johannes-Evangeliums verwendet wird? Und das Wort des Christus: ‹Wahrlich, wahrlich, ich sage euch: Wer nicht zur Tür hineingeht in den Schafstall, sondern steigt anderswo hinein, der ist ein Dieb und ein Mörder. Der aber zur Tür hineingeht, der ist der Hirte der Schafe. Dem tut der Türhüter auf und die Schafe hören seine Stimme; und er ruft seine Schafe mit Namen und führt sie aus.›
> Es könnte wohl sein, dass der Bär der Türhüter dieses Schafstalls ist. Oder ist er gar der Dieb und der Mörder? Denn im ersten Buch Samuel sagt David zu Saul, um von ihm die Erlaubnis für seinen Kampf gegen Goliath zu erwirken: ‹Dein Knecht (David) hütete die Schafe seines Vaters, und es kam ein Löwe und ein Bär und trug ein Schaf weg von der Herde; und ich lief ihm nach und errettete es aus seinem Maul. Und da er sich über mich machte, ergriff ich ihn bei seinem Bart und schlug ihn und tötete ihn ... Der Herr, der mich von dem Löwen und Bären errettet hat, der wird mich auch erretten von diesem Philister.›[10]

Das sind Fragen und Hinweise, die sich hier aufdrängen. Denn auch Bern hält am Eingang zur Altstadt den Bärenzwinger, wie auch die Ainu und Giljaken ihre Bärenkäfige haben. Und erinnert nicht das Bild des Zwingers, in welchen die Hexe den Hänsel im Märchen steckt, um ihn so lange zu füttern, bis er fett genug zum Opfer ist, an jene Bärenställe in Japan und in der Schweiz?

Viele Städte (Berlin, Bern, Bernburg usw.) haben nicht nur den Bären in ihrem Namen, sondern auch als Bild in ihrem Wappen. Er wird als Hüter der dort angesiedelten Menschengemeinschaft empfunden; er ist ein Teil jenes *Großen Bären*, der den Polarstern umkreist und die Achse, das Tor der Erdenwelt, bewacht.

Klassische Wesensbilder

So steigen Bilder auf, die sich allmählich in ein Ganzes fügen wollen. Die Huzulen z. B., die in den Karpaten wohnen, haben solchen Respekt vor dem Bär, dass sie ihn nicht bei seinem Namen nennen. Er heißt *der kleine Onkel* oder auch ganz ehrfürchtig *der Große*. Und wenn die Lappen einen Bären gejagt und getötet haben, dann besteht eine ganze Skala von Tabus, die zu beachten sind. Durch drei Tage müssen die Jäger sich bestimmten Reinigungszeremonien unterziehen, und erst am Ende dieser Zeit dürfen sie die Hütte der Frauen wieder betreten. Auch das Rentier, das den Schlitten zog, auf dem der tote Bär eingebracht wurde, darf für ein ganzes Jahr nicht von Frauen berührt und gefüttert werden.[11] Die Gefährtinnen der Göttin Artemis hießen die arktoi, die Bärinnen, und Kerényi fügt hinzu:

> Artemis selbst muss irgendwann einmal als Bärin gegolten haben oder – einer älteren, südlicheren Tierwelt in Griechenland entsprechend – als Löwin.[12]

Dann wird aber auch erzählt, dass eine der Freundinnen der Artemis, die Kallisto, von Zeus, der in der Gestalt eines Bären ihr erschien, geschwängert wurde. Sie hatte aber, wie alle Gefährtinnen der Artemis, ewige Jungfrauenschaft geschworen. Als die Göttin beim Baden einmal den hohen Leib ihrer Freundin wahrnahm, wurde sie zornig und verwandelte sie in eine Bärin. Als solche gebar sie einen Sohn, der ein Mensch mit Namen Arkas war und zum Stammvater der Arkadier wurde. Sie aber blieb eine Bärin und lebte in den dunklen Wäldern. Einmal aber begegnete sie ihrem Sohn, der inzwischen ein großer Jäger geworden war:

> Und die Mutter erkennt ihn und bleibt stehen, will sich dem Sohne zärtlich nähern, doch dieser sieht in ihr nur das wilde Tier, erhebt die Waffe gegen sie und würde sie gewiss getötet haben – da aber entrückt die beiden Zeus und setzt sie nachbarlich als Sterne an den schönsten Platz des Himmels, ganz nahe dem Himmelspol.[13]

Sind wir nicht alle dem Arkas gleich, der in dem Bären nur das Raubtier sieht und nicht die Mutter, die ihm das Leben gab? Das Wort *Bär* trägt durch den Buchstaben B ein mütterlich-umhüllendes Element in sich. Und Fuhrmann, etwas weit ausgreifend, meint:

> Zur Reihe ‹Bär›, ‹Boar›, ‹Björn› steht in engster Verwandtschaft das schwedische ‹Barn›, dem Kinde schlechthin. Da der Nordpol als Ausgangspunkt des Lebens in solchen Fällen bezeichnet und gedacht ist, so ist der Nordpol auch der Mutterpunkt, und das erste Tier, das daraus hervorgeht, kann wohl als Kind bezeichnet werden. ... ‹Bär› ist aber auch ‹Ab-ra›, nämlich abwesende Sonne und somit Norden.[14]

Ob solche Deutungen berechtigt sind, ist nicht leicht zu entscheiden. Sie geben Hinweise, die mit großer Vorsicht nur benützt werden können. Trotzdem ist es interessant, die gleiche Sprachwurzel in den Worten zu finden, die im Nordischen Bär und Kind (barne) bezeichnen. Damit hängt auch das Wort «Geburt» und «Gebären» zusammen, was ein «Tragen» und «Ertragen» meint.

Noch wichtiger aber scheint das Wort Arkas selbst zu sein. Arkas ist der Sohn jener Bärin Kallisto, und in den älteren griechischen Sagen erscheint er sogar als Sohn der Artemis selbst, als sie noch Bärengestalt hatte. Arkas war der Stammvater jenes Volkes, das die Landschaft Arkadien im Peloponnes bewohnte. Die Griechen nannten sie die «Eichelessenden» und meinten, dass sie «älter als der Mond» seien.[15] Kerényi sagt: *Der Name Arkas hängt mit Bär, arktos, zusammen.*[16] Sodass Arkas nicht nur auf die Arkadier, sondern auch auf arktos, den Bären, den von der Bärin Erschaffenen, hinweist.

Sein Name aber hat eine unmittelbare Ähnlichkeit mit der Bezeichnung, die eines der letzten großen Völker der alten Atlantis trug. Sie hießen Akkadier und wohnten in den nördlichen Gebieten dieses später untergesunkenen Kontinents. Dort trafen die Akkadier auf die Reste der uralten Hyperboräer. Die Hyperboräer waren eine noch kaum irdisch gewordene Menschheit, die ganz im Bereich des Seelenhaften wirksam gewesen ist. Die Akkadier wohnten in jenen Gebieten, die später nach dem Untergang der alten Atlantis, das heißt am Ende der Eiszeiten, als die Landmassen des nördlichsten Kanada, als Grönland, Skandinavien und Sibirien wieder auftauchten. Es sind die Gebiete des Polarkreises, die wir als die Ursprungsgebiete des Bärengeschlechtes ansehen müssen.

Ist es nicht bedeutsam, dass die Griechen Apollon, den Bruder der Artemis, alle Jahre nach der Hyperboräis zurückkehren ließen? Und dass die Mutter beider, Leto, aus dem Land der Hyperboräer kam? Apollon verkörpert in seinem Wesen und seinen Taten den Grundcharakter der akkadischen Menschheit, die Rudolf Steiner so beschreibt:

> Die Menschen der sechsten Unterrasse (der Akkadier) bildeten die Denkkraft noch weiter aus. ... Diese berechnende Denkkraft suchte das Neue als solches, sie spornte zu Unternehmungen

und Neugründungen an. Daher waren die Akkadier ein unternehmungslustiges Volk, zur Kolonisation geneigt.[17]

Vielleicht hat sie dieser Kolonisationsdrang auch nach dem Peloponnes geführt und die Arkadier entstehen lassen. Dort, in Arkadien, ist auch der seltsame Gott Pan zu Hause, der von Euripides als Zwillingsbruder des Arkas bezeichnet wird. Auch Pan ist ein ähnliches Zwischenwesen wie der Bär. Auch er war gutmütig und harmlos, konnte aber bösartig und wild werden, wenn er aus seiner Ruhe, besonders zur Mittagszeit, aufgestört wurde. Pan, der in vielen Formen als Sohn des Kronos, des Zeus, des Hermes erschien, hatte Bocksfüße und ein «wildes, bärtiges Gesicht».

Diese Zusammenhänge sind nur Andeutungen; sie sollen keine Deutungen darstellen. Sie weisen aber eine Richtung, in der noch mehr Fäden aufzufinden sind, um konkreter und sachgemäßer zu erfassen, was hier erst berührt wurde.

Eine spirituelle Geologie des Bären

Zweier Eigenschaften der Bären soll gedacht werden, da sie eindeutiger als die sonstigen Merkmale auf die enge Nachbarschaft zum Menschsein hinweisen. Der Bär ist nicht ein Herdentier. Er geht allein durch Wald und Sumpf, und es ist eher Zufall, wenn sich mehrere Bären in einem Himbeerschlag oder an einem besonders lachsreichen Fluss treffen. So ist der Bär im Gegensatz zu anderen Raubtieren (Löwen, Wölfen) ein durchaus solitäres Wesen. Er hält sich auch nicht zur Familie. Er wird nur im Sommer, während der Paarungszeit, mit der Bärin angetroffen.

Später verlässt er sie, und im Herbst sucht sie allein eine Höhle, einen hohlen Baumstumpf oder ein dichtes Laubdach auf, um dort, im Dezember oder Januar, ihre Jungen zu gebären. Dieses Verhalten aber weist gleichfalls auf die ganz intime Menschenverbundenheit hin. Keine Teleologie oder Anpassungs-Phantasien können eine vernünftige Erklärung dafür finden, dass gerade in der kältesten Jahreszeit die so kleinen, nackten und hilflosen Bärenkinder zur Welt kommen. Das wäre gerade das Gegenteil eines «Kampfes ums Dasein». Denn auch der Bärenvater ist um diese Zeit nicht zur Stelle, weil er sich, ähnlich wie die Bärin, welche die Geburt erwartet, in einem Höhlenwinkel zur Winterruhe zurückgezogen hat.

Rudolf Steiner allerdings hat darauf hingewiesen, dass in den Urzeiten der Menschheitsentwicklung, zur Zeit der Atlantis z. B., alle Menschengeburten um die winterliche Sonnenwende sich begaben. Er sagte einmal:

> In früheren Zeiten der Erdenentwicklung war das menschliche Fortpflanzungsleben noch an den Jahreslauf gebunden. Da konnte eine Empfängnis nicht anders stattfinden als im Frühling, wo die Kräfte so regsam wurden, wie ich es jetzt [im Vortrag] erzählt habe, und da konnten Geburten nicht anders stattfinden als gegen das Ende des Jahres.[18]

Dieses Verhalten änderte sich, denn der Mensch trat allmählich aus diesen naturgebundenen Gesetzmäßigkeiten heraus. Nur bei bestimmten germanischen Stämmen, den Ingävonen z. B., erhielt sich diese Eigenart noch bis in das dritte Jahrtausend vor unserer Zeitrechnung.[19] Auch die Bären haben dieses Verhalten bewahrt. Sie gebären ihre Jungen noch zur Zeit der Wintersonnenwende und tragen so ein vormenschliches Dasein mit sich, das keinerlei Anpassung darstellt, sondern die Erinnerung an jene Zeiten, aus denen sie herkommen.

Haben die Huzulen nicht recht, wenn sie die Bären den «Kleinen Onkel» nennen und dabei den Bruder ihrer Väter meinen? Oder wenn die Ainu und Tungusen ihre Bärenfeste halten und das Opfertier als den Boten ihrer Stammväter bezeichnen? Die Bärenmahlzeit halten heißt für sie, sich mit den eigenen Ahnen in Verbindung setzen. Es ist ein vorchristliches Messopfer, das dabei vollzogen wird, und es ist durchaus wahrscheinlich, dass diese Ainu die letzten Reste der einstmaligen

Akkadier sind. Ihr Ursprung ist der heutigen Ethnologie völlig unverständlich. Sie wurden zunächst als Urbewohner Japans angesehen; diese Annahme ist aber nicht aufrechtzuerhalten.

> Die jüngsten Forschungen haben es wahrscheinlich gemacht, dass der Anteil der Ainu an der Bildung des japanischen Volkes und seiner Kultur sehr gering war (arktische Elemente) ... Besondere körperliche Merkmale der Ainu sind: starker, untersetzter Körperbau, starke Behaarung [!] (besonders Kopf- und Barthaar), breites Gesicht, tiefliegende Augen mit Mongolenfalte und breite, flache Nase. ... Ihre Sprache muss derzeit noch als isoliert betrachtet werden.[20]

Es handelt sich also um eine völlig einzig dastehende kleine Stammesgruppe, die weder mongolische noch malaiische, noch indogermanische Züge aufweist. Diese Menschen sind klein von Gestalt und stark behaart und haben die besonders intime Beziehung zum Bärengeschlecht, die sich in ihren Festen offenbart.

In manchen deutschen Märchen tritt ein ähnliches Element hervor. In der Geschichte vom «Bärenhäuter» wird ein Mensch durch den Pakt, den er mir dem Teufel abschließt, für sieben Jahre eine Art von Bär: *Das Haar bedeckt ihm fast das ganze Gesicht, sein Bart glich einem Stück groben Filztuches, seine Finger hatten Krallen.* Auch im Märchen von *Schneeweißchen und Rosenrot* wird ein Mensch in einen Bären verwandelt, bis er, durch den Tod des Zwerges, der ihn verzaubert hat, wieder seine Menschengestalt erlangen kann. In diesem Märchen webt ein Nachglanz jenes arkadischen Friedens, der einstmals im Land der Hyperboräer vorhanden war. Jene Friedenssphäre, in die auch Apollon jährlich im Frühling zurückkehrte, um dann in Delphi wieder neu zu erscheinen.

So weisen alle diese Zeugnisse, manche mehr, andere weniger offenbar, darauf hin, dass das Geschlecht der Bären einstmals ein menschliches Geschlecht gewesen ist. Wahrscheinlich war es den Akkadiern verwandt, die hoch im Norden, auf der alten Atlantis, lebten, zu einer Zeit, da die Eiszeiten einzusetzen begannen. Den Ursprung der Bären (darauf wurde schon hingewiesen) nimmt die heutige Paläontologie am Ende des Tertiär, etwa im Miozän an. Diese erdgeschichtliche Epoche entspricht den letzten Phasen der Atlantis; von Gleich schreibt darüber:

> In der zweiten Hälfte der atlantischen Epoche ging das sehr warmfeuchte Klima der Eozän- und Oligozänperiode des Tertiär immer mehr in ein kühles und schließlich sehr kaltes über. Von der Miozän-Epoche sagt Theodor Arlt: ‹In Europa gehen die Palmen südlich über das Gebiet der Alpen zurück. In Mitteleuropa kam sogar schon Frostwirkung an den Blättern vor, wenn auch hier in der Hauptsache ein mildes und feuchtes Klima herrschte. Besonders in den arktischen Gebieten fiel die Temperatur beträchtlich. Es ist also die Zeit, wo durch das Vorrücken des Nordpols aus der Region der Beringstraße gegen Grönland zu gewisse Kältewellen, die Europa trafen, die allerdings viel später erst hereinbrechenden Vergletscherungen bereits ankündigten›.[21]

Das ist die Zeit, in der Teile der Akkadier nach Süden, Osten und Westen auswandern. Andere aber bleiben, haben nicht die Unruhe, die das erwachende Denken ihren Artgenossen gegeben hatte, und beginnen, sich auf den hereinbrechenden Weitenwinter der Eiszeiten vorzubereiten. Das sind die nun entstehenden Bären. Um den Polarkreis herum beginnen sie sich auszubreiten und mit den nach Süden sich vorschiebenden Eismassen wandern sie über Europa, Asien und Amerika bis an den Wendekreis des Krebses heran. Gegen den Nordpol zu werden sie zu Eisbären; nach Süden hin zum Braunbär, Grizzly und all den anderen Arten, die wir kennen.

Der Bär ist das Tier des Winters. Er hat sich den dichten Pelz angelegt und zieht sich vor den hereinbrechenden Schnee- und Kältemassen in seine Höhlen zurück. Er kann aber auch, als Eisbär, den Kampf mit dem Winter aufnehmen. Deshalb liebt er den Honig, die schönste Gabe der Sommersonne, um durch die darin wirkende Kraft der Eiseskälte zu widerstehen. In der wunderbaren 46. Rune der *Kalewala*, die einzig vom Bären erzählt, heißt es:

‹Wie ist wohl der Bär geboren,
wie der Goldpelz aufgewachsen?
Ist auf Stroh der Bär geboren,
in der Badstub aufgewachsen?›
Sprach der alte Väinemöinen
selber darauf solche Worte:
‹Ist nicht auf dem Stroh geboren,
auch nicht in der Scheunentenne;
dort ist ja der Bär geboren,
kam zur Welt die Honigtatze –
nah dem Monde, bei der Sonne,
auf des großen Bären Schultern,
bei den Lüftejungfrau'n allen,
an der Schöpfungstöchter Seite.›[22]

Nicht im Stall und nicht auf Stroh, wie die im Winter zur Welt kommenden Menschenkinder, wird der Bär geboren. Oben, in den Höhen des winterlichen, kristallklaren Nordhimmels, «auf des großen Bären Schultern» entsteht er. Er und die winterliche Natur gehören zusammen; er ist das winterliche Raubtier, das einmal ein Mensch war und dieses Menschsein noch verborgen in sich trägt.

Seine Gefährten sind nach dem Süden gegangen. Dort wurden sie zu Panen, Silenen und Satyrn. Artemis aber und Apollon, denen er einst zugehört hat, haben den Griechen und aller folgenden Menschheit vom Schicksal der Bären erzählt. Es ist das Schicksal der Eiszeiten, das Schicksal des Atlantis-Unterganges, das Schicksal des zum Tier heruntersinkenden Menschseins. Und wir verstehen Rudolf Steiners Mahnung:

> Man sollte nicht in den geologischen Schichten der Erde graben, wenn man die Menschen der Vorzeit kennenlernen will, die ihre höchsten Leiblichkeiten noch außerhalb des physischen Leibes hatten; man tut damit etwas vollständig Absurdes ...; da wird man niemals etwas anderes finden als dekadente Produkte dieser vorgeschichtlichen Menschen. Aber in den Schichten des menschlichen Geisteslebens, namentlich in der geist-geologischen Schicht, welche uns in der griechischen Mythologie erhalten geblieben ist, da finden wir eingeschlossen – wie die Schnecken- und Muschelschalen in den geologischen Schichten der Erde –, so finden wir da den alten normalen atlantischen Durchschnittsmenschen. Studieren wir die Konfiguration der Faune, des Pans und des Silens, dann erhalten wir jene geistig-geologischen Überreste, die uns wirklich in die Vormenschheit der Erde führen.[23]

Dieser «Geist-Geologie» des Bären haben wir nachzugehen versucht. Wir ahnen nun, woher dieses Geschlecht stammt. Es wird noch eine Zeit zu wandern haben, ehe das Paulus-Wort auch an ihm sich erfüllen wird, dass die Natur lechzt und stöhnt nach Erlösung. In der *Kalewala* aber werden diesem Bärenweg Worte mitgegeben, die hier zum Abschluss noch erscheinen mögen:

> Sprach der alte Väinemöinen
> selber darauf diese Worte:
> Otso, du mein liebes Vöglein,
> Schönster, mit der Honigtatze,
> hast noch über Land zu gehen,
> ein Stück Weges noch zu machen.
> Gehst nun, Goldner, wieder wandern,
> Lieber, durch die Lande schreiten,
> Schwarzstrumpf, mach dich auf die Socken!

Schwäne und Störche

Die Vogelwelt

«Alle Vögel sind schon da, alle Vögel alle.» So sangen wir als Kinder, und wenn das Lied erklang, dann war der Frühling da, oder wir wollten ihn herbeisingen. «Amsel, Drossel, Fink und Star und die ganze Vogelschar», so hieß es weiter; und draußen stieg die Sonne immer höher, und im Seeleninnern erwachte die Freude. Die wiederkehrenden Vögel brachten uns Kindern das werdende Licht zurück. Beide gehörten zusammen: Frühling und das Erwachen der Vogelwelt.

Dass auch andere Tiere wieder erschienen, war – abgesehen von den Schmetterlingen, die uns den Sommer kündeten – nicht so wichtig. Aber die Ankunft der Vögel bedeutete das Kommen des Frühlings.

Seit langen Zeiten muss das für die Menschenseele so gewesen sein, dass Vogel und Sonnenwiederkehr miteinander verwoben waren; dass das mächtiger werdende Licht und die sich steigernde Wärme die Vogelwelt in sich beschloss. Wie die Fische zum Dasein des Wassers gehören, so die Vögel zum Leben der licht- und wärmedurchwirkten Luft. Das ist ihr Reich. Darin leben sie, während Wasser und Erde nur Beiwerk und Grenze sind, an die sie stoßen, sich aber nur schwer und selten mit ihnen verbinden können. Auch da gibt es, wie überall im Reich des Werdens, Ausnahmen; sie aber bestätigen nur die Regel und unterstreichen das waltende Gesetz. Der Lebensraum der Vögel ist Luft, Licht und Wärme. In dieser Sphäre haben sie ihr eigenes Dasein, und dieses entfaltet sich in einer einzigen, groß angelegten Tätigkeit: dem Fliegen. Der Vogel kann fliegen; er braucht es nicht erst zu lernen. Als Küken ist er zunächst unfähig, sich in die Luft zu erheben; nicht aber weil er nicht fliegen kann, sondern weil er entweder noch keine Flügel hat oder der Leib für die kleinen Flügel noch zu schwer ist. Niemals aber muss ein heranwachsender Vogel das Fliegen von den Eltern lernen, wie etwa der kleine Seehund, der durch Wochen von der Mutter dazu gebracht wird, ins Wasser zu gehen, um Schwimmversuche zu machen.

Der Vogel fliegt, wie der Fisch schwimmt und die Vierbeinigen hüpfen und laufen. Denn die Federn haben es in sich; sie tragen den Vogel durch die Luft; er muss sich nur an sie hingeben, um vorwärtszukommen. Es ist diese Hingabe an das Gefieder, die dem Vogel das Fliegen zur Selbstverständlichkeit macht. Das Gefieder ist über seinen Leib geworfen wie ein wunderbares Gewand, das ihn – gleich dem fliegenden Teppich im Märchen – über Länder und Meere dahinträgt. Nicht *er* fliegt; er wird geflogen, und seine Tätigkeit besteht darin, beim Fliegen nicht selbstisch zu sein, sondern hingegeben an sein Gefieder. Sobald der Vogel versuchen würde, selbst seine Flügel zu betätigen, wäre es mit dem Fliegen vorbei. Was er zu tun hat, ist das Sich-Eingliedern in die Strömungen der Luft und der Wärme, die über die Erde ziehen. Die Wellenstöße und Windfahnen der Luft tragen ihn dahin. Er empfindet das Wehen des Windes, das Weben der Wärme, das Flimmern der Hitze; damit ist sein Dasein vereint, und dieses Einssein mit dem Element steuert den Flug.

Die Muskelpakete an Brust und Armen sind erstaunlich zart im Vergleich zu der Leistung, die sie zu vollbringen hätten, wenn man annähme, dass es Muskelkraft ist, die den Vogel fliegen macht. Die Muskeln betätigen nicht, sondern stellen die Flügel; sie breiten sie aus und ziehen sie zusammen, heben und senken sie. Zum Anflug und Landen werden sie gebraucht. Das Fliegen selbst aber vollzieht das Gefieder. Es ist ein geheimnisvolles Gebilde, das erst entsteht, nachdem die Hauptphasen der embryonalen Entwicklung vollendet sind. Es wird wie von außen dem Vogelleib angefügt, gibt ihm Form und Gestalt und hüllt den nackten, armseligen Körper allmählich in Schönheit und Würde ein. Dieses Gefieder ist wie ein Mantel, aus Kräften gewoben, die nicht der Erde und dem Wasser, sondern der Luft, der Wärme und dem Lichte angehören.

So können wir verstehen, wenn Rudolf Steiner davon spricht, dass der Vogel seine Knochen und Organe etwa so erlebt, wie wir Lasten empfinden, die wir – wie Koffer und Rucksack – zu tragen haben:

> Gerade so wenig wie Sie von diesen Dingen, mit denen Sie bepackt sind, als von Ihrem Leibe reden ..., so redet der Vogel, wenn er von sich redet, bloß von der von ihm erwärmten Luft und von dem anderen (Knochen und übriger Leib) als von dem Gepäck, das er mitträgt im irdischen Dasein.[1]

Der Vogel identifiziert sich – sozusagen – nur mit der von ihm eingeatmeten und durchwärmten Luft. Alles andere ist ihm fremd; ist nicht sein Eigen, sondern seine Last. Dieses «Gepäck» aber, der Vogelleib, ist von besonderer Bauart. Er ist in allen seinen Teilen wie zusammengedrängt und gestaut.

Alle Organe des Vogels sind in einen kleinen Raum hineingestopft; man könnte fast sagen, dass sie wie zusammengepackt im «Rucksack» von Brust und Bauch liegen. Da sind Herz und Magen, Lungen und Darm, Nieren und Fortpflanzungsdrüsen ... alles zusammen. Dieser Raum ist kaum ein Bauch zu nennen, weil er von den Rippen fast völlig umschlossen und vorne durch ein mächtiges Brustbein versiegelt ist. Das ist das «Gepäck», das der Vogel mit sich trägt. Vieles daran ist in Anordnung und Beschaffenheit noch sehr primitiv. Noch gibt es keine Harnblase, sondern Kot und Harn werden durch eine gemeinsame Kloake entleert. Auch ein Dickdarm fehlt und kein Zwerchfell scheidet die Brust vom Bauch.

Dafür aber wird der Kopf auf einem oft überlangen, manchmal auch kurzen Hals herausgestreckt. Dieser Kopf aber ist keineswegs ein Haupt, sondern viel eher ein Anhang, ein Stiel mit Augen darin und, nach vorne zu, sich in den Schnabel verhärtend. Dieser Schnabel bestimmt weitgehend die Physiognomie der einzelnen Gattungen und Arten; er ist für den Vogel, was für den einzelnen Menschen physiognomisch die Nase ist. Den Vogel kennt man wohl am Gefieder; wes Vogels Kind er aber ist, das sagt allein der Schnabel.

Die Gliedmaßen – wenn sie federlos sind – machen einen armselig verkümmerten Eindruck. Da die Beine meist nackt bleiben, sind sie oft so enttäuschend kärglich in ihrer Figur. Arm, alt und hilflos wirken sie auf den Betrachter. Die von Federn befreiten Arme sind nur Missbildungen zu vergleichen. In bekleidetem Zustand hingegen zeugen sie meistens von der Macht, Schönheit und Grazie des Vogels. In diesen Flügeln entfaltet sich die wahre Natur des Vogelgeschlechtes. Sie tragen ihn durch die Luft; sie geben ihm das Leben im Element von Licht und Wärme.

Deshalb hat Gerlach recht, wenn er die Einleitungsworte zu seinem schönen Vogelbuche so formuliert:

> Die Vögel sind aus leichterem Stoff als wir. Sie gehen nicht auf schweren Sohlen über die Erde. Die meisten von ihnen berühren den Boden leise mit den Zehen, stets bereit, sich aufzuschwingen. Die Luft ist ihnen der Raum unbegrenzter Bewegung – nicht ein Trennendes, sondern die Brücke zu allen Wünschen. Schnell wie Gedanken erreichen die Vögel ihre Ziele.[2]

Der «leichtere» Stoff aber ist die mehr mineralisierte Substanz; der Vogel scheidet z. B. fast ausschließlich einen mit Harnsalzen inkrustierten

Kot aus. Alles an seinem Körper ist wie vertrocknet. Die Haut hat keine Schweißdrüsen mehr; die Federn sind mineralisierte und leblose Horngebilde, die Beine und Zehen sind knöchern und sklerotisch.

Der Leib ist bis in die Schäfte der langen Röhrenknochen hinein durch ein System von Luftsäcken durchlüftet. So wird der Vogelkörper zu einem Ballon, der sich leicht erheben und schwebend im Luftraum halten kann. Dadurch aber werden auch der Atem und die damit zusammenhängenden Organe zum Zentrum des Vogellebens.

Aus diesem Aufbau aber erfließt die zweite, groß angelegte Tätigkeit des ganzen Vogelgeschlechtes: Es tönt und singt von innen heraus. Kein anderes Tier kommt auch nur in die Nähe dieser einzigartigen Fähigkeit. Der Vogel meistert manchmal die Ton- und Klangerzeugung bis zu einem solchen Grad, dass er nicht nur singen kann, sondern einzelne seiner Arten, wie Papagei und Wellensittich, Raben und Stare, den Klang der menschlichen Stimme mit solcher Perfektion nachahmen, dass es zur Aussageformel erhoben wird. Das hat mit dem Sprechen nichts zu tun, zeigt aber die intime Kontaktfähigkeit an, die der Vogel zu allem Tönenden hat. Diese Fähigkeit kommt ihm deshalb zu, weil die Luft das Klingende trägt, wie den Vogel auch. So wird Klang und Vogel, Tönen und Fliegen zum Ausdruck für die Welt der Luft, in der Wind und Wärme und Licht sich wiegen.

In diesem Element spielt sich das Dasein der Vögel ab. Sie umgeben die Erde mit ihrem Flug und mit ihrem Gesang. Die Atmosphäre ohne Vögel ist eine Abstraktion. Das Lied und der Schrei, der Pfiff und der Ruf, das Krächzen und Kreischen der Vögel gehört zur Luft, wie der Flug und der Flügelschlag, das Flattern und Schweben und Schwirren auch. Noch füllt das Vogelgeschlecht den Luftraum unseres Planeten.

Nesthocker und Nestflüchter

Nur an einer einzigen Stelle berührt der Vogel die Erde selbst. Nicht dort, wo seine Zehen sie gerade noch betasten; das ist ein sehr oberflächlicher und flüchtiger Kontakt. Das Hüpfen und Trippeln und das Ein-Bein-vor-das-andere-Setzen ist keine Berührung. Es ist vielmehr eine Folge der Nahrungssuche, die sich vollziehen muss; nicht der Vogel, der Schnabel allein fordert diese Maßnahme. Dagegen ist das Nest ein Gebilde, das den Vogel zum Erdentier macht. Er baut es sich zusammen aus allen möglichen Substanzen und wird im Nest – für eine kurze Spanne Zeit – zum Erdenbürger. Mit Erde und Schlamm, aus Zweigen und Steinchen, Moos und Blättern, Mist und Sand wird der Nestbau betrieben. Gestalt und Art der Nester sind so vielfältig wie die Gattungen und Arten der Vögel; jede Art baut das ihr eigene Nest.

Diesem Nest wird das Gelege (eine für jede Art charakteristische Zahl an Eiern) anvertraut, und dann beginnt die Zeit des Brütens. Mit einem Wärmemantel wird das Gehege umhüllt, sodass im Haus des Nestes ein Herd bereitet wird, in dessen Brutwärme die kommenden Geschlechter ausgebacken werden. Es ist ein Ur-Back-Prozess, der sich da vollzieht. Was noch bei Fischen und Lurchen, bei Reptilien und allen wirbellosen Tieren die Elemente selbst vollziehen, wird hier vom individuellen Tier vollbracht.

Das Säugetier hat diesen Vorgang ins Innere des weiblichen Organismus verlegt. Die Gebärmutter ist dort zum organischen Nest geworden. Der Vogel baut sich ein Gehege, das er durch einige Wochen des Jahres zum Brutofen macht. Es wird dann zum Nabel, an dem der einzelne Vogel das irdische Reich berührt. Hier wird der sonst Heimatlose sesshaft und irdisch. Zweierlei Arten von Jungen kriechen aus dem Ei. Die eine Gruppe ist hilflos und nackt. Die andere mit Flaumfedern und Daunen bedeckt, ist frech und sofort zum Leben und seinen Akten bereit. Wir nennen seit Lorenz Oken die erste Gruppe die Nesthocker und die zweite die Nestflüchter. Oken hat die Klasse der Vögel in diese zwei großen Ordnungen gegliedert. Er schreibt darüber in seiner groß angelegten Naturgeschichte:

> Man hat die ganze Classe der Vögel in zwei Haufen eingetheilt, in Land- und Wasservögel, und unter diese auch die Sumpfvögel gerechnet. Dadurch entsteht aber eine große Ungleichheit, indem die Zahl der Landvögel gar zu groß ist.
> Hier sehe ich auf die Entwickelung der Vögel. Die einen kommen nackt und blind aus dem Ey, und müssen daher lange Zeit geätzt werden. Ich nenne sie Nesthocker. Dahin gehören alle kleinen Vögel, besonders Singvögel, Klettervögel, Raben, Tauben und auch die Raubvögel. Die anderen kommen schon ziemlich befiedert und sehend aus dem Ey, und können fast sogleich davonlaufen und ihre Nahrung suchen. Ich nenne sie Nestflüchter. Dahin gehören die größeren Vögel, wie die Hühner, Reiher, Gänse und Trappen.
> Der Gang der Ersteren ist hüpfend, der der Zweyten schreitend; man könnte sie ‹Hüpfer› und ‹Schreiter› nennen. Jene halten sich hoch und ihre Hauptaufgabe ist der Flug; diese halten sich immer auf der Erde und im Wasser, und fliegen nur, wenn es nothtut; man könnte sie ‹Flieger› und ‹Läufer› nennen.[3]

Einer modernen Systematik würden diese Ideen und Vorschläge Okens nicht mehr entsprechen. Sie stimmen nicht, denn sie haben zu viele Ausnahmen von der hier erdachten Regel. So ist der Storch zum Beispiel und alle ihm zugehörigen Arten und Familien, wie Reiher und Ibis, ein Nesthocker. Aber er ist – im Oken'schen Sinne – ein Sehreiter oder Läufer. Auch gibt es viele Übergänge von nesthockenden und nestflüchtenden Jungen, sodass diese vor mehr als hundert Jahren versuchte Gliederung des Vogelgeschlechtes nicht mehr gültig ist.[4]

Dennoch liegt in der Oken'schen Beschreibung ein wesentliches Prinzip verborgen, das in dieser Zweiheit von Nesthocker und Nestflüchter zutage tritt. Wir müssen nur versuchen, es in der richtigen Art verstehen zu lernen. In vielen Art- und Formkreisen, durch alle Klassen der Tiere hindurch, gibt es diese Zweiheit, in der sich die erste Weltbegegnung der Neugeborenen vollzieht. Da ist der Embryo des Känguruhs, der so unvollständig ist, dass er in die «Tasche» der Mutter gesteckt wird und sich dort mit den Lippen an ihren Zitzen festsaugt; oder die blind und hilflos geborenen Raubtiere, im Gegensatz zu den flinken und schnell sich aufrichtenden Huftieren. Die Kaulquappen, die Frösche werden müssen; die Raupen, die sich verpuppen und dann erst ihre Endgestalt als Imago erreichen. Der Nesthocker – ob bei den Vögeln oder anderen Tieren – ist noch eine Art Larve, die Schutz braucht, um sich allmählich zur vollendeten Form ausgestalten zu können.

Beim Vogel geschieht diese Vollendung dadurch, dass das Federkleid sich entfaltet. Es wächst an den kleinen, armseligen Leib heran, umhüllt ihn immer mehr, bis er zum Fliegen bereit ist. Auch die kleine Gans oder Ente und die Küken der Hühner und Schwäne haben zunächst keine richtigen Flügel und Federn; sie sind aber vom Flaum umhüllt und können gleich hüpfen, laufen, watscheln und schwimmen.

Es gibt zwei Arten von Federn: die zarten Daunen und die steifen, formgebenden Konturfedern. Die Daunen sind locker, weich, haltlos und mehr wie ein Flaum, der deckt und wärmt. Sie sind die ersten Hüllfedern, die das Neugeborene umgeben.

Die Konturfedern wachsen ganz allmählich heran und bilden die eigentlichen Flugfedern. Die bekannte Straußenfeder zum Beispiel ist eine Daune und deshalb zum Flug ganz unbrauchbar; solche Federn sind ihren Trägern und Trägerinnen ein nutzlos alberner Anhang.

Was unterscheidet aber die Nestflüchter von den Nesthockern? Nicht nur die offensichtliche Fähigkeit oder Unfähigkeit, unbeschützt zu leben. Es ist noch ein anderes, das tief in den Werdeprozess der einzelnen Vogelarten einbezogen ist und auf ihn hinweist.

Die Nestflüchter sind Vögel, die der Erde viel näher gerückt sind als ihre Brüder, die Nesthocker. Die Nestflüchter müssen nicht warten, bis ihnen ihr Federkleid gewachsen ist, um sich bewegen zu können. Sie entschlüpfen dem Ei und beginnen ihr Tun. Das kleine Hühnchen pickt und trippelt, es quiekt unermüdlich, und obwohl es der Mutter folgt, ist es schon selbstständig geworden. So gehen die jungen Entlein in den Teich, und die kleinen Schwäne sind am ersten Tag so weit, dass sie von den Eltern auf dem Wasser ausgeführt werden können. Das Fliegen – wenn es überhaupt kommt – entwickelt sich später und wird dann hinzugenommen. Es ist aber nicht mehr unbedingt notwendig als einzige Form der dem Tier eigenen Motorik.

Die Nesthocker aber sind erdenfremd geblieben. Sie werden als ein Bündel Fleisch und Leben ins Nest hinein geboren. Darin aber würden sie hilflos liegen bleiben, wenn nicht die Eltern von vorne und hinten nachhülfen, das Wachstum und Leben in Gang zu halten. Das Futter muss nicht nur geholt, sondern auch vorverdaut und dann in den offenen Schnabel gesteckt werden. Der sich bildende Kot muss mit dem Schnabel der Mutter vom After des Kindes entfernt und aus dem Nest befördert werden. An kühlen Tagen und nachts wird der Brutofen wieder in Gang gesetzt und umhüllt die Kleinen mit Wärme, weil sie selbst noch unfähig sind, ihre Eigenwärme zu produzieren. Erst wenn das Gefieder gewachsen ist, die Schwungfedern an den Flügeln stehen und die Schwanzfedern sich entwickelt haben, ist der Nesthocker zum Vogel geworden. Jetzt ist er fähig, in seinem Element, in Licht, Luft und Wärme zu leben.

Wir können daher die Nestflüchter als die dem Erdendasein besser angepassten, mehr in das irdische Element eingegliederten Vögel ansprechen. Die Nesthocker hingegen sind die mehr kosmisch gebliebenen Tiere; sie ziehen sich von der Erde zurück und wollen erst mit ihr sich verbinden, wenn das Federkleid sich entwickelt hat.

Das Gefieder ist wie ein Mantel, der den Vögeln, nachdem sie ausgeschlüpft sind, allmählich übergeworfen wird. Wie von außen, vom Umkreis her entstehen die Federn. Deshalb sagt auch Rudolf Steiner sehr eindeutig:

> Eine Vogelfeder kann nur dadurch entstehen, dass die Kräfte, welche von dem Weltraum auf die Erde herunterwirken und mitwirken bei der Ausgestaltung der Vogelfeder, stärker sind als die Kräfte, die aus der Erde kommen. Dasjenige, was der Feder zugrunde liegt, was man als den Schaft der Feder bezeichnet, das unterliegt allerdings gewissen Kräften, die aus der Erde kommen. Es sind aber die Kräfte, die aus dem Weltraum wirken, die dasjenige angliedern, was sich an den Schaft der Feder anfügt und was konstituiert das äußere Gefieder des Vogels.[5]

Diese kosmischen Gestaltungskräfte, die dem werdenden Vogel das Federkleid überwerfen, stammen aus jenen Regionen, aus welchen die Vogelwesenheiten sich nie ganz herausgelöst haben. Denn es kann nicht so gewesen sein, als hätte sich einstmals das Vogelgeschlecht von der Erde in den Luftkreis erhoben; das heißt, dass es sich aus primitiven Reptilgestalten dadurch entwickelte, dass ihm in unzählbaren Jahren Flügel gewachsen sind, und dass es dann gelernt hat, sich in die Luft zu erheben. Eine solche Vorstellung ist nicht nur unbiologisch; sie ist auch – richtig gesehen – völlig unhaltbar. Die Vögel entwickelten sich im Laufe der Erdgeschichte von oben, aus dem Luftkreis, nach unten, zur Erde hin. Sie stammen aus den Höhen und haben sich – mehr oder weniger tief – mit der Erde eingelassen. Ein Archaeopteryx war niemals ein Urvogel, sondern eine zu tief gefallene Vogelform, die dadurch Reptilmerkmale annahm. Es handelt sich um einen Endprozess der Entwickelung, nicht aber um einen Anfang. Der Archaeopteryx ist ausgestorben, weil er gar nicht weiterleben konnte. Niemals aber haben die Vögel wie der Mensch oder die Säugetiere die Erde ganz ergriffen und bejaht. Sie mussten der Erdennot enthoben bleiben; sie enthielten sich der Erdenschwere und der Erdenpein.

Das will auch Rudolf Steiner andeuten, wenn er sagt:

> Wir haben in der Vogelnatur solche Wesenheiten, die zwar nicht die niedersten Funktionen aufgenommen haben, die aber nach oben den Punkt übersprungen haben. Sie sind gleichsam nicht tief genug heruntergestiegen ... Und als die Entwicklung immer weiter und weiter ging, mussten sie schon durch die äußeren Verhältnisse verdichtet werden ... Diesen Vogelnaturen entsprechen als Urbilder diejenigen geistigen Wesenheiten, die auch nach oben den Punkt überschritten haben, die sich in einer zu weichen geistigen Substanz erhalten haben, und die daher in ihrem Fortschritt gleichsam über das, was sie hätten in einem bestimmten Zeitpunkt werden können, hinausflogen.[6]

Nun aber wird erst das Prinzipielle der Vogelwelt anschaubar. Es sind Geschöpfe, die sich dem Erdendasein, insofern es erdig, hart und mineralisch wurde, genähert haben, die es aber nie ganz erreichen konnten. Wesen, die den Tierwerdungsprozess mitgemacht haben, die ihn aber nicht bis zur irdischen Vollendung durchführten. Hätten sie es getan, dann würden sie ihr Federkleid abgeworfen haben, wie es die sieben Raben und die sechs Schwäne im Märchen tun.

So aber bleibt den Vögeln das Gefieder, wie den Säugern die Haare und den Reptilien und Fischen die Schuppen bleiben. Sie verweilen in ihrer Verzauberung. Die einen zu hoch erhoben; die anderen zu tief gesunken.

Die Nestflüchter waren auf dem Weg zur Erde; sie haben sie aber nur gesucht, jedoch nicht erreicht. Die Nesthocker hingegen hatten Furcht vor der zu starken Vereinigung mit dem wässerigen und erdigen Element. So müssen sie hilflos im Nest der Erde liegen bleiben, bis das Gefieder ihnen zu Hilfe kommt, sie erhebt und be-flügelt. Dafür aber können sie singen und pfeifen, trillern und flöten. Auch sie sind Teil der gesamten Schöpfung.

Der Schwan

Die große Familie der Schwäne, die viele Teile des Erdkreises bewohnt, gehört zur weitumfassenden Ordnung der Gänse- oder Entenvögel. Wir kennen manche der vielen Arten dieser über das Erdenrund verbreiteten Gruppe der Vogelwelt. Von der Arktis, über die nördlichen Gebiete von Asien, Europa und Amerika reichen sie bis über den Äquator hinaus in die südlich gelegenen Kontinente. Nur auf dem Südpol und seinem Umkreis sind sie nicht mehr zu finden. Die Eiderenten und Tauchenten, die Säger, die uns bekannte Stockente und die Hausgans, die Rostgans und Brandgans seien nur als einige Namen genannt, um die Fülle der Arten, Färbungen und Lebensweisen anzudeuten, die in der Vielfalt dieser Ordnung gefunden wird.

Wir kennen das Treiben der Wildenten auf den Teichen und Seen im Flachland und im Gebirge. Sie leben aber auch an den Buchten und Dünen des Meeres, und zu Tausenden fliegen sie im Herbst auf ihrem Zug nach Süden.

Ihre elementarische Heimat ist jenes Grenzland zwischen Luft und Wasser, wo die Luft an die spiegelnde Fläche der Seen, Teiche, Flüsse und Meere angrenzt. Alle Gänsevögel können schwimmen; fast alle können fliegen, obwohl ihnen der Flug oft schwerer wird als das Schwimmen. Besonders Start und Anflug gehen nur langsam und mit Mühe vor sich. Die Flügel müssen gewaltige Anstrengungen machen und Füße – über das Wasser gleitend – nachhelfen, bis eine gewisse Höhe gewonnen ist. Dann aber geht es leicht und schnell vorwärts; mit lang vorgestrecktem Hals und eingezogenen Füßen eilt der Entenzug dahin.

Ihre Schnäbel sind etwa so lang wie der Kopf, nach vorne leicht verbreitert (Löffelente!), und die Oberseite ist konkav gewölbt. Der Schnabel ist von einer weichen Haut, die viele Tastkörperchen enthält, bedeckt und dadurch fein empfindend. Die Füße sind kurz, meist plump und bei vielen Arten, wie den Schwänen, sehr weit nach hinten am Körper ansetzend, sodass der Gang mühsam und oft wie watschelnd ist. Die vier Zehen sind durch Schwimmhäute verbunden und geben dem Fuß ein sehr plumpes Aussehen. Das Gehen ist nicht ihr Geschäft. Sie sind alle Schwimmer und Taucher, ihr Leben spielt sich auf der Oberfläche des Wassers ab.

Nur manchmal zur Nahrungsaufnahme, zum Brutgeschäft und Nestbau gehen sie an den Strand, an die nahen Ufer der Gewässer, und manche ziehen sich sogar tief ins Dickicht der angrenzenden Wälder und Sümpfe oder in Baumhöhlen zurück. Die junge Brut gehört zu den Nestflüchtern. In wenigen Stunden nach dem Ausschlüpfen sind sie schon bereit, mit den Eltern zusammen ins Wasser zu gehen, und sie wissen genau, wie zu schwimmen und zu tauchen ist.

Ein Glied dieser Ordnung bilden die Schwäne. Sie sehen allen Enten und Gänsen ähnlich und sind dennoch von ihnen verschieden. Wenn man sie sieht, hat man unmittelbar den Eindruck einer zur Schau getragenen Exklusivität. Man kann verstehen, dass in Großbritannien alle Schwäne, wo immer sie auftauchen und sich niederlassen, Eigentum der Krone sind. Der jeweilige Monarch ist ihr Besitzer, und bei Grafen und Bauern, Baronen und Bürgern sind sie nur zu Gast. Königliche Besucher sind sie, Gesandte einer höheren Macht. Jeder empfindet es als eine Ehre, ihres andauernden Besuches gewürdigt zu werden. Unter den übrigen Entenvögeln nehmen sie sich wie Adelige aus. Sie haben etwas Unnahbares, das sie umgibt, wenn sie in stolzer Schönheit über das Wasser dahingleiten. Dann wirkt ihr Leib – in ein dunkles oder helles Federkleid eingehüllt – wie ein Kahn, der dahinzieht, und an seinem Vorderende steigt der lange, s-förmig getragene Hals auf, der gleich einer Galionsfigur in Kopf und Schnabel übergeht: ein stolzer, oft mächtiger Anblick, besonders wenn die Flügel, leicht aufgestellt und verbreitert wie ein Schild, das Boot des Leibes beschirmen.

Die Schwäne gehören zu den größeren Vögeln ihrer Ordnung. Sie leben meistens monogam, und die einmal vereinten Gatten bleiben für Jahre zusammen. Wenn im Herbst eine Wanderung angetreten wird (das geschieht nur in den nördlichen Gebieten der Erde), dann kehren sie gemeinsam zum alten Nistplatz zurück, um ihr Nest zu beziehen, die Eier durch sechs bis acht Wochen zu bebrüten und die Jungen aufzuziehen. Nachdem die jungen Schwäne einigermaßen selbstständig geworden sind, werden sie von den Eltern verlassen und wie Fremde behandelt. Sie müssen – um sich ihres Gänse-Adels bewusst zu werden – von nun an allein ihr Dasein erobern.[7]

Brehm gibt von der Verbreitung der Schwäne die folgende Darstellung:

> Mit Ausnahme der Tropen bewohnen die Schwäne, von denen neun Arten beschrieben werden, alle Erdgegenden, am häufigsten die gemäßigten und kalten der Nordhälfte. Das Verbreitungsgebiet jeder Art ist sehr ausgedehnt und die regelmäßigen Reisen der Schwäne erstrecken sich auf weite Entfernungen. Alle Arten wandern, nicht aber unter allen Umständen; denn einzelne verweilen nicht selten während des Winters im Lande oder streichen hier wenigstens nur innerhalb eines kleinen Gebietes auf und nieder.[8]

Wir kennen vor allem den Höckerschwan, der auf unseren Teichen und Flussarmen lebt. Oft sind es große Gruppen, die miteinander ein weites Stück des Gewässers in Besitz genommen haben. Sie suchen die Nähe der menschlichen Siedlungen. Kleine Flüsse, die an alten Stadtmauern vorbeifließen, Weiher in der Nähe von Klöstern, stille Teiche in alten Gärten, abgelegene Flussarme, an denen Dörfer liegen, sind ihre Heimat.

Das schlohweiße Gefieder, der rote Schnabel und der dunkle Höcker am Schnabelansatz geben diesem Schwan seinen fürstlichen Charakter.

Höher im Norden lebt der Singschwan. Er ist etwas kleiner, gehört aber zu jener Art, von der die Griechen erzählten, dass sie jährlich mit Apollo vom Norden nach Delphi gekommen ist; auf ihren Flügeln schwebte der Gott herbei, Botschaft aus dem Lande der Hyperboräer bringend. Viele Beobachter berichten von der seltsamen, manchmal glockengleichen Stimme dieser Art; und von ihr wird auch gesagt, dass – ehe ihre Genossen sterben – sie noch singen. Sie ziehen aus ihrer isländischen und skandinavischen Heimat während des Winters in die Gegenden Mitteleuropas. Auch weit nach Russland und Sibirien hin sind sie zu Hause.

In Südamerika, von Peru bis zu den Falklandinseln und in Brasilien nistet der Schwarzhalsschwan. Sein Gefieder ist weiß, aber Hals und Kopf sind von schwarzen Federn umhüllt. Der Höcker am grau-gelben Schnabelansatz ist rot und die Flügel sind kurz. Trotzdem sind sie gute Flieger.

Der dunkelgefärbte Trauerschwan lebt in Südaustralien und Tasmanien. Unter der schwarzbraunen Federdecke ragen die weißen Schwungfedern hervor und erzählen von seinen nördlich lebenden Brüdern.

Ein seltener Verwandter ist noch der Zwergschwan der nördlichen Gebiete, der etwas kleiner ist als die anderen Artgenossen und sich nur schwer vom Singschwan unterscheiden lässt.

Das Bild ihrer geographischen Verteilung zeigt ganz eindeutig, dass die Schwäne dem Norden der Erde zugehören. Ganz oben, in der arktischen Region lebt der Singschwan. Weiter nach Süden, in den gemäßigten Zonen, ist das Lebensgebiet des Höckerschwans. In der Arktis Sibiriens wohnt der Zwergschwan.

Die tropischen Gebiete aber werden gemieden; nach Süden zu, sich dunkel verfärbend, erscheinen die beiden, in Südamerika und Australien ansässigen Arten: der Schwarzhals- und der Trauerschwan. Diese Verteilung ergibt eine sehr eindrucksvolle Figur des Schwanenwesens über die Erde hin. Obwohl sie Wasservögel sind, brauchen sie das Land; denn sie bauen ihre Nester auf der sumpfigen oder trockenen Erde. Sehr selten aber und nur nach längerem Laufen mit ausgebreiteten Flügeln fliegen sie von der Erde auf; um sich in die Luft erheben zu können, benützen sie das Wasser als ihre Piste; sie landen auch niemals auf dem Boden, sondern allein im Wasser, mag es auch seicht sein.

Es ist verständlich, dass diese Edlen im Geschlecht der Enten und

Gänse den Menschen heilig waren und feierliche Gefühle in ihnen erweckten. Die adelige Schönheit und Würde, die sie ausstrahlten, ruft in den Menschen jene ersten Empfindungen hervor, die ihn auf Höheres hinweisen.

Der Schwan ist aber keinesfalls ein sanfter Herr. Er ist angriffslustig, stark und leicht im Zorn entflammt. Wütend schlägt er dann mit Schnabel und Flügel zu und nimmt es sogar mit wilden und kräftigeren Gegnern auf. So wird er auch zu einer ritterlichen Gestalt. Sein weißes Gefieder gibt ihm den Glanz der Unberührtheit und seinen adeligen Ernst; sein Mut macht ihn zum Ritter.

Empfinden wir nicht, wenn wir ihn anblicken, dass es höhere Seelengebiete gibt als die alltäglichen? Dort sind wir Gänse und Enten, dumm und unbekümmert, freudig und schmerzlich berührt. Aber darüber lebt auch der Schwan in uns. Der hehre Seelenvogel, der aus dem hohen Norden kommt und oft nur wie ein Gast uns besucht und wieder fortzieht. Wollten wir uns ihm weihen, dann wurden wir im Mittelalter Mitglied eines der vielen Schwanenritterordens, die es damals gab. Ihr Wappenvogel war der weiße Schwan, der den Rittern gebot, sich über ihr Gänse- und Entendasein zu erheben und in dienendem Stolz ihr Leben zu führen.

Der Storch

Eine völlig andere Luft umweht den Storch. Welcher Unterschied zwischen dem still dahingleitenden Schwan und dem auf sumpfigen Wiesen einherschreitenden Adebar! Der eine verbirgt seine hässlichen, kurzen und plumpen Beine, die nur als Ruder dienlich und hilfreich sind. Der andere steht wie auf zwei langen Stöcken da, die auch noch rot gefärbt sind, um sie auffällig zu machen. So lang wie seine Beine ist auch der Schnabel des Storches; überlang und oft so groß und schwer (beim Marabu z. B.), dass er den Kopf nach unten zieht.

Hier scheint sich eine allgemeine Regel im Bau der Vögel anzudeuten: dass Form und Größe des Schnabels und der Beine einander entsprechen. Wird der Schnabel klein, so sind auch Füße und Beine kurz. Der gekrümmte und harte Hakenschnabel der Raubvögel gibt auch den Füßen die Krallen. Dieser Gleichklang der zwei hervorstechenden Teile des Vogels tritt bei den Störchen sehr deutlich hervor.

Es ist eine seltsame Ordnung, in der die Familie aller Störche eingereiht ist. Man fasst sie als Schreitvögel (Gressores) zusammen und weist mit dem Namen schon auf ihr besonderes Merkmal hin: den Gang. Vier Familien bilden diese Ordnung: die Reiher, die Ibisse, die Schattenvögel (Hammerköpfe) und die Störche.

Schon allein die Namen lassen diese Gruppe von Vögeln in ihren verschiedenen Formgebärden vor uns erscheinen. Allen ist ein gemeinsamer Typus eigen: die verhältnismäßig langen, dünnen Beine; der übergroße, spitz auslaufende Schnabel, der an einem schmalen Kopf wie die Fortsetzung des langen Halses sitzt. Hals, Kopf und Schnabel, diese drei sind fast zur Gliedmaße geworden, die dauernd in schnellenden und schlendernden Bewegungen die Nahrung ergreift. Diese Schreitvögel sind Raubtiere. Sie fressen alles, was sich um sie herum bewegt: Frösche und kleine Kröten, Würmer, Eidechsen, Käfer, Muscheln, Fische, selbst kleine Vögel, junge Hasen, Maulwürfe und Mäuse. Ein Hieb oder Stich mit dem Schnabel, und die erlegte Beute wird verschlungen. Es ist gar nicht leicht, aus dem Anblick der Gestalt allein auf diese Lebensart zu schließen; denn sie schauen zahmer aus, als sie wirklich sind. Aber das «Rot», das bei den einzelnen Arten an den verschiedensten Stellen ihres Leibes hervortritt, verrät etwas von dem kriegerisch-angriffshaften Charakter ihres Temperamentes. Man könnte sie als grausame Melancholiker bezeichnen. Das seichte Gewässer – ob Teich, See oder Fluss – ist ihr Jagdgrund. Am Strand und Ufer zwischen Ried und Binsen, Papyrus und Weiden leben sie.

Ihre Nester hingegen bauen sie mit wenigen Ausnahmen hoch oben in den Kronen der Bäume oder, wie der menschennah gewordene Hausstorch, auf Dächern. Große Äste und Zweige werden gesammelt, um den meist runden, großen Horst zu errichten. Er wird vor Beginn der Brutzeit mit Moos und Mist, mit Stroh und Blättern ausgepolstert, um dem Gelege ein richtiges Bett zu bereiten.

Die junge Brut sind alle Nesthocker. Völlig hilflos liegen sie in den ersten Wochen da; sie müssen von den Eltern gefüttert und gesäubert werden und brauchen auch den elterlichen Schutz gegen zu große Kälte oder Hitze. Wir verdanken Horst Siewert so detaillierte Beobachtungen an brütenden schwarzen und weißen Störchen, dass wir heute diese Vorgänge bis in alle Einzelheiten kennen.[9] Dort wird beschrieben, wie die im Magen der Eltern vorverdauten Frösche im Nest wieder hervorgewürgt, vor der hungrigen Brut ausgebreitet liegen und dann zerkleinert in die offenen Schnäbel gestopft werden. Es wird auch erzählt, wie an kühlen Abenden er und sie sich über das Nest setzen, um die Kleinen zu wärmen; dass aber an heißen Tagen, wenn die Sonne auf den Horst scheint, die Alten sich so an den Nestrand stellen, dass die hilflosen Kinder in ihren Schatten zu liegen kommen.

Es dauert dann viele Wochen, bis die Konturfedern wachsen, die Beine standfest werden und die ersten Schritte an den Rand des Nestes möglich sind. Mit ungeschickten Flügelschlägen fliegt der junge Schwarzstorch am Nistbaum von einem Ast zum nächsten, kommt aber schnell wieder ins Nest zurück. Bis eines Tages plötzlich der Bann gebrochen ist und Eltern und Kinder gemeinsam auf Raub und Jagd gehen.

Wo die eigentliche Heimat der Schreitvögel ist, kann nicht leicht gesagt werden. Sie sind überall auf der Erde zu Hause, mit Ausnahme des hohen Nordens:

> Die Reiher bewohnen alle Erdteile, alle Höhen und mit Ausnahme der hoch nordischen alle Länder. Schon innerhalb der gemäßigten Zone treten sie zahlreich auf, in den Wendekreisländern aber bilden sie den Hauptbestandteil der Bevölkerung der Sümpfe und Gewässer. Einige Arten scheinen das Meer zu bevorzugen, andre

> Flüsse, wieder andre Sümpfe; einige lieben freiere Gegenden, andre Walddickicht oder Wälder überhaupt.[10]

Auch die Ibisse (der heilige Ibis der Ägypter, der Sichler, der Löffler, der Hagedasch Ostafrikas gehören dazu) leben in allen südlichen Teilen der Erde. Nördlich sind sie bis in die Sumpfgebiete der Donau zu finden, vor allem aber in Afrika, Südamerika und in den gesamten südasiatischen Gebieten und Australien. Auch der Schattenvogel lebt in Afrika, einschließlich Madagaskar, ferner in Südarabien.

Diese drei Familien der Schreitvögel haben ihre größte Bevölkerungsdichte in den mehr tropischen und subtropischen Gürteln der Erde. Sie meiden die Kälte und den Norden. Ihre Lebenssphäre ist immer das Übergangsland von Wasser und Erde. Wo die Wasser seicht werden, wo Sümpfe und Moore sich bilden und das irdische und flüssige Element sich begegnen, dorthin tritt der Fuß der Schreitvögel, und ihr Schnabel dringt ein in diesen Bereich organischen Daseins. Sie sind sozusagen einen Stock tiefer als die Entenvögel gestiegen, denn diese reichen nur bis ins Grenzland zwischen Luft und Wasser.

Aber nur mit Schnabel und Fuß dringt der Schreitvogel dort ein, wo Erde und Wasser einander begegnen; seinen übrigen Leib hält er aus dieser Schicht heraus und bleibt der Luft allein verbunden. Ja, zum Bau des Nestes verlässt er diese Sphäre ganz, hebt sich aufwärts in die Kronen der Bäume, um dort seine Jungen zu erwarten und zu pflegen. Trotzdem er tief hinuntersteigt, bleibt er dennoch oben und vermeidet es, sich mit der Erde zu verschwistern. Er nimmt von ihr lebendige Nahrung, aber er lässt sie, wo sie ist; er tritt sie mit seinen Füßen, aber betritt sie nicht.

Die Störche sind die einzige Familie der ganzen Ordnung, die wenigstens einen Versuch machen, der Erde dadurch zu nahen, dass sie in der Art des weißen Storches dem Menschen begegnen wollen. Sie horsten auf den Dächern seiner Häuser und Ställe und kehren jährlich zum alten Nest zurück. Sie nisten auch weit hinauf nach dem Norden, als wollten sie ein Gebiet erobern, das die anderen Gressores nie betreten.

In Bau und Gestalt haben die weißen Störche etwas, das ihnen die Zuneigung der Menschen gebracht hat. Die Kinder lieben sie und erwarten von ihnen, dass sie die kleinen Geschwister bringen werden. Sie singen noch heute:

> Storch, Storch, guter,
> Bring mir einen Bruder,
> Storch, Storch, bester,
> Bring mir eine Schwester.

Und die Großen lächeln über diesen Aberglauben oder verdammen diesen Unsinn.

Ist es dieser Überheblichkeit des Intellektes zuzuschreiben, dass der Adebar es allmählich aufgibt, die Behausungen Mittel- und Nordeuropas zu besuchen und sich von ihnen immer mehr zurückzieht? Wir wissen wohl, dass er nicht unsere Kinder bringt, aber was war es, das durch lange Zeit hindurch uns dieses innere Bild vermittelte? Siewert[II] beschreibt ein Erlebnis, das uns vielleicht auf die Spur einer Antwort führen kann:

> In einem kleinen pommerschen Städtchen erschienen die Störche gerade, als die Schule zu Ende war. Die Kinder strömten auf die Straße, und ein kleiner Knirps, der die großen Vögel bald erblickt hatte, schrie seine Entdeckung von den Klapperstörchen in die Welt. Da gingen alle Augen hoch, und alle Gesichter lachten beim Anblick der Langbeine unter dem blanken Himmel. Aber nicht nur die Kinder freuten sich, alle anderen Menschen schauten aus den engen Gassen auf und dachten nicht mehr daran, dass erst vorgestern noch der letzte Schnee gefallen und die Luft noch winterlich kalt war. Wenn auch die Leute nicht wie vor zweitausend Jahren beim ersten Anblick der Störche zur Verehrung der Frühlingsboten auf die Knie sanken, so war doch die Freude bis auf

> den heutigen Tag geblieben, denn die Wanderer brachten ihnen ebenso wie in alter Zeit mit der Sonne und Wärme des Südens den Frühling ins Land, und der lange Winter mit seinen Schrecken war vergessen.

Was hier beschrieben wird, öffnet den Blick in die Aufgaben- und Zielwelten der Störche. Wenn Siewert meint, dass sie Boten des Frühlings im Norden Europas waren, so ist das wohl richtig. Die Menschen aber fielen vor zwei- und dreitausend Jahren beim Anblick der Vögel deshalb in die Knie, weil sie wussten, dass sich mit ihnen zusammen nun die Seelen der ungeborenen Kinder der Erde näherten und dass die Zeit der Begattungen anfängt. Rudolf Steiner hat uns öfter darauf hingewiesen, dass bei den germanischen Stämmen bis ins erste Jahrtausend v. Chr. herein die Geburten so geregelt waren, dass sie vorwiegend um die Weihnachtszeit stattfanden.[12]

Ein Herold der Ungeborenen, der zu Gebärenden, war der weiße Storch, wenn er im Frühling in den nördlichen Gegenden auftauchte. Er klapperte die Zeit der Hochzeiten heran, und wenn heute noch – am Karfreitag – die Jugend mit Ratschen und Klappern durch die Dorfstraßen ziehen, dann erinnern sie uns an diese vergangenen Zeiten.

Die Störche bauen ihr Nest auf den Häusern der Menschen und mahnen sie in dieser Gebärde daran, dass ungeborene Seelen darauf warten, aus den Himmelswiesen in das Erdenland getragen zu werden. Diese mythische Wahrheit wurde im Gang der letzten Jahrhunderte vom Intellekt verniedlicht und verdorben, bis die dummen und lächerlichen Bilder des Klapperstorches, der einen Säugling im Schnabel trägt, daraus entstanden sind. Dahinter aber enthüllt sich die wahre Verkündigung, die der Storch als Frühlingsbote den Menschen des Nordens einstmals gebracht hat.

Begleitet wurde – und wird auch manchmal heute noch – der weiße Storch von seinem dunklen Bruder. Der schwarze Waldstorch (Ciconia nigra) aber flieht die Menschen. Er baut sein Nest auf einzelnen hohen und ganz besonderen Bäumen in der Tiefe der Wälder. Dort versorgt er seine Brut und zieht im Herbst ebenso wie sein weißer Bruder zurück nach Afrika. Die Wanderungen der Störche sind jetzt gut erforscht. Unter Umgehung des Mittelmeeres ziehen sie auf zwei hauptsächlichen Straßen vom Norden nach Süden. Die östliche Route führt über Bessarabien, am Schwarzen Meer entlang nach Kleinasien. Sie geht dann über Syrien und Nordarabien weiter und quer über das Rote Meer nach dem Sudan und von dort durch Ostafrika nach Rhodesien in die verschiedenen Provinzen Südafrikas. Die westliche Route führt über Südfrankreich und Spanien nach Marokko und Algier und wahrscheinlich quer über die Sahara nach Kenia und Uganda.

Kein anderer Storch macht diese große Reise, die fast den halben Erdball umspannt. Der Sibil der Sudanesen (Abdim- oder Regenstorch) und der mächtige Sattelstorch, der am Blauen und Weißen Nil lebt, wandern nicht.[13] Auch die Knopfstörche, wie der Marabu, bleiben wo sie sind und streichen nur zu verschiedenen Jahreszeiten. Diese Familie, mit nacktem Hals und riesigem Kropf, nährt sich vornehmlich von Aas. Ähnlich den Geiern (die auch einen nackten Hals haben) suchen sie das von anderen getötete oder verendete Wild. Im südlichen und mittleren Afrika lebt der Klaffschnabel und der Nimmersatt. Und drüben in Indien der indische Nimmersatt.

Alle diese in Indien und Afrika und in Südamerika lebenden Störche sind seltsame Gestalten. Im Vergleich mit ihnen wirkt der Klapperstorch wie ein Kind, das noch nicht von der Dunkelheit und der Not der Erde ergriffen wurde, sondern seine ursprüngliche Reine sich erhalten hat. Er gleicht mehr der Urform des Gruppenwesens der Störche. Die anderen haben sich zu tief mit der Schlammschicht der Erde eingelassen. Am tiefsten scheint die Gattung der Marabus gesunken zu sein. Deshalb geben sie sich mit den Kadavern zufrieden und könnten die Hyänen unter den Störchen genannt werden. Klaffschnabel und Nimmersatt (der Name sagt schon etwas über seinen Charakter) sind der Schwere und der Gier des Schnabels verfallene Arten.

Aus ihnen hebt sich der Hausstorch deutlich heraus. Er verlässt die mit Nahrung reichlich bestellten Gründe Afrikas und zieht jedes Jahr hinauf in den Norden, um den Menschen seine Botschaft zu bringen.

Seit die Menschengeschlechter aber den Weg zur Freiheit beschritten haben und ihre Kinder zu allen Zeiten des Jahres geboren werden, ist Adebars Auftrag zu Ende gekommen. Seit Anfang dieses Jahrhunderts verschwindet er zusehends aus Mittel- und Nordeuropa. Er hat nun begonnen, sich in Südafrika anzusiedeln, und viele einzelne Storchfamilien wurden beim Nistgeschäft dort schon angetroffen. Wird er für immer dieses Land zu seiner Heimat machen und Europa ganz vergessen? Ist es vielleicht gar so, dass er die weißen Siedler begleitet und sich ihnen vergesellschaftet? Wer weiß es? Das Schicksal der Gruppenseelen der Tiere ist so mannigfaltig wie das der menschlichen Individualitäten. Nur manchmal ist es uns gegeben, eine Ahnung von ihrer wirklichen Aufgabe zu erhaschen.

Vom Seelenbild der Schwäne und Störche

In der Grimm'schen Sammlung ist das Märchen von den sechs Schwänen zu finden. Es erzählt die Geschichte vom König, der sich auf der Jagd in einem tiefen Wald verirrte und dann zu einer Hütte kam, in der ein schönes Mädchen auf ihn wartete. Deren Mutter aber war eine Hexe, die den König zwang, ihre Tochter zu seiner Gemahlin zu machen; nur dann würde er den Ausgang aus dem dichten Wald gezeigt bekommen. So geschah es; der König nahm die schöne Hexentochter zur Frau, verbarg aber seine Kinder aus erster Ehe – sechs Knaben und ein Mädchen – auf einem einsamen Schloss; den Weg zu diesem Schloss zeigte ihm ein Wunderknäuel, mit dessen Hilfe er seine Kinder oft besuchen konnte. Die böse Frau aber bemächtigte sich durch Verrat des Wundergarnes und verzauberte die sechs Knaben, die ihr auf dem Weg zum Schloss entgegenliefen, in sechs Schwäne. Das Mädchen, das im Haus geblieben war, blieb von der Verwandlung ihrer Brüder verschont.

Das ist der erste Teil des Märchens, das deutlich aus zwei miteinander verflochtenen Geschichten gebildet wird. Die erste Erzählung berichtet vom König, dem Menschen, der sich in die Erdenwelt, den dunklen Wald, verstrickt und nun gezwungen ist, sich dem schönen Schein, der Tochter der Erbsünde, zu vermählen. Die heiligen Sprossen aus der ersten, der sündenfreien Ehe werden in einem unzugänglichen Schloss aufbewahrt. Ist nicht jenes nur durch einen Wunderknäuel erreichbare Schloss der hohe Norden, das mythische Land der Hyperboräer? Dorthin kann der Zauber zwar dringen und die Kinder in Schwäne verwandeln, nicht aber sie vernichten. Die sechs verzauberten Brüder sind Seelenkräfte, die zwar verborgen, dennoch vorhanden sind und einmal wieder erlöst werden sollen. Auf diesen Seelenkräften – den Schwänen – zieht jährlich Apollo aus dem Norden nach Delphi, um den Menschen Erneuerungs- und innere Sonnenkräfte zu bringen.

Es sind die gleichen Kräfte, welche die Eingeweihten des dritten Grades sich erworben hatten und die man daher als «Schwäne» bezeichnete. In einem (unveröffentlichten[14]) Vortrag vom 3. Dezember 1905 sagte Rudolf Steiner darüber:

> Die dritte Stufe [der Einweihung] ist die des Schwans. Ein Schwan ist derjenige, der so weit gekommen ist, dass alle Dinge zu ihm sprechen, auch die ihr Bewusstsein auf höheren Ebenen haben ... Man muss sich erheben zu höheren Welten, um das ‹Ich›, den Namen der anderen Wesen zu finden. Da sprechen die Dinge die eigenen Namen aus... Schwäne waren diejenigen, die ihren Namen nicht mehr tragen dürfen, denen aber die ganze Welt ihre Namen offenbart.

Dieser Hinweis hilft, die zweite Erzählung des Märchens zu erfassen. Denn die Schwester der sechs Schwäne erhält den Auftrag, durch sechs

Jahre hindurch stumm zu bleiben; also für jeden ihrer Brüder ein volles Schweigejahr zu halten. Gleichzeitig müsse sie sechs Hemdchen «aus Sternenblumen» nähen. Das Mädchen fasst den Entschluss, diese Aufgabe zu bestehen. Es geht in den Wald, setzt sich auf einen hohen Baum und beginnt mit der Arbeit. Da kommt ein anderer König mit seinen Jägern in den Wald. Diese finden das Mädchen, und obwohl es sich wehrt, wird es vom Baum heruntergeholt; der König nimmt es auf sein Pferd und macht es zu seiner Frau. Das Mädchen aber bewahrt sein Stummsein, trotzdem die böse Mutter des Königs es dauernd verleumdet, verklagt und ihr die neugeborenen Kinder raubt. Sie bleibt ihren Schwänen treu. Endlich, als es schon auf dem Scheiterhaufen steht, um verbrannt zu werden, sind die sechs Jahre um. Die sechs Schwäne kommen herangeflogen, die sechs Hemdlein werden ihnen zugeworfen, und die sechs Brüder sind mit der Schwester wieder vereint. Nun darf sie sprechen und dem Gemahl ihre Unschuld beteuern. Das Schicksal der Schwäne ist damit erfüllt.

Der Auftrag des Schweigens gilt auch in der Lohengrin-Sage. Sie erzählt vom Sohn des Parzival, der von einem Schwan geführt ins Land Brabant kommt, um dort Frieden zu stiften. Er ist einer, der das Gebot des Schweigens hat, obwohl es sich bei ihm nur auf das Verschweigen des eigenen Namens bezieht.

Das Märchen von den sechs Schwänen erzählt also zwei Geschichten: Die eine handelt von der Verzauberung und die andere von der Erlösung der sechs Brüder. Die Verzauberung geschieht durch die Frau des ersten Königs; die Erlösung durch die Gemahlin des zweiten Königs. Diese aber ist die Tochter des ersten und die Schwester der sechs Schwäne. Der erste Teil des Märchens ist die Geschichte des vorchristlichen Menschen; darin wird die Sage von Apollo verhüllt dargestellt. Der zweite Teil reicht schon in die christliche Zeit herein und berichtet in Märchenart die Lohengrin-Erzählung. In beide spielt geheimnisvoll der Schwan hinein.

Nun gibt es eine Angabe Rudolf Steiners, in welcher der wahre

Hintergrund der mittelalterlichen Schwanenritterorden erläutert wird. Dort wird dargestellt, wie die Grenze zwischen Lebenden und Verstorbenen in den ersten Jahrhunderten der christlichen Zeitrechnung noch nicht so undurchdringlich war, wie sie es später geworden ist:

> Die Toten blieben bei den Lebendigen, und besonders hervorragende verehrte Persönlichkeiten, sie machten in der ersten Zeit nach ihrem Tode, also in der ersten Zeit, nachdem sie für die geistige Welt geboren waren, gewissermaßen das Noviziat durch für das Heiligwerden. Und ... eine Anzahl dieser Menschen, die lebendige Tote waren, sie wurden, wenn sie besonders Auserwählte waren, zu Hütern des heiligen Grales bestellt ... ja, die Hüter des Grales waren keine wirklichen Menschen.[15]

Und dann wird weiter erklärt, dass Menschen hier auf Erden zu Trägern, zu Repräsentanten dieser Hüter wurden, und dass solche Träger in den verschiedenen Schwanenorden vereinigt waren:

> Dem Schwanenorden haben sich diejenigen gewidmet, welche wollten, dass die Gralsritter durch sie hier in der physischen Welt wirken können. Und man nannte einen Schwan einen solchen Menschen, durch den ein solcher Gralsritter hier in der physischen Welt wirkte.

So stellt sich das Bild des Schwanes im Zusammenhang mit dem Wirken auserwählter Verstorbener dar. Im Schwan hat ein «Dahingegangenes», ein «Dahingeschiedenes» Gestalt angenommen. Seine Wesenheit weist daher auf ein Vergangenes hin, das den Menschen auf Erden entschwunden ist. Die Seele empfindet, dass sie im Erdenleib zur Gans und zur Ente wurde, dass aber ein Schwanhaftes ihr entschwunden ist, das zu suchen und zu erlösen, ihr zum Auftrag wurde. Sie, die Seele, identifiziert sich mit der Schwester der sechs Schwäne und kann an ihrem

Beispiel die Kraft finden, in der Qual und Not der Erde durchzuhalten, bis die verlorenen Schwanenbrüder ihr erscheinen. So kehrte Lohengrin bei Elsa von Brabant ein und diente im Heer Kaiser Heinrichs I. im Kampf gegen die Ungarn. Seitdem sind manche Schwanenritter in Zeiten der Not und Trübsal als Boten des Heils erschienen. Dann kann die Seele weiter an den «Sternenblumen-Hemden» nähen, um am Ende der Probezeit das Öl in ihren Lampen zur himmlischen Hochzeit bereit zu haben.

In der vorchristlichen Zeit wurden Seelenkräfte, die einstmals vorhanden waren, verzaubert. Sie wurden zu den sechs Schwänen, die nur im dritten Grad der alten Einweihung wieder entzaubert werden konnten. In der christlichen Zeit aber gelang es Menschen auch ohne innere Schulung, sich zu Trägern hoher Verstorbener zu machen, und dadurch wurden sie Boten, Ritter des Schwanenordens.

Im mittelalterlichen Lohengrin-Epos gibt es eine Stelle, die sehr deutlich von dieser christlichen Kraft des Schwanes erzählt. Als er seinen Herrn im Kahn übers Meer trägt, bittet dieser ihn um Nahrung; der Schwan taucht seinen Kopf in die Wellen:

In solcher Art, als ob er Fische meine.
Sieh, da ward eine Hostie klein
Getragen von der Flut hin zu dem Munde sein,
Die sah der Ritter trocken doch und reine.
Der Schwan sie mit dem Schnabel sein dem Helden überweiset,
Der nahm sie hin mit froher Eil'
Und aß sie halb und gab dem Schwan das andre Teil;
Nie ward ein Fürst noch Vogel so gespeiset.

Und nach dieser Speisung fängt der Schwan zu singen an; nun ist es an Lohengrin zu erkennen:

Dies ist fürwahr ein Engel rein,
der hier auf diesen Wogen bei mir schwimmet.

Ein anderes Bild erschließt uns der Storch. Sein verehrungsgetragener Bruder, der Ibis, war den alten Ägyptern heilig. Sie achteten ihn so hoch, dass sie die Leiber verstorbener Ibisse einbalsamierten und in besonderen Gräbern beisetzten. Auf die Tötung eines Ibis, auch wenn sie absichtslos geschah, stand Todesstrafe. Der Täter wurde gesteinigt oder gelyncht.

Der zweimal große Thot, den die Griechen den Hermes Trismegistos hießen, wurde oft mit dem Kopf des Ibis abgebildet. Auch seine Hieroglyphe war ein schematisierter Ibis. Auf dem Haupte trug der Thot-Ibis die Mondenschale, in der die Sonnenscheibe schwebte. Thot war der Initiator der ägyptischen Kultur. Er war der Gott des Wortes und der Schrift und ist oft mit dem Griffel in der Hand dargestellt.

Was für die Ägypter der Ibis war, wurde für die nördlichen Völker der Storch. Er war weise genug, ihnen das Kommen der ungeborenen Seelen anzuzeigen, die zur Inkarnation in die Erde bereit waren. Trotzdem er ein weißes Gewand trug wie der Schwan, bot er der Seele ein ganz anderes Bild dar. Nicht Herzens-, sondern Weisheitskräfte waren ihm zu eigen. Nicht ewig jung gleich dem Schwan, sondern alt und klug wie eine Wehmutter, erschien er der Seele.

Der Schwan ist mit den Dahingegangenen, der Storch mit den Ungeborenen, Noch-nicht-Gekommenen verbunden. Ibis und Thot waren dem Monde verwandt; der Schwan dem Reich der Sonne. So kamen auch Apollos Schwäne aus dem Sonnenreich der Hyperboräis des Nordens.

Die Störche aber zogen alljährlich aus den südlichen Mondregionen der lemurischen Zonen hinauf nach dem Norden Europas. Weisheit und Demut hielten sich in diesen Vogelzügen die Waage. Die ins Sonnenreich aufsteigenden Seelen der Verstorbenen waren im Land, das vom Geist der Schwäne durchwirkt war. Die aus der Mondensphäre zur Erde wiederkehrenden Seelen wurden den Störchen verwandt.

Die Opferkraft des Schwanes ließ ihn die Erde bejahen; er wurde ein Nestflüchter. Die Klugheit des Storches aber hielt ihn von einer zu starken Verbindung mit dem Erdensein zurück. Er blieb ein Nesthocker.

So stellen beide Vogelarten sich in ihrem Gegensatz und ihrem gleichzeitigen Zusammenwirken der Seele dar. Sie sind wie lebendig gebliebene Erinnerungsbilder einer vergangenen Menschheitsepoche. Einmal, da waren sie mit den Menschenseelen vereint. Sie trugen auch den Drang nach der Erde in sich.

Die Erdensubstanzen jedoch wurden hart und undurchdringlich, und nur wenige Menschenseelen konnten ihre Leiber ergreifen und ausgestalten. Da kamen die Vögel, und hartes Horn schoss an ihre ätherischen Flügel an, bildete sie zu irdischen Organen um und gab ihnen die Möglichkeit, den Planeten zu umkreisen. Sie blieben trotzdem der Sonne vereint und dadurch dem Seelenraum der Menschen.

Vielfältig gestaltete sich von da an ihr Schicksal. Träger wurden sie verschiedener Aufgaben. Manche verloren sich; andere wurden Sänger und Pfeifer; viele schlossen sich den Menschen an, wie Huhn und Taube. Storch und Schwan aber blieben dem höheren Teil der Menschenseele verbunden. Sie weisen sie auf ihr Schicksal: Geboren zu werden und zu sterben; weise zu sein, aber Demut im Herzen zu tragen, um einmal – vielleicht – auch ein Schwanenritter zu werden. Dann wird der Storch erlöst sein.

Die Taube als heiliger Vogel

Die Taube, biblisch und geschichtlich

Überall dort, wo in menschlichen Ansiedlungen ein freier Raum ausgespart bleibt, auf Plätzen und Straßen, in Höfen und Gärten, eröffnet sich das Lebensreich der Haustaube. Sie gurrt und fliegt, schwebt und trippelt auf San Marco in Venedig ebenso wie um die Nelson-Säule am Trafalgar Square in London, in den Tuilerien von Paris und auf dem Rathausplatz in Wien. Aber auch jeder ehrenwerte Bauernhof hat ein Taubenhaus, und am Markt einer Kleinstadt wie am Platz jedes Dorfes ist sie zu finden.

Das aber ist nicht nur so in Europa, sondern auch in Asien und in Afrika, Amerika, überall wo Menschen leben, die sich in festen Siedlungen zusammengefunden haben. Es gibt die allerverschiedensten Rassen von Haustauben, und sie scheinen seit vielen Jahrtausenden die Begleiter der Menschheit zu sein.[1] Ihr Dasein ist tief in das mythologische Denken verwurzelt und kann weit in die Uranfänge des menschlichen Werdens zurückverfolgt werden.

Im Alten Testament erscheint die Taube im Zusammenhang mit dem Ende der Sintflut; als die ersten Bergspitzen aus den sinkenden

Wassern emporstiegen und der Rabe hin und her geflogen war, entlässt Noah eine Taube; doch sie kommt zurück, *da sie nichts fand, da ihr Fuß ruhen konnte.* Und erst sieben Tage später, nachdem eine andere Taube ausgeschickt ward, *kam sie zu ihm zur Abendzeit und siehe, ein Ölblatt hatte sie abgebrochen und trug's in ihrem Munde.* Trotzdem wartet Noah und lässt nach sieben Tagen eine dritte Taube ausfliegen, die nicht mehr zur Arche zurückkehrt. *Da tat Noah das Dach von dem Kasten und sah, dass der Erdboden trocken war.*

Später erscheint die Taube wieder im Hohen Lied und in den Psalmen: *Siehe meine Freundin, du bist schön, schön bist du, deine Augen sind wie Taubenaugen.* Und weiter heißt es in Salomos Lied: *Meine Taube in den Felsklüften, in den Steinritzen, zeige mir deine Gestalt, lass mich hören deine Stimme, denn deine Stimme ist süß und deine Gestalt ist lieblich.* Hier erscheint sie als das innige Symbol jener Weltenseele, die sich als erkennendes Begreifen dem wachen Menschen-Ich zu vermählen beginnt: *Aber eine ist meine Taube, meine Fromme, eine ist ihrer Mutter die Liebste und die Auserwählte ihrer Mutter.* Die Göttin Natura ist hinter solchen Worten zu spüren.

In den Psalmen heißt es: *O hätte ich Flügel wie Tauben, dass ich flöge und wo bliebe* (55.6); oder: *Wenn ihr zwischen den Hürden lagt, so glänzte es wie der Taube Flügel, die wie Silber und Gold schimmern.* Und hier ist es die Erhebung der Seele nach oben, die hinausführt aus der Not und den Kümmernissen dieser Erde.

In den Propheten erscheint die Taube wieder. Bei Jesaja ist zu lesen: *Ich winselte wie ein Kranich und wie eine Schwalbe und girrte wie eine Taube; meine Augen wollten mir brechen: Herr, ich leide Not; lindere mir's!* (38.14) Und Jeremias spricht: *O ihr Einwohner von Moab, verlasst die Städte, und wohnt in den Felsen und tut wie die Tauben, so da nisten in hohlen Löchern.* Hier erscheint die Taube als Flüchtling, der aus den Städten an die Felsen der Küsten zurückkehrt, von wo sie einst zu den Menschensiedlungen hingezogen war.

In den Religionen des Nahen Ostens war die Taube ein heiliges Tier.

Die Göttin Ishtar in Babylon war ihr besonders verbunden und Tauben wurden ihr zum Opfer gebracht. Ebenso waren die Tauben dem Dienst der Astarte geheiligt.

Die Tauben zogen den Wagen der Aphrodite, und Venus Anadyomene wurde durch eine Taube aus einem Ei ausgebrütet. Im Heiligtum des Zeus in Dodona, in Nordgriechenland, hausten die Tauben in den geweihten Eichen und verkündeten die Antwort als heilige Orakel auf die Fragen der Gläubigen.

In der phönizischen Sprache wird das gleiche Wort für Taube und Priester verwendet; in der hebräischen Sprache ist das Wort für Taube identisch mit dem arabischen Wort für Priester. Und wenn Herodot erzählt, dass einst Phoenizier eine Priesterin von Theben nach Dodona brachten, so können es Tauben sowohl als Priesterinnen sein, die er damit meinte; denn die Wortbezeichnung ist identisch.

So wurden die Priesterinnen zu Ephesus auch Bienen genannt und die Bienen als heilige Tiere verehrt.

Auch ist bekannt, dass in den Adonisfeiern die Tauben zu Ehren des Gottes verbrannt wurden und dass Aeneas von Tauben zum Goldenen Zweig geleitet wurde.

Aus allen diesen Andeutungen ist zu ersehen, dass das Geschlecht der Haustauben die Menschheit auf ihren Wanderwegen begleitet hat, dass sie den Menschen im Zusammenhang mit ihren Opferdiensten heilig war und nicht nur ihren Häusern, sondern auch den Tempeln und Mysterienstätten zugehörten.

Der Lebensraum der Tauben

Alle Haustauben stammen von einer einzigen Taubenart ab, der Felsentaube, Columbia livia. Sie unterscheidet sich von fast allen übrigen Taubenarten durch ihre Lebensweise;

> denn fast alle Wildtauben sind wenigstens zeitweise Baumbewohner; einige wenige leben in Fels- und Klippengegenden und andere nahezu vollständig am Boden. Tauben sind in allen Erdteilen anzutreffen, meiden aber fast ganz die Polargebiete.[2]

Überall sonst auf Erden aber – vor allem da, wo Baumbewuchs ist – sind sie zu Hause. Mehr als 300 verschiedene Arten sind bekannt.

Die Felsentaube allein bedarf des Waldes nicht. Sie lebt auf den Klippen und Felsen, in verfallenen Gebäuden, so wie der Prophet es von ihr sagt. In Europa ist ihr Verbreitungsgebiet auf einigen britischen Inseln zu finden. So ist sie in der Grafschaft Donegal in Irland besonders zahlreich vertreten, bewohnt die ganze Westküste von Schottland, die Hebriden, Orkney- und Shetlandinseln, die Färöer und das kleine Felseneiland Rennesö bei Stavanger in Norwegen.

Sie lebt in allen Felsen und Klippen um das Mittelländische Meer herum; in Griechenland, Spanien und Italien, Frankreich und Nordafrika; sie ist in Palästina und Syrien zu Hause, bewohnt ganz Kleinasien und Persien und reicht bis nach Indien ins Gebiet des Himalajas. Überblickt man dieses Verteilungsgebiet der Felsentaube, dann erscheint es, als würde dieser Vogel die Wanderwege der Menschheit besetzt halten. Von Indien über Persien nach Kleinasien und dann entlang der mittelländischen Küste, überall sind die Felsentauben zu finden. So zogen auch im Schritt der Jahrtausende die nachatlantischen Kulturen von Osten nach Westen. Diese Felsentauben, die hier angetroffen werden, sind aber sehr oft Haustauben, die sich aus den menschlichen Ansiedlungen zurückgezogen haben und ihr mehr freiheitliches Leben wieder aufnahmen.

Im *Brehm* heißt es:

> In Ägypten sah ich sie an Felswänden, namentlich in der Nähe der Stromschnellen. In Indien gehört sie zu den gemeinsten und häufigsten Vögeln, brütet ebenfalls in Höhlen und Nischen der Felsen und Klippen, womöglich in der Nähe des Wassers. Hier, wie in Ägypten, lebt sie in einem halbwilden Zustand und bewohnt alle alten ruhigen Gebäude, Stadtmauern, Pagoden, Felsentempel und ähnliche Baulichkeiten.

Aus dieser Beschreibung wird es ansichtig, dass zwischen der Felsen- und der Haustaube fließende Übergänge bestehen und dass die domestizierten Vögel leicht wieder in ihren wilden oder halbwilden Zustand übergehen können. Jedenfalls liegt die Teilung der gesamten Taubenheit nicht zwischen Wildtauben und Haustauben, sondern zwischen den in Wäldern lebenden und den auf Felsen und dann in menschlichen Siedlungen ansässigen Tieren.

Nun hat Rudolf Steiner des Öfteren darauf hingewiesen, dass die nach dem Untergang der Atlantis gegen Osten ziehende Menschheit in zwei großen Wanderzügen Europa und Asien durchquerte. Daraus aber wurden dann später, in den Zeiten der urpersischen Zivilisation, zwei voneinander verschiedene, weit ausgebreitete Völkerschaften: die Iranier mehr im Süden, die Turanier mehr im Norden:

> So entstand der große, der wichtige Gegensatz, der vielleicht zu dem Allerwichtigsten der nachatlantischen Entwickelung gehört: der Gegensatz zwischen diesen mehr nördlichen Völkern und den iranischen Völkern. Bei den Iranern entwickelte sich die Sehnsucht, einzugreifen in das Geschehen rings um sie herum, sesshaft zu werden, was man als Mensch und als Menschheit hat, durch Arbeit sich zu erringen, d.h. also wirklich durch die menschlichen Geisteskräfte die Natur umzugestalten. Das war gerade in diesem

> Winkel der größte Drang der Menschen. Und unmittelbar daran stieß nach Norden jenes Volk, das hineinschaute in die geistige Welt, das sozusagen auf ‹du und du› war mit den geistigen Wesenheiten, das aber nicht gern arbeitete, das nicht sesshaft war und gar kein Interesse daran hatte, die Kulturarbeit in der physischen Welt vorwärtszubringen.[3]

Hier liegt ein ähnlicher Gegensatz vor, wie der für das Taubengeschlecht beschriebene. Die wilden Waldtauben sind wie die «Turanier» und die Felsentauben, die dann zu den Haustauben werden, wie die «Iranier». Wenn wir dazu an Noahs Aussendung der drei Tauben am Ende der Sintflutzeit denken, dann steht wie im Bild der Beginn der Menschheitswanderungen nach Osten vor uns; die Differenzierung in die nördliche und südliche Gruppe ist in der Trennung der beiden Hauptgruppen der Tauben gleichfalls vorhanden. Ja, es ist wohl anzunehmen, dass die Waldtauben die turanische, die Felsentauben die iranische Menschheit auf ihrer Wanderung von Osten nach dem Westen begleitet haben. Dabei wurde die Felsentaube gezähmt, wurde zur Haustaube und siedelte sich bei den sesshaft gewordenen Iraniern in den heiligen und profanen Bezirken ihrer Niederlassungen an. Innig ist so das Geschlecht der Tauben mit der menschlichen Existenz verknüpft.

Ernährung und Flug

Die Sesshaftigkeit der Iranier hat in den sie begleitenden und mit ihnen zusammenlebenden Haustauben eine besondere Eigenart erweckt: die Fähigkeit, den gewohnten Lebensraum auch über Hunderte von Meilen hinweg wiederzufinden. Vielen Vögeln ist diese Fähigkeit zu eigen, aber nur dann, wenn sie ihre langen jährlichen Wanderzüge durchführen. Die Taube aber kann das, mit wenig Dressur, durch alle Jahreszeiten hindurch tun. So kam es seit alters her zur Einrichtung der Taubenpost, die schon im alten Ägypten bekannt war. Bei der Thronbesteigung Ramses III. wurde durch Tauben die Nachricht nach allen Teilen Ägyptens übermittelt. Belagerte Städte verwendeten die Taubenboten, um mit der Umwelt in Verbindung zu treten, bis erst am Anfang dieses Jahrhunderts die drahtlose Telegraphie diese Botenflüge antiquiert erscheinen ließ. Aber noch während der Belagerung von Paris im Kriege von 1870/71 wurden Tausende von Nachrichten durch Tauben von und nach Paris gebracht.

Diese Übermittlung von Botschaften durch eine Art von Heimatsinn, der so tief in den Tauben verankert ist, dass sie über weiteste Strecken hinweg, bei Nacht und durch Gebiete, die ihnen völlig unbekannt sind, den Weg zurückfinden, ist eine sehr markante Eigenschaft. Damit hängt auch ihr friedfertiges Wesen zusammen, ihre Sanftheit und der oft erwähnte Familiensinn. Es ist schwer zu sagen, da die Beobachtungen nicht eindeutig genug sind, ob es wirklich so ist, dass ein Taubenpaar unzertrennlich Jahr für Jahr in Gemeinschaft zusammenbleibt.[4]

Eines aber ist sicher: Dass unter allen Vögeln die Gruppen der Tauben eine Fähigkeit haben, die nur ihnen allein zukommt. Sie füttern ihre Jungen mit einem milchartigen Saft, den ihr Körper ihnen zubereitet; ähnlich also, wie die meisten Säugetiere und vor allem auch der Mensch, die ihre Neugeborenen mit der eigenen Substanz, der Milch, zunächst aufziehen. Nur ist es bei den Tauben nicht die Mutter allein, die diese Substanz bildet, sondern beide Eltern; die Täubin sowohl als der Täuberich produzieren diesen Milchsaft. Kein anderer Vogel hat diese Fähigkeit verliehen bekommen.[5]

Manche andere Vögel besitzen das Organ, den sogenannten Kropf, worin die Taubenmilch entsteht; die Tauben allein aber können sie bilden. Dieser Kropf ist eine oft große Erweiterung der Speiseröhre, etwa in der Höhe, wo der Hals in den Brustraum einmündet. Er wird bei anderen Vögeln und auch bei den Tauben dazu verwendet, aufgenommene Nahrung zu speichern, oder auch schon leicht anzudauen.

Bei den Tauben aber beginnt in der Mitte der Brutzeit der Kropf anzuschwellen und sich zu vergrößern. Allmählich werden die Innenlagen der Schleimhaut des Kropfes so dick, dass sie sich abschilfern, und im Hohlraum des Kropfes löst sich diese Zellmasse dann allmählich auf und wird zu einer Art weißlichem Brei, welcher der jungen Brut als Futter gereicht wird. Diese «Milch» ist reich an Fetten und Eiweißstoffen, und für etwa drei Wochen bildet sie die einzige Nahrung der kleinen Tauben; erst nachher werden diese fähig, Sämereien zu sich zu nehmen.

Man könnte nun leicht sagen, dass es sich hier ja gar nicht um eine wirkliche Milch handelt, sondern dass nur der Volksmund diese Kropfsubstanz so bezeichnet hat. Dagegen aber spricht eine sehr gewichtige Tatsache. Die Milch der Säugetiere und des Menschen, die innerhalb der Brustdrüse gebildet wird, hängt sehr eindeutig mit einem in der Gehirnanhangsdrüse, der Hypophyse, erzeugten Hormon zusammen. Dieses, Prolactin genannt, hat die Eigenschaft, die Milchbildung sehr bedeutend anzuregen; sodass eine Zufuhr von Prolactin die Milchdrüse zur Bildung der Milch befähigt. Der gleiche Stoff aber kann auch den Taubenkropf so stimulieren, dass die Taubenmilch sich bildet, und das geschieht derart eindeutig und regelmäßig, dass dieses Verhalten heute zur quantitativen Prüfung von Prolactin verwendet wird; die Bildung der Taubenmilch unter dem Einfluss von Prolactin ist zu einem organischen Test geworden.

Dadurch aber kann kein Zweifel daran bestehen, dass die Taubenmilch nicht nur der Bezeichnung nach, sondern in Wahrheit mit der Säugetiermilch zur gleichen Substanzgruppe gehört und eben «Milch» ist. Es ist durchaus anzunehmen, dass der enge Familienverband der Tauben, ihr sesshaftes Wesen und ihre Friedfertigkeit mit dieser Milchbildung zusammenhängen. Denn die junge Taube empfängt einen völlig arteigenen Nahrungsstoff, der sie viel stärker in das Gehege des Nestes und der Familie einfügt, als dies bei anderen Vögeln je der Fall ist.

Ein Stück der elterlichen Leibessubstanz wird der jungen Brut durch Wochen hindurch zugeführt und die blutsmäßige Verbindung mit der ganzen Art dadurch zutiefst beeinflusst. Diese Milch ist wie ein lebendiges Band, das durch die Generation hindurch das Gattungswesen der Tauben innigst zusammenhält. Dadurch kann sich auch die Felsentaube so leicht in die Haustaube und diese wieder in die Felsentaube zurück verwandeln.

Der Kropf und der Kehlkopf

«Gäste der Götter» wurden die Tauben im Altertum genannt. Sie wählten auch ihre Wohnplätze vor allem an den Tempelbauten und besiedelten die heiligen Bezirke der Mysterien. Wo immer Tempel in Asien, in Europa und in Nordafrika standen, waren sie ständig von Tauben umschwirrt. Die graublaue und grün erstrahlende Felsentaube wurde allmählich zur weißen Tempeltaube, die dann als Opfertier bei den verschiedensten Kulten verwendet wurde. Auch im Neuen Testament wird davon berichtet.

So werden die Tauben nicht nur die Begleiter der Menschen, sondern sie fühlten sich zu den heiligsten Handlungen, die Menschen verrichten können, hingezogen. Sie lassen sich in den Hainen der Mysterien nieder und besiedeln deren Bauten.

Boten waren die Tauben und überbrachten durch weite Gebiete hin, was Menschen einander mitteilen wollten; das aber wurde ihnen nur zugemutet, weil sie nicht nur als Gäste, sondern auch als «Boten der Götter» empfunden wurden. Und wie sie Botschaften von Göttern zu Menschen brachten, so nahmen die Menschen sie für Botendienste untereinander an.

Rudolf Steiner hat einmal über die Aufgabe des gesamten Vogelgeschlechtes im Weltall Mitteilungen gemacht und darauf hingewiesen, dass es der «kosmische Beruf» der Vögel ist, die Erdenmaterie zu vergeistigen:

> Man wird schon sagen können, wenn einmal die Erde am Ende ihres Daseins angekommen ist: diese Erdenmaterie ist vergeistigt worden und das Vogelgeschlecht war da innerhalb der ganzen Ökonomie des Erdendaseins, um die vergeistigte Erdenmaterie in das Geisterland zurückzutragen.[6]

Wenn das nun das allgemeine Geschäft der Vögel ist, dann werden wohl die einzelnen Arten die Aufgabe haben, spezielle Formen der Erdensubstanz ins Reich des Geistes hinauf zu verwandeln. Könnte es nicht sein, dass den Tauben hier ein besonderes Amt obliegt? Sie begleiten die Siedlungen der Menschen und nehmen damit Anteil an ihren Gebäuden und Häusern. Sie verbinden sich also mit einer vom Menschen umgebildeten Erdensubstanz. Denn Holz, Steine, Lehm und alles andere zum Bauen verwendete Material ist durch die angewandte Tätigkeit verändert worden. Alle diese Bauten aber sind durchwoben vom menschlichen Wort; um und in den Häusern und Tempeln, den Gräberbauten und den Palästen erklingt die menschliche Sprache und vereinigt sich mit dem Mauerwerk. Und nun werden die Tauben zu jenen Boten, die das Menschenwort in seiner unendlich vielfältigen Gestalt und Artung, in welcher es in die Materie hinein gebannt war, allmählich auflösen, befreien und der Geistsubstanz des Weltalls wieder einverleiben.

Alles, was Menschen gesprochen haben, was sie aus ihrem Mund ertönen ließen, Gutes und Böses im Kleid des Wortes, wird dem Weltall durch das Amt der Tauben wieder eingefügt. Der Botendienst ist nur ein irdisches Abbild für die wahre kosmische Aufgabe der Tauben. Wortträger sind sie und dazu werden sie in ihrer Kindheit vorbereitet. Die Milch, die Vater und Mutter ihnen einflößen, bannt sie hinein in dieses zu vollziehende Werk. Denn der Vogelkropf liegt an der gleichen Stelle, an der sich der Kehlkopf des Menschen befindet; nur wird im Kehlkopf das Wort, im Kropf der Tauben aber die Milch gebildet.

Die Milch der Säugetiere hat eine ganz bestimmte Aufgabe; sie macht das Neugeborene fähig, die Knochensubstanz richtig auszubilden; denn die Milch ist nicht nur ein allgemeines Nahrungsmittel, sie ist ganz speziell dazu bereitet, das Skelett stofflich zu gestalten. Das Menschenkind wird dadurch, dass es Milch genießt, zum Erdenbürger; das Mineralgerüst seiner Knochen wird durch die Milch erhärtet und wird zum Fels seiner Existenz.

Die Milch der Tauben hat die Aufgabe, deren Mission im Bereich des Menschenwortes zu verankern. Skelett und Sprache aber sind innig miteinander verbunden; denn nur das Menschengeschlecht, dessen Skelett zum Abbild der ganzen Welt geworden ist, kann sprechen. Sein Haupt ist rund wie der Himmel über ihm; seine Rippen ziehen in ihrer Gestalt die Bahn der Sonne und der Planeten nach; seine Glieder sind gleich Säulen, die von Erdenkräften durchdrungen werden. Diese Vollkommenheit der Bildung ermöglicht eine Kehlkopf-Gestalt, die zur Wiege des tönenden Wortes werden kann.

Die Milch des Menschen, die in den Brustdrüsen entsteht, gibt das Substanzmaterial, aus welchem die Knochen, die Abbild der ganzen Welt sind, gestaltet werden. Es ist eine Materie, die sich den kosmischen Kräften einfügt und ihnen dient. Dadurch erst kann das tönende Wort im Menschen erklingen.

Die Milch der Tauben, die im Raum des Kehlkopfes, der vom Vogelkropf erfüllt wird, entsteht, verhilft zu der Erlösung des gesprochenen Wortes, das sich mit der von Menschenhand veränderten Materie verbunden hat. Aus dem Grab der Materie befreit die Taube das Wort des Menschen.

Mensch und Taube werden zu Weggenossen, die ihre Schritte gemeinsam ins Erdenland nahmen, um Diener des Wortes zu werden. Deshalb sind die Tauben die «Gäste der Götter». Deshalb auch ist in manchen Sprachen das Wort für Taube und Priester fast identisch. Deshalb sendet Noah die Taube aus der Arche, um zu prüfen, ob die Erde schon wieder knochenhart geworden ist, damit ein Menschenfuß sie betreten kann. Deshalb ist sie «die Liebste ihrer Mutter, die Auserwählte ihrer Mutter», wie das Hohe Lied von ihr kündet.

Die Taube und das Wort

Es erscheint auch die Taube über dem Haupte des Jesus von Nazareth, als Johannes ihn im Jordan tauft. Darüber sagt Rudolf Steiner:

> Während bei einer physischen Verkörperung ein Geistiges herunterkommt aus höheren Welten und sich mit dem Physischen vereinigt, erscheint dasjenige, was in diesem Falle hingeopfert wurde, um den Christus-Geist aufzunehmen, über dem Haupte des Jesus von Nazareth in Form der weißen Taube. Ein Geistiges erscheint, wie es sich loslöst vom Physischen. Und sehr wenig richtig ist es, wenn gesagt wird: das ist bloß allegorisch oder symbolisch gemeint. Es ist eine reale hellseherische geistige Tatsache, die auf dem astralischen Plan wirklich vorhanden ist. So wie eine physische Geburt ein Heranziehen eines Geistigen ist, so war diese Geburt ein Opfer, ein Hingeben. Damit war die Möglichkeit gegeben, dass der Geist, der ‹über den Wassern schwebte›, im Beginn unserer Erdenentwicklung, sich vereinigte mit der dreifachen Hülle des Jesus von Nazareth, und sie so durchkraftete und durchglühte, dass sie bis in das Knochensystem hinein die Herrschaft über den Leib haben konnte.[7]

Die Taube erscheint hier als das Ergebnis des Opfers, durch welches der Logos, der «Geist, der über den Wassern schwebte», in einen Menschenleib einziehen konnte. So wird auch hier die Taube zum Helfer des «Wortes». Der Logos durchdringt den Leib bis «in das Knochensystem hinein», bis in die Erdensubstanz, die von der Milch bereitet wurde. An der heiligen Stelle menschheitlichen Werdens, beim Taufakt im Jordan, offenbart sich das wahre Wesen der Tauben-Gruppenseele. Sie bereitet durch ihr Opfer den Platz, der vom Weltenwort selbst erfüllt werden soll. Bis nun ist sie ein Gast und ein Bote der Götter gewesen; jetzt aber gibt sie diesen Platz auf, denn der Logos selbst übernimmt ihn. Vielleicht war es so, dass einstmals, als die Menschen den Turmbau zu Babel errichteten und ihre Ursprache dem Schicksal der Zersplitterung verfiel, die Tauben sich dazu bereiteten, das zerteilte und zerklüftete Menschen-Wort dorthin zurückzuführen, woher es einst gekommen war. Dann aber kam der Logos selbst in die Erdenwelt und dadurch war zunächst einmal die Aufgabe der Tauben vollendet; ihr Priesteramt erfüllt, ihre Mission vollzogen.

Heute sind sie profan geworden. Die Mysterientempel sind verfallen, und so leben sie auf den offenen Plätzen und Märkten als ein Bild dafür, wie das Wort verschleudert und missbraucht wird. Sie pflücken noch, wie einstmals, die Worte auf, bewahren sie und fügen sie dem geistigen Weltall wieder ein. Jetzt sind sie zu Boten der Menschen geworden. Wir nennen sie Taube. Die Etymologie bringt dieses Wort nicht, wie es naheliegen könnte, mit taub, stumpf, dumm in Verbindung, sondern erklärt es als Lautmalerei, als Nachahmung des Taubenrufes. Aber wie dem auch sei, die Taube ist heute ein Dummling, weil ihre wahre Natur und Wesenheit nicht mehr erkannt werden kann.

In der Zukunft aber wird ihr Licht wieder erstrahlen und dort zu leuchten beginnen, wo Opfer und dienendes Stellvertreten mehr gilt als der herrschende Schein. Das Wort, das der Weltenrichter spricht: «Ich bin nackt gewesen und ihr habt mich bekleidet», das ist zur Taubenzeit gesagt. Sie hat ihr Amt, das ein Worte-Amt gewesen ist, an den zurückgegeben, der als Logos in sein Eigen gekommen ist; die Tauben haben ihn aufgenommen.

Die Spatzen der Erde

Vom Leben der Spatzen

Sie haben viele Namen; denn überall, wo Menschen wohnen und sich niedergelassen haben, ist auch der Sperling zu Hause. So heißt er auch Hausspatz und Haussperling. Auch Hof- und Rauchspatz, Dieb, Sperk, Haus- und Mistfink. In diesen Bezeichnungen klingt die Zuneigung, aber auch die leichte Missachtung an, mit der die Menschen ihn betrachten. Wenige sind ihm wirklich und freundlich zugetan. Man nimmt ihn hin wie eine Gewohnheit; wer kümmert sich schon um einen Spatzen? Sie sind so zahlreich, wohlbekannt und selbstverständlich, dass man sie kaum mehr wahrnimmt. Und doch sind sie unsere Begleiter und siedeln sich dort an, wo wir Menschen festen Fuß gefasst haben.

Kein Bauernhaus, kein Dorf, kein Marktplatz und keine Vorstadtstraße, die nicht ihre Sperlinge hätte. Und je dichter die Menschen zusammenwohnen, umso lauter tummelt sich dort die Spatzenbrut herum. Mitten in den großen Städten, an den Ausfallstraßen, in Hinterhöfen und Hausgärten, in den kleineren Parkanlagen sind sie «zu Hause».

Das ist wohl eines der charakteristischsten und vorzüglichsten Zeichen ihres Daseins: Dass dort, wo Menschen sich zusammendrängen, wo Kinder spielen, Fuhrwerke rattern und Liebende sich umarmen, wo Leben und Tod sich täglich die Hand reichen – da zwitschern auch die Spatzen.

Sie sind klein an Gestalt und unscheinbar in ihren Farben. Grau, fast wie Asche ist das Federunterkleid des Haussperlings. Um Auge und Schnabel herum ist es etwas dunkler gefärbt und ein bräunlicher Streifen geht von der Rückseite der Augen – zu beiden Seiten des Kopfes – nach dem Nacken zu. Die Flügel sind oben braun und dunkel, fast schwarzbraun auf der Unterseite. Kein Gelb und Rot, kein Blau – nur einige weiße Flecken zieren den kleinen Vogel. Er ist wirklich «gewöhnlich» und ohne besondere Zeichen.

Kennt man ihn aber näher und befreundet sich mit seinem Aussehen, seinen Gewohnheiten und Eigenheiten, seinem Treiben und Tun, dann wird er liebenswert und ganz außergewöhnlich freundlich und anziehend. Denn er kennt das Leben und richtet sich bescheiden so ein, wie die Umstände es gerade erlauben. Sein Nest besitzt er für sich allein; da darf ihm niemand in die Quere kommen. Er hat aber nichts dagegen, wenn ein anderer Sperling sich nahe bei ihm seine Wohnung baut und bezieht. Mann und Weib bleiben einander – wenn sie es erleben – oft jahrelang treu; denn sie bleiben bei dem Nest, das sie sich selbst errichtet oder das sie gefunden haben. Das Nest ist Heimat, Sicherheit und Besitz.

Sosehr sie auch auf ihr eigenes Nest bedacht sind, sosehr lieben sie den Umgang und den Verkehr in Gesellschaft mit anderen Spatzen. Man wird selten einen einzelnen Sperling finden. Wo immer sie sich herumtreiben, erscheinen sie in Dutzenden. Es ist schwer, sie voneinander zu unterscheiden, so gleichen sie einander. Auch ihre Spiele, Bewegungen, Reaktionen sind fast identisch. Sie streiten gerne, schwatzen miteinander, hüpfen, tummeln sich in Sand und Pfützen der Straße, schwirren über die Gehsteige und fliegen plötzlich auf, zurück zum Nest, um bald wieder mit ihren Brüdern und Schwestern zusammen zu sein.

So gewöhnlich wie ihre Farben, so einfach und gering ist auch ihr übriges Vogeldasein. Sie machen keine «großen Sprünge». Wohl können sie zirpen und ein wenig zwitschern, aber zu singen ist ihnen nicht gegeben. Ihre Tonbildung erhebt sich nicht über eine gewisse Alltagsäußerung. Haussperlinge machen auch keine großen Wanderungen. Im Herbst bleiben sie bei ihren Nestern und die Unruhe und das Fieber des Ziehens ist ihnen fremd. Anfang August, oder etwas später, gehen sie – immer mit der Frau zusammen – ein wenig auf Ferien; nicht sehr weit weg zwar von zu Hause, aber doch für einige Wochen «aufs Land». Meist in die Nähe reifender Kornfelder, die nicht allzu fern der Stadt liegen, in der sie sonst leben. Dann mieten sie in den Hecken, die das Feld umgeben, eine Sommerwohnung, und dort wird gespielt und gepickt, gebadet und geschlafen.

An manchen Tagen kehrt das Paar zum Nest zurück, um zu sehen, ob zu Hause noch alles in Ordnung ist; bald aber erscheinen sie wieder am Feldrain.

Sind die Sommergäste sehr zahlreich, dann hat der Bauer Mühe, eine volle Ernte einzubringen; denn der sommerliche Appetit ist reichlich und ein Spatz kann unentwegt essen. Gibt es aber wenig Kornfrucht, dann werden auch alle Arten von Käfern, Heuschrecken, Raupen und Würmern verzehrt. Aber nur die jungen und jüngsten Sperlinge lieben die tierische Nahrung; die Großen ziehen das Korn und andere Samenfrüchte vor.

Kommt der Herbst heran, fliegen sie alle wieder zurück in die Stadt. Das Nest wartet, wird neu tapeziert und ausgelegt und für den Winter zugerichtet. Selten kommt es um diese Zeit zur Paarung und Eiablage. Nur in ganz warmen Herbstwochen gibt es noch einen Liebesfrühling. Es ist mehr ein Nachsommer, meist ohne sichtbar werdendes Ergebnis. Eine junge Brut bleibt aus.

Sperlinge können, wenn ihnen nichts zustößt, recht lange leben. Ihr durchschnittliches Alter beträgt etwa sieben bis acht Jahre. Manche erreichen das elfte und zwölfte Jahr, bevor sie sterben.[1] Die Nester aber überdauern das Leben des einzelnen Spatzen. Er baut es nicht nur für sich, sondern auch für kommende Generationen; nicht für seine eigenen Kinder, sondern für die weiteren Weibchen oder Männchen, die sich einander zugesellen, wenn das eine von ihnen umkommt. Es ist eine Lebensquadrille, bei der sich die Generationen finden und im wechselnden Kommen und Gehen die Hand reichen. Der Mittelpunkt aber ist das Nest, die Erdenbehausung der Sperlinge. Sie, die Vögel, die im Wohnraum der Menschen sich niedergelassen und ihre Stätte auf Erden gefunden haben, leben Jahre und Jahrzehnte in wechselnden Individuen, die im Nest ihren Schwerpunkt haben, um den alles kreist.

Vom Nest und Lebensraum der Spatzen

Bei Bachelard[2] lesen wir:

> Wenn wir ein Nest betrachten, befinden wir uns am Ursprung eines Vertrauens zur Welt, treffen wir auf einen Ansatzpunkt des Vertrauens, fühlen wir uns getroffen von einem Aufruf zum kosmischen Vertrauen. Würde ein Vogel sein Nest bauen, wenn er nicht ein instinktives Vertrauen zur Welt hätte? Wenn wir diesen Aufruf hören, wenn wir aus dieser zerstörbaren Zuflucht, die das Nest bietet ... eine absolute Geborgenheit machen, dann kehren wir damit zu den Quellen des Traum-Hauses [des Hauses, von dem alle Menschen träumen und das sie sich immer ersehnen – d. Verf.] zurück. Unser Haus, in seiner latenten Traumgestalt, ist ein Nest in der Welt. Wir leben darin mit einem angeborenen Vertrauen, wenn wir in unseren Träumen wirklich an der Sicherheit der frühesten Wohnung teilhaben. Um dieses Vertrauen zu erleben ... brauchen wir nicht die materiellen Gründe dafür aufzählen.

Denn diese gibt es kaum. Was vorhanden ist, gründet sich – beim Menschen sowohl wie beim Vogel – auf dieses «kosmische Vertrauen», das immer neu darauf ausgeht, ein Nest, ein Haus, eine Wohnung, ein Eigenheim zu errichten, wo Schutz gesucht und auch gefunden wird. Die Geborgenheit, das Sich-behütet-Fühlen, ist einer der Urwünsche des Menschen auf Erden. Daran haben auch viele Vögel teil.

Es ist aber nicht ein Trieb, der – wie manche Psychologen glauben – uns veranlassen will, in die warme Verborgenheit des mütterlichen Leibes, der uns vor der Geburt behütete, zurückzukehren. Das wäre nicht Vertrauen, sondern Angst. Die gibt es auch; sie baut aber weder Nester noch Häuser, sondern ist dauernd auf der Flucht. Sie sucht eine Höhle, einen Unterstand, eine Zu-flucht. Wer ein Nest baut, hat keine Angst, sondern Vertrauen. Er will nicht zurück, in den Urstand seiner Existenz, sondern vorwärts, in die Zukunft seines Schicksals auf der Erde.

Der Vogel sucht keine Zuflucht. Er baut sein Nest im Vertrauen auf seine zukünftige Generation, die das weitertragen wird, was er ihr hinreicht.

Das Vogelnest kann mit den Höhlen und Gruben, dem Obdach und Nestern der anderen Tiere kaum verglichen werden. Denn der Vogel baut sein Nest; er formt es und stattet es aus. Federn und Äste, Gras und Zweige, Steine und Lehm und Stroh und Mörtel verwendet er als Material. Es gibt Vögel, die ihre Nester weben; andere, die aus ihrem Speichel, der an der Luft gewissermaßen zu Mörtel wird, die Nester verfestigen.

Auf Bäumen und Büschen, im Lehm und Sand, im Gras und auf Felsen werden Vogelnester gebaut. Immer sind sie dem Erdenreich zugeordnet. Denn erst im Nest berührt der Vogel das irdische Dasein. Für ihn ist es der Halt, die Stütze, der Grund, auf dem seine Existenz ruht. Ohne Nest würde er in die Weiten der Luft entschweben. Sein Haus aber hält ihn an die Erde gebannt; es ist eine Plazenta, durch die er im Erdkreis wohnen bleibt. Die Fähigkeit, ein Nest zu bauen, aber ist gleichsam die Nabelschnur, die ihn daran bindet.

Für die übrigen Tiere bedeutet das Nest die Zu-flucht und Deckung vor den Unwirtlichkeiten des Daseins. Mit wenigen Ausnahmen (einige Fische, der Biber z. B.) wird das Nest nicht gebaut, sondern gesucht und gefunden. Es kann auch gegraben und ausgeschaufelt werden. Das aber ist eine Subtraktion, denn etwas wird weg-geräumt. Der Vogel aber baut in schöpferischem Überschwang des Vertrauens sein Nest. Er ist nicht auf der Flucht, sondern auf dem Weg.

Die Sperlinge geben ihren Namen – oder haben sie ihn sich genommen? – der weitaus größten Ordnung der Vogelwelt. Es sind die Passeriformes, die Sperlingsvögel, die mit etwa 5.800 verschiedenen Arten mehr als fünf Achtel aller lebenden Vogelarten ausmachen.

> Die Passeren [heute: Passeriformes] sind über die ganze Erde verbreitet und bewohnen Wälder, Heiden, Moore, Tundren, Hochgebirge, Steppen, Wüsten, Schilfdickichte und offenes, baumbestandenes Gelände … sie sind ursprünglich Baum- bzw. Gebüschvögel, die meisten sind dies heute noch, doch gibt es einige Gattungen, die sich, wie die Lerchen, Pieper und Steinschmätzer, ganz dem Bodenleben angepasst haben. Einige Arten … sind fast flugunfähig.[3]

Und im *Brehm*[4] heißt es von ihnen:

> Sie sind Kinder des Landes. So weit der Pflanzenwuchs reicht, dehnt sich ihr Wohngebiet. In den Wäldern treten sie häufiger auf als in waldlosen Gegenden … Viele Arten leben fast ausschließlich auf dem Boden und weitaus die meisten sind diesem mindestens nicht fremd. Die Nähe des Menschen meiden die wenigsten von ihnen; viele bitten sich vielmehr bei dem Gebieter der Erde zu Gaste, indem sie vertrauensvoll sein Haus und Gehöft, seinen Obst- und Ziergarten besuchen.

So ist diese vielfältige und umfassende Ordnung diejenige, in der sich das «irdische» Vogelwesen offenbart. Nicht die Höhen des Adlers, noch die Meerestiefen der Pinguine; nicht das strömende Wasser der Enten und das Meer der Albatrosse und Möwen sind das Element der Sperlingsvögel. Sie gehören der Erde, den Sträuchern, den Bäumen, den Häusern und Hütten, den Gärten und Feldern der Menschen an.

Krähen und Dohlen und Elstern, Finken und Günpel, Lerchen und Meisen, Rohr- und Laubsänger, Drosseln, Zaunkönige, Nachtigallen, Schwalben und Grasmücken sind Glieder dieser Ordnung. Alle sind sie die uns Menschen zugewandten und zugehörigen Vögel.

Unter ihnen aber – vielleicht am tiefsten der Erde und dem Menschen verhaftet – bildet der Haussperling eine besondere Art. Denn keiner der anderen Vögel kommt dem Menschen so nah wie er. Man könnte fast sagen, dass er sich – anderen Haustieren ähnlich – der Natur entfremdete, um sich dem Menschenreich einzufügen. Auch das aber würde nicht ganz korrekt sein Leben und Dasein beschreiben. Denn der Sperling bleibt sich selber treu; er gibt nicht seine Gestalt auf, wie etwa der Hund, der alle möglichen und unmöglichen Leibesformen nachahmen kann. Er verliert sich auch nicht an ein spezielles Geschäft – wie Hühner und Kühe, die Eier und Milch produzieren. Der Spatz ist kein Haustier und lebt doch so nahe dem Menschen wie wenige andere Tiere. Er hat sich vor allem den Wohnungen der Menschen zugesellt. Und die Gilde der Architekten sollte den Sperling im Wappen tragen.

So sind Straßen und Plätze, Höfe und Hausgärten zu seiner natürlichen Umwelt geworden. Die Sperlinge bauen ihre Nester dort, wo Menschen wohnen. Unter dem Dachfirst, hinter den Regentraufen, im Windschatten der Schornsteine, am Rande der Dachluken sind sie zu finden. Aber auch in den Zweigen von Bäumen und Sträuchern, falls diese nahe den Häusern der Menschen sind, werden die Nester errichtet.

Als in der Mitte des 19. Jahrhunderts die Spatzen in Amerika eingeführt wurden, machte man die folgende Beobachtung:

> Erst erschienen sie in größeren, dann in kleineren Städten, darauf Dörfern und Weilern, endlich auf den einzelnen Farmen. Bringt man sie aber in Gegenden, die noch nicht zu dicht von ihnen bevölkert sind, auf eine Farm in die Nähe einer größeren Ortschaft, so bleiben sie nicht dort, sondern verziehen sich in die Ortschaft.[5]

Ja, sie suchen die Nähe der vielen Menschenhäuser und Menschenwohnungen. Dort, wo Staub und Abfall, Kehricht und Müll sich ansammeln, finden die Spatzen sich ein. Aus Stroh und Papier, aus Heu und Wolle, Haaren und Fasern, Zweigen und Grashalmen bauen sie ihr Nest. Es ist keine sehr kunstfertige Wohnung; nach außen sieht sie oft zerzaust und planlos aus. Innen aber ist sie glatt, gut auswattiert und warm. Immer wölbt sich ein richtiges Dach darüber, sodass es zu einer wahren Hütte wird. Nur wenn Baumhöhlen oder Nistkästen vorhanden sind, bleibt meistens das gewölbte Dach weg.

Von überall her wird das Material zum Nestbau zusammengeholt. Vor allem wird auch der Bast von Zweigen und Ästen abgerissen, um zum Nestbau verwendet zu werden; und ein Beobachter erzählte, dass er Spatzen sah, die sich an Tauben heranwagten, um ihnen die Federn für den Nestbau auszurupfen. Kein Wunder, dass einer ihrer vielen Namen «Dieb» und «Räuber» ist.

Das einmal gebaute Nest wird zu allen Jahreszeiten – außer den Ferienwochen – bewohnt und verteidigt. Kein anderer Sperling darf sich ihm nahen; die Weibchen jagen die Weibchen, die Männchen aber die Männchen weg. Kaum einmal würde sich das eine Geschlecht an das andere Geschlecht heranwagen. Das ist ein streng befolgtes Tabu.

Begattung, Eiablage und Aufzucht vollziehen sich im Frühjahr und Sommer. Um Ostern herum legt das Weibchen, etwa eine Woche lang, jeden Morgen ein Ei. Die Gelege bestehen – je nach dem Alter der Eltern und der frühen oder späten Jahreszeit – aus etwa zwei bis acht Eiern.

Die mittlere Brutzeit ist zwölf Tage, längere und auch kürzere Perioden aber wurden beobachtet. Wie bei allen Passeriformes sind auch die ausgekrochenen Spatzen nackte und völlig hilflose Nesthocker. Sie müssen von den Eltern gefüttert und gewärmt werden. Ihr Reifungsprozess aber geht schnell vor sich, und in weniger als drei Wochen sind sie zu kleinen Sperlingen herangewachsen, verlassen das Nest und beginnen für sich selbst zu sorgen. Ihre Eltern kümmern sich dann nicht mehr um sie; ja, sie verwehren ihnen sogar den Zutritt zum alten Nest.

Dort aber, bei den Alten, beginnt schon wieder ein neues Gelege umsorgt und behütet zu werden. So brütet jedes Spatzenpaar wenigstens zweimal jährlich; manche bringen es auch auf drei bis vier Gelege, sodass die schnelle Vermehrung des Spatzenvolkes wohl zu verstehen ist.

Solange die Brut noch jung ist, sorgen die Eltern mit rührender Hingabe für Nahrung, Wärme und Aufzucht. Sie verteidigen bis zur Selbstaufopferung jeden Angriff auf die Kleinen. Es sind viele Beobachtungen gemacht worden, die das bestätigen.

Sobald aber die Jungen das Fliegen erlernt haben, wollen die Eltern nichts mehr von ihnen wissen. Dann kommt die nächste Generation an die Reihe, und ihr gilt alle Aufmerksamkeit. So werden von einem Elternpaar während eines Ehefrühlings zwischen zehn und zwanzig Junge bebrütet und aufgezogen.

Erst nachdem die dritte oder gar vierte Generation nach Johanni versorgt und erwachsen ist, gehen die Eltern in die Sommerfrische. Sie haben ihre Arbeit verrichtet und können sich nun den Freuden des Daseins widmen. Andere Eltern finden sich ebenfalls ein, und die Jungen beginnen zwischen den Alten sich breitzumachen und ihren eigenen Lebensraum zu beanspruchen. Bald werden sie auch ihre Nester suchen, sie für den Winter herrichten und einen Gefährten finden. Im kommenden Frühjahr werden sie dann zu brüten beginnen.

Wie schnell sich das alles vollzieht! Noch war es kaum ein Ei, so ist es schon ein Junges und wird flügge, verlässt die Eltern und macht sich selbstständig. Und bald wird es selbst Eier legen, brüten, füttern, hegen und den Rest des Jahres verschwatzen und verspielen. Dennoch ist alles geordnet und gefügt und vollzieht sich so, wie es im Evangelium gesagt wird:

> Kauft man nicht zwei Sperlinge um einen Pfennig? Dennoch fällt deren keiner auf die Erde ohne euren Vater.

Die Spatzen und der Mensch

In den letzten hundert Jahren haben die Spatzen einen erstaunlichen Eroberungszug über die Erde angetreten. Noch um die Mitte des 19. Jahrhunderts waren sie in Nordamerika unbekannt. Gegen Ende der sechziger Jahre wurden sie dann in verschiedenen Städten der Ostküste (New York, Boston, Philadelphia und Baltimore) ausgesetzt und verbreiteten sich in wenigen Jahrzehnten fast über den ganzen Kontinent. Am Ende des Jahrhunderts waren sie bis San Francisco vorgedrungen. Schon 1889 schrieb W. B. Barrow:

> Von 1875 bis jetzt ist die erstaunliche Geschwindigkeit in der Vermehrung der Spatzen, die alles hinter sich lassende Schnelligkeit ihrer Ausbreitung und die dauernd wachsende Größe der Regionen, die sie in Besitz genommen haben, ohne Parallele in der Geschichte der Vögel.[6]

Es war ein Siegeszug, der das Spatzenvolk vom Osten nach dem Westen Amerikas führte.

Um die Wende des Jahrhunderts wurde in ähnlicher Art auch Südamerika – besonders Argentinien, Chile, Peru und Bolivien – von den Spatzen erobert. Auch in Australien und Neuseeland sind zur gleichen Zeit die Küstenstriche mit Sperlingen aller Art bevölkert worden, sodass man heute mit Recht davon sprechen darf, dass – mit Ausnahme der

Antarktis – alle Kontinente und mit wenigen Ausnahmen alle Länder und Landstriche mit Hausspatzen und ihren Artgeschwistern dicht besiedelt sind.

Die Anpassungsfähigkeit der Sperlinge ist erstaunlich. Sie sind nicht, wie viele andere Vögel, an bestimmte klimatische und elementare Umweltbedingungen gebunden. In subarktischen Gebieten können sie sich ebenso gut erhalten wie in tropischen Gegenden und trockenen Wüsten. Sie ertragen Kälte sowohl als Hitze und scheinen oft unabhängig von äußeren Bedingungen zu sein. Aber auch ihre Lernfähigkeit und Intelligenz werden bestaunt.

So sind sie im nördlichen Schweden in Kiruna so zu Hause wie in Cuiaba, der Hauptstadt der Provinz Mato-Grosso im zentralen Brasilien. Aber auch im dürren Aden und im tropischen Burma leben und nisten sie.

Sicher besteht ein intimer Zusammenhang zwischen den Spatzen und den menschlichen Siedlungen. Schon bei der Ausbreitung in Amerika konnte man beobachten, dass sie entlang den entstehenden Bahnlinien – mit den Menschen zusammen – von einem bewohnten Platz zum nächsten vorstießen. Immer bevorzugten sie jene Ansiedlungen, die nicht isolierte Häuser, sondern Straßen und Plätze aufwiesen.

Stehen ihnen unbewohnte Häuser zum Nestbau frei, dann vermeiden sie es, die gebotene Gelegenheit auszunützen, *denn der Haussperling lässt sich in unbewohnten Gebäuden nur dann nieder, wenn diese nahe an bewohnten Häusern liegen.*[7]

Sperlinge zogen während des Zweiten Weltkrieges mit der englischen Achten Armee durch die nordafrikanische Wüste und ließen sich an ihren Lagerplätzen nieder. Ja, aus Northumberland in England kam 1956 die Nachricht, dass eine ganze Kolonie von Spatzen sich tief unter der Erde in einem der dortigen Kohlenbergwerke angesiedelt hat und von den Bergleuten füttern ließ.

Es wäre aber nicht ganz berechtigt anzunehmen, dass dieser innige Zusammenhang, der zwischen Menschen und Spatzen besteht, ein unbedingter wäre; er ist nur fakultativ. Denn man findet auch Spatzen, die z. B. auf unbewohnten Inseln um Neuseeland herum leben oder die menschenleeren Hochebenen Nordindiens bevölkern.

Trotz dieser Ausnahmen – ja, man möchte fast sagen, gerade deshalb – ist die Verbindung dieser Vögel zum Menschengeschlecht so erstaunlich und von ganz besonderer Art. Was ist es, das die Sperlinge an die Menschen kettet? Ist es der Mensch selbst oder ein anderes, das mit ihm zusammenhängt?

Dem Menschen gegenüber bleiben die Spatzen immer scheu und vorsichtig. Es ist sehr selten, dass sie zahm und zutraulich werden, und kaum ist es jemals wirklich gelungen, sie erfolgreich in der Gefangenschaft zu halten und weiterzuzüchten. Sie legen dann nur wenige Eier und gehen unfroh dem Geschäft der Aufzucht nach. Immer bleiben sie auf der Hut, wenn der Mensch sich ihnen nähert.

Sie können wohl frech sein und dreist in die Küchen und Wohnzimmer eindringen, um sich zusagendes Futter zu holen. Sie fliegen dann an die Tische der Menschen, bleiben aber nur für Sekunden und entfliehen so schnell, wie sie gekommen sind. Sie leben *bei* uns, aber keineswegs *mit* uns.

Es ist eher so, als würden sie im Schatten unseres Tuns sich aufhalten. Dort, wo wir Menschen gebaut und gewirkt haben; wo sich unser Arbeitsfeld ausbreitet und die von uns errichteten Häuser stehen. Wo Wagen rollen, Maschinen stampfen – in Bahnhofshallen und Fabrikgebäuden, an Straßen und Wohnhäusern –, da leben die Spatzen gerne. Dort, im Abfall unseres Tuns, wo der von uns verwandelte Stoff schon wieder sich aufzulösen beginnt – im Staub und Ruß und Rauch und Sand, finden die Spatzen ihre ihnen angemessene Welt.

Das kann nicht immer so gewesen sein. Denn erst in den letzten hundert Jahren hat sich diese fortschreitende Industrialisierung des menschlichen Daseins vollzogen. Wo waren die Sperlinge früher? Ihre Geschichte und ihr Werden ist noch kaum aufgeklärt. Manche meinen, dass sie aus Asien schrittweise nach Europa vorgedrungen sind; andere hingegen glauben, dass ihr Ursprung in Afrika zu suchen ist, und dass sie entlang des Niltals nach Norden vorstießen. Die verschiedenen Arten der Sperlinge (Siedel- und Felssperlinge, italienische und spanische Spatzen), die sich in vielen Teilen der Erde vermischten, haben ein dichtes Netz über ihre Vorgeschichte geworfen.

Eines aber ist sicher und anschaulich: dass die allmähliche Ausbreitung der Spatzen in früheren Jahrtausenden, den Wegen der ackerbauenden Völker entlang, vor sich ging. Wo der Mensch sich niederließ und sesshaft wurde, um das Feld zu bestellen, da zog der Sperling mit und blieb bei ihm. Er wurde sein Begleiter, obwohl er ihm niemals allzu nahe kam.

Vielleicht dürfen wir – mit ahnender Vorsicht – uns das folgende Bild vom Werden der Spatzen auf Erden machen: zunächst wanderten sie mit den Ackerbauern, weil sie dem Segen der Körner des Brotgetreides nachzogen. Dann folgten sie dem Menschen in seine größeren Siedlungen und Städte. Und zuletzt – vom vorigen Jahrhundert an – gehen sie mit ihm noch einen Schritt weiter und dringen in die technische Welt ein, die er als Umkreis seines Lebens sich errichtet hat.

Wenn der oben angeführte Bericht aus Northumberland zutrifft, dann wird dieser Entwicklungsweg sehr deutlich. Die Hausspatzen tauchen, den Menschen begleitend, in die Tiefen der Erdensubstanz ein. Sie bleiben aber trotzdem ein vom Menschen unabhängiges Geschlecht, das seine fröhliche Natürlichkeit, seine Lust zu Spiel und Freude, seine spontane Schwatzhaftigkeit und sein unbegrenztes Vertrauen in die Welt nicht verloren hat.

Sie tragen ihr Vogelleben in die Tiefen der Erde und bleiben trotzdem sich selbst treu.

Die Weihnachtsbotschaft der Spatzen

Einmal, da waren auch die Spatzen wie die anderen Wildvögel. Sie bauten ihre Nester in Bäumen und Sträuchern, lebten in der freien Welt der Wiesen und Steppen, auf Bergen und in den Niederungen, wo Bäche und Flüsse hinziehen. Damals konnten sie vielleicht auch noch singen und – gleich Lerchen und Finken, Meisen und Staren – ihre Stimme bis in die Weiten der Räume hinaus erklingen lassen. Damals, es war einmal, da gingen sie auch noch auf lange Reisen und zogen im Herbst nach dem Süden und im Frühjahr wieder nach dem hohen Norden.

Heute noch nährt sich die junge Spatzenbrut vor allem von Insekten und nur von wenig Korn. Die Alten aber haben die Fleischnahrung aufgegeben und ziehen ihr die Körner vor. Das weist deutlich darauf hin, dass eine allmähliche Umwandlung der Nahrungsgewohnheiten sich vollzogen hat. Damals, als die Spatzen noch ein stolzes und freies Geschlecht waren, aßen sie, was die Natur ihnen bot: Spinnen und Käfer, Heuschrecken und Raupen und vieles andere Kleingetier.

Schrittweise aber gaben sie die wilde Freiheit auf. Das Singen wandelte sich ins Zirpen, Zwitschern und Schwatzen um. Die großen Wanderzüge wurden eingestellt, denn der Mensch begann, sich auf der Erde niederzulassen. Er ergriff den Pflug, riss den Boden auf und säte die zu Brotgetreide verwandelten Graskörner aus. Da flogen die verschiedenen wilden Sperlinge heran, blickten auf das Tun des Menschen und empfanden es als richtig und gut.

Sie erzählen, was sie gesehen hatten, den hohen Sperlingsgeistern, und diese wieder trugen es in die Höhen. So erfuhren die Engel, was auf der Erde sich begab. Diese Nachricht stieg die Himmelsleiter weiter aufwärts und wurde von vielen hierarchischen Scharen empfangen: «Der Mensch bebaut den Erdengrund», so klang es. «Er sät und erntet und bereitet sich sein Brot.» Es war ein schönes Lied, das die Himmel durchtönte.

Zu den hohen Sperlingsgeistern drang etwas später der Ruf zurück, dass ihre Geschöpfe den Menschen bei seiner Arbeit begleiten mögen. «Legt ab euer farbiges Kleid; verzichtet auf euer Lied; werdet sesshaft bei den Menschenkindern. Eure Nahrung sei das Korn; eure Nester die Dächer der Menschenhütten.» So etwa war die Botschaft.

Und die Sperlinge auf Erden hörten den Auftrag und ihr Herz begann schneller zu schlagen, denn sie waren sich der Strenge der Botschaft bewusst. «O welche Not», zwitscherten sie. «O welche Freude», zirpten andere. «Ja, wir wollen es tragen und tun.»

Seither schlägt das Spatzenherz zehnmal schneller als das der Menschen; achthundertmal in der Minute, 48.000-mal in einer Stunde und über eine Million Mal am Tage. Auch ihr Atem geht schnell; zweihundert Atemzüge sind es in der Minute, wenn sie hüpfen und fliegen, oder wenn es draußen sehr heiß ist. Und ihre Eigenwärme ist viel höher, als wenn die Menschen Fieber haben. So sind sie nun, diese kleinen Vögel; unscheinbar, aber warm, und ihr Herz schlägt so schnell, dass wir Menschen die einzelnen Schläge nicht mehr unterscheiden und schon gar nicht zählen können. Für uns ist es wie ein leichtes, ängstliches Flattern.

Für die Spatzen aber ist es Freude; denn sie nahmen den Auftrag der hohen Sperlingsgeister auf, die hinwieder die Botschaft der himmlischen Chöre gehört hatten. Verborgen aber war in den Worten eine geheime Verkündigung, die weder die Spatzen noch die hohen Sperlingsgeister entziffern durften. Sie klang etwa so: «Wenn die Menschen aus dem Korn das Mehl herausmahlen werden – wenn sie aus Mehl und Wasser und Sauerteig und Salz das Brot backen und es zur Nahrung nehmen –; wenn die Erde sich unter der Last der wachsenden Ähren verwandeln wird – dann soll ein Kind geboren werden, das den Licht-Bringer tragen wird. Ihm sollen deine Vogelgeschöpfe dienstbar sein.»

Obwohl die Gottesbotschaft nicht verstanden wurde, ward sie doch gehört. Und die hohen Sperlingsgeister trugen die Worte zur Erde und prägten sie in die Herzen, Schnäbel und Flügel ihrer Nachkommen ein. Seither ziehen die Spatzen dorthin, wo die Menschen hingehen. Ins

Erdendunkel und in die Reiche der zerfallenden Stoffe und Substanzen; in den Staub und in den Schatten.

Mit ihnen aber geht ein zarter, ganz hauchdünner Lichtstrahl, den nur Kinder am Weihnachtsabend manchmal sehen können. Denn die Spatzen sind arm geworden; ihr Kleid ist grau wie die Armut und braun wie das einfache Brot der Erde. In diesem Gewand der Genügsamkeit aber lebt die Heiterkeit der kleinen Freuden und die Seligkeit des Vertrauens.

«Was mag uns das Dunkel anhaben?», so schlägt das Spatzenherz. «Die Botschaft ist erfüllt, das Kind geboren und das Licht bricht in das Erdendunkel ein. Bis in den Staub und den Abfall, bis in die Tiefen des Grundes dringt es, und wir» – so zwitschern die Spatzenzungen – «empfinden sein Leuchten.»

Weihnachtsboten sind die Sperlinge. Sie begleiten den Menschen und bleiben ihm dennoch fremd. Aber einmal, wenn auch in seinem Herzen das Weihnachtslicht zu scheinen beginnt, werden sie zahm werden. Dann wird die Zeit gekommen sein, da sie auf seinen Schultern sitzen und aus seinen Händen die Brotkrumen picken werden. Manche aber werden diese Krumen in ihren Schnäbeln halten, sich auf das Kinn und die Wangen des Menschenantlitzes niederlassen und die Krume der Freude den Menschenkindern auf die Lippen legen. Das wird die frohe Botschaft für viele Engel im Himmel sein.

Delphine – Kinder der Meere

Interessen der Gegenwart

In den letzten Jahrzehnten ist an vielen Stellen ein erneutes Interesse für das seltsame Leben der Delphine erwacht. In Zeitungen und Zeitschriften wird von ihnen erzählt, und eine Reihe von Büchern beschäftigt sich mit der Beschreibung ihres Wesens und ihrer Eigenschaften. Diese Wissbegierde kam vor allem dadurch zustande, dass einige amerikanische Forscher – zuerst im «Marineland-Institute» in Miami, seit einigen Jahren in St. Thomas auf den Virginislands und auch an anderen Orten – eingehende Untersuchungen mit einer bestimmten Delphin-Art, dem großen Tummler (Tursiops truncatus) anstellen. Sie sind der Auffassung, dass es möglich ist, diese besonders intelligenten Tiere dazu zu bringen, ein gewisses Maß von Sprachverständnis zu entwickeln.

Diese Forschungen, besonders die von John C. Lilly[1] und seinen Mitarbeitern, wurden durch staatliche Subventionen deshalb reichlich unterstützt, weil man sich durch diese Experimente auch die Grundlagen für eine spätere Verständigung mit jenen Lebewesen erhofft, denen man vielleicht auf künftigen Raumexpeditionen ins Reich der Planeten begegnen wird.

Es ist also eine seltsame Mischung von Utopie und Forscherdrang, die sicher auch durch den besonderen Charme, der von diesen Tieren ausgeht, immer wieder neu angefeuert wird. Denn wer immer Delphine gesehen und beobachtet hat, kann sich nur schwer ihrem Zauber entziehen. Sie erfüllen das Herz mit einer Empfindung der Zufriedenheit und Lebensfreude.

Vor wenigen Jahren z. B. erschien ein Delphin in Opononi, einem kleinen Flecken der nördlichen Insel Neuseelands, und machte gute Bekanntschaft mit den dort lebenden Kindern und Fischern. Bald kamen viele Tausende Besucher, um den Spielen dieses freundlichen Tieres zuzuschauen:

> Manche der Fremden waren so erregt, wenn sie Opo (das war sein Name) sahen, dass sie mit ihren Kleidern ins Wasser stiegen, nur um ihn zu berühren. ... Am Abend aber, wenn der Delphin fortgeschwommen war und wenn die Kühle das Verweilen im Wasser nicht mehr erlaubte, sprachen alle von ihm. In ihren Zelten tauschten sie ihre gegenseitigen Erfahrungen über dieses Wunder aus und taten das mit leiser Stimme, während die Kinder schon schliefen. Sie besuchten einander in ihren Hütten, und Fremde wurden zu Freunden – alles wegen des Delphins. Es entstand eine Welle wärmster Gefühle, sodass man den Eindruck haben konnte, die große Menge bestünde aus Menschen, die von Empfindungen gegenseitigen Verzeihens erfüllt wären.[2]

Ähnliche Geschichten sind aus dem Altertum bekannt. Herodot, Plinius, Phylarchos und viele andere griechische und römische Schriftsteller erzählen seltsame Begegnungen und Erlebnisse mit Delphinen: von ihrer Freundschaft mit Kindern und jungen Männern; von ihrer Hilfsbereitschaft und ihrem Opferwillen, wenn Ertrinkende aus den Fluten gerettet werden sollten.[3]

Die ganze Sagenwelt der Griechen und Römer ist durchsetzt von

Delphinen und Delphingeschichten. Auf Münzen, Bechern, Krügen, Tontafeln und Mosaiken erscheinen sie. Weder vorher noch nachher waren sie so lebendig im Bewusstsein der Menschen.[4] Aristoteles schreibt in der *Naturgeschichte der Tiere* viel von den Delphinen; im 35. Kapitel des neunten Buches heißt es:

> Was die Seetiere betrifft, so erzählt man sich besonders viele Beispiele von der Gutmütigkeit und Zahmheit der Delphine. So sollen Delphine bei Tarent und an der Küste von Karien besondere Liebe und Zuneigung zu Knaben gehabt haben. Als einst bei Karien ein Delphin gefangen und verwundet wurde, so kamen auf sein Geschrei eine Menge Delphine in den Hafen, bis ihn der Fischer wieder gehen ließ; dann entfernten sich alle auf einmal. Auch begleitet die kleineren Delphine immer noch ein großer als Wache. Ja, man hat einmal schon ganze Haufen großer und kleiner Delphine beisammen gesehen. Hinter diesen erschienen nicht weit davon zwei andere, die einen jungen, toten Delphin, der versinken wollte, auf ihren Rücken über dem Wasser im Fortschwimmen erhielten.[5]

Ähnliche Beobachtungen wurden auch in den letzten Jahrzehnten gemacht und eingehend beschrieben (Alpers, Slijper[6] u. a. m.). Daraus ist zu erkennen, dass diese Tiere nicht nur eine besondere Beziehung zu Menschen haben, sondern auch miteinander eng verbunden in Herden und Verbänden leben und sich gegenseitig beistehen. Ein Element der Hilfsbereitschaft für andere scheint ein Charakterzug ihres Wesens zu sein; ein Verhalten, das sonst bei Tieren kaum gefunden wird und das deshalb besondere Beachtung verdient. Wer sind und woher kommen die Delphine?

Die Walfamilie

Sie gehören alle – ob Delphin oder Tümmler – einer größeren Gruppe von Säugetieren an, welche die Meere und auch einzelne Flüsse der Erde bewohnen. Sie werden in die Ordnung der Wale (Cetacea) zusammengefasst. Man unterscheidet zwei Unterordnungen: die Zahnwale (Odontoceti) und die Bartenwale (Mysticeti). Die erste hat, wie der Name schon andeutet, ein entwickeltes Gebiss. Die Bartenwale aber sind alle zahnlos; sie tragen mächtige Raufen in ihrem Maul, an welchen die Kleintiere des Meeres, die zu ihrer Nahrung dienen, hängen bleiben.

Die Bartenwale sind jene größten jetzt lebenden Tiere überhaupt, wie Blau- und Finnwal, die in den Meeren der Arktis und Antarktis gejagt und verfolgt werden. Es sind geheimnisvolle Wesen, deren Verhalten und Lebensstil noch kaum durchschaut wird. Ihre Wanderungen, ihr Auftauchen und Verschwinden sind nur teilweise bekannt. Seit Jahrtausenden werden sie vom Menschen bedrängt und erbeutet; ihr Geheimnis aber liegt noch unerschlossen vor uns. Die Geschichte von *Moby Dick* erzählt diesen Kampf um die Entschleierung ihres Zaubers, den sie nicht preisgeben.

Anders sind die Zahnwale. Auch unter ihnen gibt es Riesen, wie den Pottwal und den Entenwal. Beide Arten gelten als gesuchte Beutetiere, denn sie sind oft nicht viel kleiner als die mächtigen Bartenwale. Sie alle aber tragen Zähne; die Pottwale allerdings nur im Unterkiefer. Es gibt auch eine seltsame Gruppe, den Narwal oder das See-Einhorn, der meistens nur einen – in sehr seltenen Fällen zwei – riesigen Zahn besitzt, der aus dem Oberkiefer wie ein zwei bis drei Meter langer, gewundener Spieß nach vorne ragt.

Manche der Zahnwale sind wilde Räuber, die alles Getier, das ihnen entgegenkommt, reißen und töten. Gefürchtet ist der Schwertwal, dessen Rückenflosse wie ein gewaltiger Dolch nach oben ragt. Ein dänischer Forscher, Eschricht, hat im vorigen Jahrhundert in einem erbeuteten Exemplar dieser Gattung die noch frischen Leiber von 13 Tümmlern und 14

Seehunden gefunden. Der 15. Seehund war im Schlund dieses Ungeheuers steckengeblieben; daran ist es erstickt.

Der Schweinswal, ein delphingroßer und diesem ähnlichen Wal, lebt vor allem in den nördlichen Gewässern des Atlantischen Ozeans und steigt manchmal die großen Flüsse – Rhein, Elbe und Themse – hinauf. Für die Zahnwale scheint es keine Schwierigkeit zu sein, vom Salzwasser ins Süßwasser hinüberzuwechseln. Auch Schwertwale wurden in Flüssen beobachtet und erlegt.

Die eigentlichen Delphine bevölkern vor allem die Meere der nördlichen Halbkugel, sind aber auch an den Küsten Australiens und Neuseelands gut bekannt; dort finden sich die Großen Tümmler (bottle-nosed dolphin), mit welchen die derzeitigen Untersuchungen in Amerika angestellt werden.

Diese kurze und recht lückenhafte Übersicht ergibt immerhin ein erstes Bild von der Gesamtheit der Wale. Es scheint – nach dem Stand der heutigen Forschung – berechtigt zu sein, sich vorzustellen, dass die Bartenwale mehr in den arktischen und antarktischen Gebieten ihren Lebensraum haben. Je näher es aber gegen den Äquator zu geht, umso häufiger begegnen wir den Zahnwalen. Die Gruppe der Flussdelphine aber, deren Schnauze schnabelartig ausgezogen ist, werden vor allem im Äquatorgebiet – im Ganges und Brahmaputra, und seine Verwandten im Amazonas, Orinoko, Yangtse, Mekong sowie dem Rio de la Plata – gefunden.

Nur Zahnwale leben in den Flüssen der Erde, und zwar in den mehr gemäßigten und äquatorialen Gebieten. Die Bartenwale hingegen bewohnen besonders die Meere um die beiden Polarkreise herum.

Die erdgeschichtlich älteren Bartenwale leben näher an den Polarzonen; die erst später erscheinenden Zahnwale schieben sich gegen den Äquator hin vor. Beide Ordnungen durchdringen sich stark in ihrer geografischen Verteilung; trotzdem aber scheint ein Verteilungsschema hier sichtbar zu werden.

Das Wasserleben der Delphine

Ein besonderes Grundmerkmal kommt beiden Gruppen zu: sie sind völlig ans Leben im Wasser hingegeben. Die Robben (Pinnipedia) wechseln noch vom Meer ans Land und wieder zurück ins Wasser. Sie vollziehen ihr Brut- und Zeugungsgeschäft auf der festen Erde, und die Jungen müssen erst lernen, im Wasser zu schwimmen und zu jagen. Die Wale hingegen sind dem Wasser ganz verschrieben. Zu keiner Zeit ihres Lebens kehren sie ans Land zurück. Nur wenn das Meer sie ans Ufer wirft und sie durch Ebbe oder Verwundung nicht mehr ins Wasser zurückkönnen, treten sie mit der Erde in Beziehung, aber dabei wird diese zu ihrem Grab. Sie sind also viel eindeutigere Wassertiere als die Robben; trotz ihrer Säugernatur haben sie das feste Land völlig verlassen. Die Meere und Flüsse der Erde sind ihre Weide geworden.

Ihre Leiber sind dem Leben im Wasser noch stärker angeglichen, als das bei den Robben geschehen ist. Sie haben z.B. keine Hinterbeine mehr wie diese. Nur rudimentäre Beckenknochen sind erhalten und beweisen das einstmalige Vorhandensein von hinteren Gliedmaßen. Auch die Arme sind verkümmert und zu zwei paarigen Flossen umgebildet, die der Steuerung, nicht aber der Fortbewegung dienen. Und die meisten Zahnwale haben eine mächtige Rückenflosse entwickelt, die den Robben fehlt. So weisen sie manche Merkmale auf, die sie den Fischen angleichen. Nur die Schwanzflosse zeigt den tiefgehenden Unterschied an; sie, die gleich einem Propeller das Tier vorantreibt, ist nicht senkrecht gestellt – wie bei den echten Fischen –, sondern waagrecht, vom Rumpf etwas abgesetzt und frei; so wird eine schnelle und kraftvolle Auf- und Abbewegung ermöglicht. Durch diese Stoßkraft geschieht alle Vorwärtspropulsion. Delphine erreichen leicht eine Geschwindigkeit von 60 km/h.

Diese Tiere sind große Bewegungskünstler. Sie sind nicht nur schnelle Schwimmer, die ein Rennen mit jedem größeren Ozeandampfer aufnehmen können, sondern auch gewaltige Springer und Taucher, die oft über kleine Segelboote hinweghüpfen, wie um mit den darin fahrenden Menschen ihren Spaß zu haben. Sie können sich meterhoch aus dem Wasser schnellen und ebenso leicht und anmutig wieder untertauchen. Ihre Bewegungsspiele sind mannigfaltiger Art und viel graziöser als die der schwerfälligen Seehunde.

Sie können spielend Bälle auf ihren Schnauzen balancieren, Reifen schleudern und Gegenstände erhaschen. In der «Marinestation» in Miami kann man Delphine beobachten, die mit den Federn von Wasservögeln spielen; sie lassen sie von den Strömungen in ihrem großen Wassertank davontreiben, jagen ihnen nach und holen sie wieder zurück. Sie können Menschen reitend auf ihren Rücken durchs Wasser tragen und beweisen so die Schnelligkeit und auch die Stetigkeit und Ausgeglichenheit ihrer Motorik. Kein Fisch könnte das vollbringen. Alle Delphine leben in Herden; sie sind nur äußerst selten allein anzutreffen; auch wenn sie sich an Menschen anschließen, werden sie oft von einem zweiten Delphin begleitet. Es wurde schon erwähnt, dass sie sich gegenseitig helfen, wenn einer von ihnen verwundet wird oder in Not gerät.

Alpers[7] erzählt die Geschichte, wie vor einigen Jahren auf einer kleinen Insel im nördlichen Neuseeland sieben Tümmler an den Strand geworfen wurden. Es waren große Tiere von zwei bis drei Meter Länge, und die Feriengäste – Freunde von Alpers, die ihm die Sache berichteten – versuchten mit aller Mühe, einen nach dem anderen ins Meer zurückzuziehen. Diese energische Rettungsaktion scheiterte aber am Zusammengehörigkeitsgefühl der Gruppe; denn sobald einer der sieben im Wasser war, setzte er alles daran, zu den gestrandeten Gefährten zurückzukehren. Keiner von ihnen wollte die anderen allein in ihrer Not zurücklassen. Nach langen Stunden und viel Mühe und Arbeit gelang die Rettung von zwei Delphinen; der Rest starb am Strand. Ihr Herden-Gemeinschaftsgefühl gab es nicht zu, ihr eigenes Leben zu erhalten, während die anderen es verloren.

Solches Verhalten findet man sonst nur bei Vögeln und Säugetieren zur Zeit der jungen Brut. Dann opfern die Mütter sich selbst, um dem

Nachfahren das Leben zu erhalten. Dass es aber – wie bei den Delphinen – für jedes Tier der Herde geschieht, ist einzigartig.

In der schon erwähnten «Marinestation» in Florida wurde auch das folgende Ereignis beobachtet:

> Ein Delphin, der in das Ozeanarium eingebracht wurde, stieß mit seinem Schädel so hart gegen die Wand des Bassins, dass er bewusstlos zu Boden sank. Die zwei anderen Delphine schwammen heran, stießen ihn von unten an die Oberfläche des Wassers und hielten ihn so lange oben, bis er wieder zu atmen anfing.[8]

Es gibt vielfältige ähnliche Beobachtungen. Auch die Delphinmutter hält ihr Neugeborenes so lange an die Oberfläche des Wassers, bis es den ersten Atemzug getan hat. Denn die Geburt erfolgt, wie auch die Paarung, im Wasser.

Wir haben es also hier mit Säugetieren zu tun, die wohl ganz an das Leben im Wasser hingegeben sind, die aber dauernd an die Oberfläche müssen, um sich von dorther die notwendige Atemluft zu holen. Alle Wale, Zahn- sowohl als Bartenwale, können nur im Wasser leben, wenn sie die dauernde Möglichkeit haben, die Atemluft zu wechseln. Das geschieht in ganz verschiedenen Zeitabständen und unter den verschiedensten Bedingungen. Es wird gesagt, dass Delphine etwa alle drei bis fünf Minuten auftauchen, um frische Luft aufzunehmen und die verbrauchte Luft abzugeben. Sie atmen dann sehr schnell ein und aus, jedes Mal fünf bis zehn Liter Luft umsetzend.

Aus dieser Beschreibung wird es eindeutig anschaulich, dass jenes Organ, das die Aufnahme und Abgabe der Atemluft ermöglicht, das Lebenszentrum der Delphine und Wale sein muss. Dieser Mittelpunkt ist das Atemloch, das auf der Höhe des Delphinkopfes sich öffnet. Es besteht aus einem kleinen Loch, das durch eine Hautklappe geöffnet und auch verschlossen werden kann. Die Muskeln dieses komplizierten Apparates sind so angeordnet, dass das Öffnen aktiv, das Verschließen aber nur passiv sich vollzieht. Dieses Atemloch ist gleich einer Luft-Pupille, die außerhalb des Wassers sich aktiv öffnet und beim Untertauchen passiv zusammenzieht.

Dieser Zentralpunkt, der auf der Höhe des Kopfes liegt, darf nicht mit dem Scheitel des menschlichen Hauptes identifiziert werden. Denn erst hinter diesem Atemloch beginnt die knöcherne Kapsel des Schädels, in der das Gehirn eingebettet liegt. Wir könnten diese Stelle nur mit der Region der Nasenwurzel am Menschengesicht vergleichen. Allerdings fehlt dem Delphin die äußere Nase völlig und nur Reste des inneren Nasenraumes sind in der Umgebung des Atemlochs erhalten geblieben. Was wie eine Nase aussieht, ist der mit Fett und Öl gepolsterte Oberkiefer, die sogenannte Melone. Die hier folgende schematische Zeichnung gibt ein ungefähres Bild der vorliegenden morphologischen Verhältnisse.

Daraus ist auch zu erkennen, dass vom Atemloch aus eine Röhre, der Atemkanal, senkrecht den Oberkiefer durchquerend, nach unten zieht und in den kompliziert gestalteten Kehlkopf einmündet. Von dort streicht die eingeatmete Luft durch die kurze Luftröhre in die vielfältig verzweigten Bronchien der Lunge. Der Verschlussapparat des Atemlochs und des daran sich anschließenden Atemkanals ist ein System von Klappen und Ringen, die an verschiedenen Stellen, sowohl gemeinsam als unabhängig voneinander, auf- und zugemacht werden können.[9]

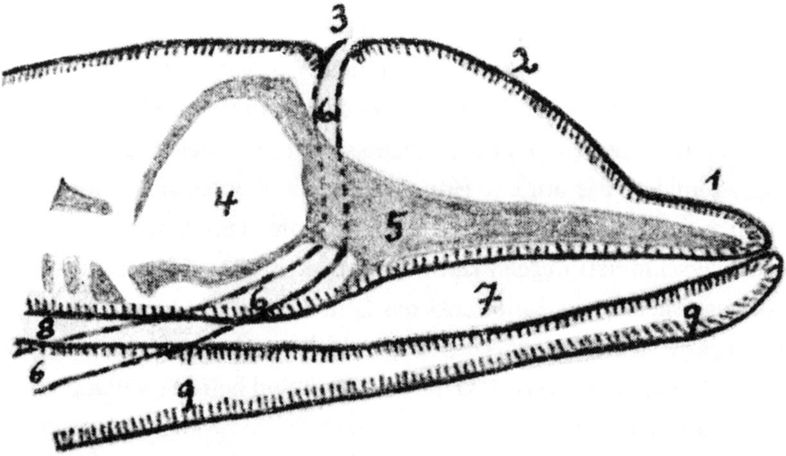

Längsschnitt durch die Mittelebene des Kopfes eines Tümmlers (Tursiops trunc.) (nach einer Abbildung bei John C. Lilly: a.a.O.)

1: Obere Mundpartie	4: Schädelhöhle	7: Mundhöhle
2: Oberkiefer	5: Oberkiefer/Schädelskelett	8: Speiseröhre
3: Atemloch	6: Luftkanal	9: Unterlippe und Unterkiefer

Gleich unterhalb des Atemlochs erweitert sich der Atemkanal in zwei größere und zwei kleinere Luftsäcke, die paarig angeordnet sind. Diese Luftsäcke, die um den Atemkanal herum liegen und von einem dichten Netz von Muskeln umflochten sind, dienen der Lauterzeugung der Delphine. Diese Tonbildung kann sowohl im Wasser wie auch in der Luft erfolgen. Auch der Kehlkopf reguliert nicht nur den Strom des Atems, sondern kann wahrscheinlich Töne unter Wasser erzeugen. Es ist eine jetzt gesicherte Tatsache, dass die Delphine sich untereinander durch die verschiedensten Laute verständigen. Diese bestehen aus einem tiefen Knarren, das über Grunzen und Pfeifen bis zu für uns unhörbaren Tönen, die durch Ultraschallwellen erzeugt werden, gehen. Die Letzteren werden ausgesandt, wenn Gefahr vorhanden ist und andere Delphine zu Hilfe gerufen werden. (Die sieben gestrandeten Tümmler, von denen wir oben berichteten, verständigten sich gegenseitig durch diese Hochfrequenz-Schwingungen.)

Außerdem aber stoßen Delphine noch eine andere Art von Ultraschallwellen aus; diese wirken nach dem Prinzip des Echolots. Dichte Gegenstände im Wasser – wie einzelne Fische, Fischschwärme, Schiffe und Felsen – werden von den ausgesandten Schwingungen angepeilt, durch Reflexion zurückgeworfen und von den Delphinen als Sinneseindruck wahrgenommen. Die einzelnen Details sind darüber noch nicht bekannt.[10] Diese Ultraschallzeichen werden stoßweise und in verschiedenen Rhythmen ausgeschickt:

> Scheinbar können sie so verwendet werden, dass sie nicht nur die Entfernung und die Richtung, in der das Objekt sich befindet, angeben, sondern auch dessen Form; vermittels dieser Technik können Delphine einen Fisch lokalisieren, den sie fressen wollen, und ihn von anderen Gegenständen unterscheiden.[11]

Wahrscheinlich ist es so, dass die gesamte Oberfläche des Leibes für diese reflektierenden Schallwellen empfänglich ist. Denn die Haut ist besonders zart und glatt und trotzdem wie unverwundbar. Wenn eine Verletzung entsteht, dann dringt aus der unteren Speckschicht ein Öl in die Wunde, das das Bluten stillt und die offene Stelle verschließt und verklebt.

Kein einziges Haar ist auf der Haut der Delphine zu finden, auch keine Borsten und Schnurrhaare im Gesicht. Alles ist glatt und glänzend, wohl um die Echolot-Wahrnehmung so deutlich wie möglich zu machen. Durch die besondere Lage des Atemlochs und Atemkanals ist die Nase verkümmert. Damit im Zusammenhang aber steht auch der vollständige Verlust des Geruchsorganes und der beiden Riechnerven. Wir müssen uns vorstellen, dass keinerlei Geruch die Delphine erreicht, wenn sie an der Wasseroberfläche Atem holen. Ob sie einen Geschmackssinn haben, ist noch zweifelhaft.[12]

Hingegen ist ein Sinnesapparat besonders mächtig entwickelt: das Ohr. Obwohl es äußerlich kaum sichtbar ist, da nur eine winzige Öffnung hinter dem Auge den Ort, wo es liegt, andeutet – und obwohl auch der äußere Gehörgang sehr lang, s-förmig gekrümmt und eng ist, sind Mittel- und Innenohr gewaltig ausgestaltet. Der Knochen, in welchen sie eingefügt sind, ist von besonderer Härte; er ist der härteste Knochen, der im Tierreich gefunden wird. Er ist auch nicht – wie beim Menschen und den meisten Säugetieren – mit dem Schädelskelett verwachsen, sondern nur durch Bänder und Muskel mit ihm verbunden. Dadurch wird es möglich, dass dieser Ohrknochen (Petrosum) nach vielen Richtungen hin frei beweglich schwingen kann.

Das eigentliche innere Ohr – die Cochlea oder Schnecke – ist bei Delphinen viel größer als beim Menschen. Sie hat zwei Windungen und zeigt im Unterteil, der mit der Wahrnehmung der hohen Töne zusammenhängt, eine besonders gute Ausbildung. Auch die mit dem Organ verbundenen Gehörnerven sind viel mächtiger entfaltet als beim Menschen. Bedenkt man, dass die Empfindungsfähigkeit der Delphine für hohe und höchste Töne bedeutend größer ist als bei anderen Säugern, einschließlich des Menschen, dann kann die besondere Entwickelung des gesamten Ohr-Apparates verstanden werden.

Wir Menschen können Töne, die etwa zwischen 20 und 20000 Hz[13] liegen, wahrnehmen. Bei Walen und Delphinen, besonders aber bei den letzteren, steigt die Empfindlichkeit bis zu 280 000 Hz an.

Die Delphine – und wahrscheinlich auch die meisten anderen Wale – offenbaren sich nun als eine Tiergruppe, deren Hörfähigkeit zu einem ganz besonderen Maße ausgebildet ist. Sie nehmen die Umwelt, die sie umhüllt, vor allem durch das Element der Klänge, Töne und Geräusche wahr. Nicht die tönende Luft – das klingende Wasser ist ihr Lebensraum. Sie atmen Luft, aber sie erfahren die Umwelt des Wassers als ein Klingen und Rieseln, als den Schall der Wogen und das Rauschen der Wellen. Ist es zu verwundern, dass die Griechen den Delphin sowohl dem den Aulos blasenden Dionysos als auch dem musikgewaltigen Apollo zugesellt haben? Dass sie die spielenden Delphine dem Klang der Leier lauschen ließen?

Das Gehirn

Ein weiteres und ganz besonderes Kennzeichen aller Delphine, Tümmler und der übrigen Wale ist noch die außergewöhnliche Entwickelung ihres Gehirns. Kein anderes Säugetier – nicht einmal die anthropoiden Affen – kann sich damit messen. In absoluter und relativer Gehirngröße stehen die Zahnwale als die einzigen Säuger dem Menschen sehr nahe.

Dass ein so mächtiges Tier wie der Blauwal und Pottwal auch eine gewaltige Gehirnmasse haben muss, ist nicht zu verwundern. Die Gehirne der Pottwale wiegen etwa 9 Pfund. Aber Delphine und Tümmler, die nicht bedeutend größer als der Mensch sind, kommen seiner Gehirngröße nahe. Das ist ein erstaunliches Phänomen!

Dazu kommt, dass auch Form, Struktur und Windungsreichtum des Delphingehirns außerordentlich nahe dem des Menschenhirns ist. Wohl erscheint das erstere von vorne nach hinten wie zusammengepresst; in seinem Aufbau und seiner Ausbildung aber gibt es unserem Hirnbau kaum nach. Die Windungen und Falten sind sehr zahlreich, und neueste Untersuchungen haben ergeben, dass auch die Zahl der Nervenzellen denen der menschlichen Hirnrinde an Reichtum nicht nachstehen.

Ähnliches muss in jeder Hinsicht vom Kleinhirn gesagt werden. Auch dieses ist nicht nur groß, sondern vielfach gestaltet und dem menschlichen Cerebellum durchaus ähnlich.

Von den Gehirnnerven aber fehlt der Riechnerv und ist nur bei einigen Bartenwalen in Rudimenten erhalten. Hervorstechend an Größe ist allein der Hörnerv. Er ist der bei Weitem am stärksten ausgebildete Sinnesnerv und damit im Zusammenhang sind auch jene Teile des Großhirns, die mit dem Hören in Verbindung stehen, besonders gut entfaltet. Auch hierin offenbart sich die den Klängen und Tönen so tief verschriebene Natur der Delphine.

Warum aber ist das Gehirn so mächtig und menschlich entwickelt? Allen, die sich damit beschäftigt haben, ist das zur brennenden Frage geworden. Und in den letzten Jahren haben ja Lilly und andere Forscher in Nordamerika den Tümmler als Versuchstier gewählt, weil sie annahmen, dass gerade die Größe des Gehirns eine sprachliche Kommunikationsfähigkeit ermöglichen sollte. Lilly z. B. ist davon überzeugt, dass die Fähigkeit des Sprechens an eine bestimmte Gehirngröße gebunden ist und dass das heranwachsende Kind erst dann sich sprachlich auszudrücken lernt, wenn etwa im zweiten Lebensjahr die dafür notwendige Gehirngröße erreicht ist.

Man wird solchen Überlegungen, die wohl nur intellektuelle Kurzschlüsse sind, mit einiger Berechtigung skeptisch gegenüberstehen. Die Frage aber bleibt: Warum haben die Delphine und andere Zahnwale ein so mächtig entwickeltes Gehirn? Manche Forscher bringen das mit der gewandten Motorik dieser Tiere zusammen; andere meinen, dass der besonders lebhafte Stoffwechsel dafür verantwortlich sei. Wo es aber so verschiedene Erklärungsmöglichkeiten gibt, ist die eigentliche Antwort noch nicht gefunden.

Zu bedenken ist in diesem Zusammenhang, das erstaunlich reife soziale Verhalten der Delphine, auf das wir schon hingewiesen haben: Die starke Verbindung, die sie untereinander haben und ihre Friedfertigkeit gegenüber den Menschen. Dabei muss bedacht werden, dass die Delphine z. B. Fischen gegenüber sich ganz anders verhalten. Es ist bekannt, dass an verschiedenen Küsten der Erde die Fischer ihre Fischzüge mithilfe von Delphinen durchführen. Sie rufen mit hohen Pfeiftönen die Tümmler zusammen und diese treiben Schwärme von Fischen den Booten der Fischer so entgegen, wie Jagdhunde das Wild stellen und vor das Schussfeld des Jägers jagen. Plinius beschreibt dieses Verhalten, aber auch Oppian, ein großer Verehrer der Delphine. In neuerer Zeit wurden ähnliche Beobachtungen berichtet. (Slijper: a.a.O.)

Besonders feindlich verhalten sich Delphine den Haifischen gegenüber. Sie greifen sie an, indem sie mit geschlossenem Maul in den Leib des Hais hineinstoßen und die so beigebrachten Wunden mit ihren scharfen Zähnen aufreißen. 88 Zähne stehen dem Tümmler zur Verfügung. Niemals aber wurde ein Mensch verjagt oder gar angegriffen.

Wichtig ist auch Lillys Versicherung, dass er niemals einen schlafenden Tümmler beobachtet hat. Er sagt:

> Weil sie sich nicht dauernd mit der Schwerkraft so auseinandersetzen müssen wie wir, brauchen sie auch keinen Schlaf wie wir. Nach unseren Beobachtungen dürfen sie sich den Zustand der Bewusstlosigkeit – sei es durch ein Betäubungsmittel, durch einen epileptischen Anfall oder einen Schlag auf den Kopf – einfach nicht leisten; denn Bewusstlosigkeit zieht den sofortigen Tod nach sich.

Das kann man verstehen, wenn man sich erinnert, dass alle Wale in kürzeren oder längeren Zeitabständen auftauchen müssen, um zu atmen. Geschieht das nicht, sind sie unweigerlich verloren. Ist es vielleicht deshalb, dass das Gehirn dieser Tiere so groß ist, weil es sie dadurch daran hindert, einzuschlafen? Dass immer andere Teile der Gehirnrinde funktionell tätig sein können, während durch das Bewusstsein abgenutzte Partien sich erholen?[14]

Wie sonst sollte jene dauernde Bewusstheit erreicht werden? Hier liegen noch manche Rätselfragen vor, die auf Antwort warten. Bringt aber nicht der dauernd wachende Delphin in die Welt der Meerestiefen ein Element, das wie eine Erhellung des Wassers empfunden werden kann?

Das Bewusstsein der Fische ist dumpf und traumhaft. Die Wale aber tragen ihr immerwährendes Tagesbewusstsein hinunter in die Abgründe des Ozeans und erreichen dadurch eine Durchlichtung jener Dunkelheiten, die dort walten.

Das Wesen der Delphine

Versucht man, diese einzelnen Phänomene in ein umfassendes und verständliches Bild zu bringen, in welchem das Wesen der Delphine und ihr Werden sich offenbart, so ist das ein schwieriges Unterfangen. Ist es uns heute überhaupt schon gegeben, solches ahnen oder gar erkennen zu dürfen?

Da sind die Weltmeere, durchzogen von den wandernden Leibern der riesigen Wale; wie Monumente einer Urzeit pflügen sie die Wasser um die Pole herum und weiden die Billionen von Kleintieren, die ihnen Nahrung sind. An sie schließen sich – nach den Wendekreisen zu – die Zahnwale an; vom riesigen Pottwal zum wilden Schwertwal und den Herden der Tümmler und Delphine.

Allen ist – obwohl sie Säuger sind – das Leben im Wasser vom Weltenschicksal verordnet worden. Sie müssen dauernd aus den Tiefen auftauchen, um aus- und einatmen zu können, und das erfordert unentwegtes Wachsein; Schlaf und jede andere Form von Bewusstseinsverlust bedeuten den Tod. Deshalb ist ihr Gehirn besonders groß und so vielgefältelt wie beim Menschen. Und die Nase ist nach oben gedreht, sodass die Nasenöffnung – zum Atemloch geworden – auf dem Gipfel des Kopfes zu liegen kommt.

Durch diese Anordnung haben sich Mund und Nase, die sonst bei Säugern eng miteinander verbunden sind, anatomisch auseinandergeschoben. Dazwischen ist ein unbesetzter Raum geblieben, der die seltsame Gesichtsform aller Wale, besonders aber der Delphine mit sich bringt. Die weit nach außen stehenden Augen überblicken dieses leere Feld des Oberkiefers. Hoch darüber wird der Atem ausgestoßen und eingeholt. Die scharfe Trennung zwischen Ernährung und Atmung ist ein besonderes Merkmal der Wale. Sie haben durch das nach oben weisende Atemloch dem Atmen selbst einen besonderen Platz gegeben. Es muss für sie dem ähnlich sein, was für den Menschen das Vorstellen ist. Denn die Wale haben keinen rhythmischen Atemprozess wie die meisten übrigen Tiere; ihr Atem ist vom Bewusstsein abhängig, von den Umständen des Lebens, vom Kampf und vom freudigen Spiel des Daseins.

Überdies ging ihnen der Geruchssinn verloren. Geht aber die Sphäre des Riechsinns zurück, dann verwandelt sie sich in eine andere Kraft. Rudolf Steiner hat einmal dargelegt, dass der Verlust des bei Tieren stark ausgebreiteten Geruchssinnes beim Menschen zur Entfaltung der Intellektualität führt. Deshalb ist das Menschenantlitz nicht mehr nach vorne ausgezogen wie das Gesicht vieler Wiederkäuer, Raubtiere und Affen, sondern steil nach oben und unten weisend, der Stirn und dem Kinn Raum verleihend.

Wohin aber ging der verwandelte Geruchssinn der Delphine? Hier metamorphosierte er sich in das mächtig ausgebreitete Gehör, das dem unendlichen Reich der Schallwellen – in Luft und Wasser – sich öffnet. Der Delphin ist ein in die Welt lauschendes Wesen, das sich sein Anschauungsbild des Daseins aus dem Reich der Hörwahrnehmungen bildet. Vermittels des Atmens werden die Töne, Laute, Klänge und Geräusche in bewusste Erlebnisse verwandelt, die dann wahrscheinlich auch zu Erinnerungen werden.

Den Menschen allein nimmt der Delphin mit den Augen wahr; das geht aus den vielen Beschreibungen, die Lilly und seine Mitarbeiter geben, deutlich hervor. Dort, wo ein Menschen-Ich mit und durch seine Augen den Delphin anblickt, wird er zahm und vertraut. Leuchtet dann in ihm die Erinnerung an alte, vergangene Zeiten auf, als er noch selbst auf dem Wege zum Menschsein war? Dämmern in solch einem «Augen-Blick» die Bilder seiner Werdezeiten im Bewusstsein auf? Sodass er dann Kinder und Jünglinge auf seinen Rücken nimmt und sie durch die Wogen trägt, damit andeutend, dass er werden wollte, was sie jetzt sind und ihnen freudig ihr Menschsein zugesteht? Das gehört zur Augenwelt des Delphins.

Mit dem Hören aber lebt er im Reich des Natürlichen, nicht des Menschlichen. Dort jagt er den Fisch, schlägt den Urfeind Hai und fegt durch die Wasser. Sobald aber Schiffer und Fischer, Boote und Kähne auftauchen, wird er freundlich, freudig und zahm. Dann tritt das Auge mit Licht und Luft als vorwiegender Umwelt in ihr Bewusstsein ein.

So lebt der Delphin in einer wie zweigeteilten Welt: In den Höhen der Luft und des Lichts und in den Tiefen der Klänge und des Wassers. In der einen Welt – die der Atem trägt – begegnet ihm der Mensch. In der anderen Sphäre, in der er seine Nahrung findet und sich seinen tierischen Lebensraum erhält – begegnet er den anderen Tieren, die seine Feinde oder auch seine Genossen sind.

Wichtig sind die Berichte Slijpers über die Tonwahrnehmung der Delphine:

> Im Marineland-Aquarium werden Tümmler durch Töne, deren Schwingungszahlen zwischen 100 und 400 Hz (etwa zwischen dem tiefen C und dem hohen A) liegen, erschreckt; was etwas darüber ist, veranlasste sie, schnell wegzuschwimmen.[15]

An solchen Beobachtungen zeigt sich deutlich, dass unser Hörvermögen und das der Delphine einen gegensätzlichen Gefühlshintergrund hat: Was uns Musik ist, davon werden sie erschreckt und fortgescheucht; was uns aber Schmerz ist, wie hohe Sirenenklänge, ruft sie herbei.

So sind sie uns ferngerückt und doch ein Teil von uns. Was aber war es, das sie veranlasst hat, bei ihrem Heraustreten aus der Entwicklung zum Menschen nicht die feste Erde, sondern die Tiefen des Meeres aufzusuchen? Eine griechische Sage erzählt vom jüngeren Dionysos,

> wie er – am Ufer stehend und in die Weite blickend – von herannahenden Seeräubern etruskischer Herkunft entführt wurde. Sie banden ihn an den Mast des Schiffes; aber die Fesseln ‹fielen von seinen Händen und Füßen. Lächelnd mit dunklen Augen saß er da›. Ein mächtiger Weinstock entfaltete sich um Mast und Segel, und der süße Duft herrlichen Weins durchzog das Boot und machte die Mannschaft und ihren Kapitän betrunken. Nur der

> Steuermann blieb nüchtern und erkannte, dass ein Gott mit ihnen zu Schiffe fuhr. Dionysos aber nahm die Gestalt eines Löwen an, der die Seeleute bedrohte; voller Angst und Schrecken sprangen sie ins Meer und wurden in Delphine verwandelt, die das Schiff umschwammen. Der Steuermann allein blieb von dieser Metamorphose befreit. Ihm offenbarte sich auch der Gott als Sohn des Zeus und der Semele.[16]

Für die Griechen war die Entstehung der Delphine mit dem Wirken des jüngeren Dionysos verbunden. Wer dem Duft und der Kraft des Weins nicht widerstehen konnte – so mögen sie gedacht haben –, wird zum Delphin. Wer aber bewusst und aufrecht bleibt wie der Steuermann, darf im Bezirk des Menschenseins verweilen. Rudolf Steiner hat einmal über diesen Dionysos das Folgende gesagt:

> Denn das heutige Ich-Bewusstsein mit seiner intellektuellen Kultur, mit alledem, was aus unserem Verstand, überhaupt aus unserem Ich folgt, das hat sein makrokosmisches Gegenbild im zweiten Dionysos …

dem Sohn des Zeus und der Semele. Und er weist auch auf die andere Sage hin, die von dem Zug des Dionysos nach Asien erzählt, auf welchem er

> überall die Menschen gelehrt hat die Wissenschaften, den Ackerbau, die Weinpflanzungen usw. … Alles das, was intellektuelle Kultur ist, wird angeknüpft an den Zug des jüngeren Dionysos.[17]

Wer diesen Schritt zum Ich-Bewusstsein nicht machen kann, wird zurückgelassen und damit zum Delphin. Das ist, obwohl im Bilde der Mythologie ausgedrückt, dennoch ein Schlüssel zur Enträtselung der Delphinnatur. Dieses erworbene Ich-Bewusstsein des Menschen kann aber nur dadurch sich entwickeln, dass das Gehirn zum Spiegel der Gedanken und Vorstellungen wird. Darauf weist Rudolf Steiner in dem gleichen Vortragskursus hin. Und er beschreibt auch die schaffenden Kräfte, die das erreichten:

> Das, was da von der Erde heraus an dem Aufbau des Gehirns beteiligt ist, das nannte der alte Grieche, wenn er sein Gefühl auf den Mikrokosmos, auf den Menschen anwendete, das dionysische Prinzip, sodass in uns der Dionysos wirkt, unsere Leibesorganisation zum Spiegel unseres Geisteslebens machend.

Hier kann das historische Opfer des Delphins nun deutlich erkannt werden. Er stürzt sich vom Schiff der Menschwerdung, das unter der Führung des Dionysos steht, ins Meer. Er verlässt das Gefährt des werdenden Intellektes, um jene Tiefenkräfte mit sich zu nehmen, die sonst verhindern würden, den Leib zum Spiegel des menschlichen Gedankenlebens zu machen. Die wahren Kinder des Dionysos bleiben oben im Licht; die Tiefenkräfte aber, die der Gott nur zu bestimmten Zeiten des Jahres – wenn die Dionysien gefeiert wurden – heraufruft, bleiben bei den Walen, die den Menschen einst davon befreiten, bewahrt.

Wenn der Aulos erklang, wenn Marsyas gegen Apollo sich erhob und die Gegenkräfte des dionysischen Prinzips sich entfesselten, dann wirkten jene Gewalten, die man in Griechenland mit dem Wort «delphos» bezeichnete. Dieses bedeutet, übersetzt, der «Mutterschoß» und die «Gebärmutter». Es sind die gleichen Gewalten, die der Grieche in seinem zentralen Heiligtum – in Delphi, das den gleichen Namen trägt – durch die Kraft Apollos gebannt wusste.

Mythologisches

Von der Gründung dieses Heiligtums berichten, unter manchen anderen Erzählungen, zwei Sagen, die beide die Gestalt des Delphins mit zum Inhalt haben. Die eine schreibt die Errichtung der Orakelstätte dem Sohn des Apollo, Eukadio, zu. Er und seine Gefährtin, die Nymphe Lykia, erlitten Schiffbruch. In ihrer Not kam ein Delphin geschwommen, nahm beide auf seinen Rücken und setzte sie am Fuße des Parnassos ab. Dort gründete Eukadio seinem göttlichen Vater das delphische Heiligtum.

Von Apollo selbst aber wird erzählt, dass er einstmals die Gestalt eines gewaltigen Delphins annahm, der sich auf dem Deck eines kretischen Schiffes, das nach Griechenland fuhr, niederließ. Seine mächtige Anwesenheit erzwang es, dass das Boot seinen Kurs nach Krisa, dem Hafen von Delphi, nahm. Dort hielt es an; Apollo sprang,

> einem Stern gleich, mitten am Tage ans Land. Viele Funken flogen davon und ein Lichtglanz drang zum Himmel.[18]

Den erschrockenen und staunenden Kretern aber trat er als ein Jüngling entgegen, führte sie zum Heiligtum und weihte sie zu seinen ersten delphischen Priestern.

In beiden mythologischen Erzählungen führt ein Delphin zur Gründung des delphischen Orakels. Es wurde deshalb zu einer besonderen Weihestätte, weil Gewalten der Tiefe – von der Pythia verkörpert und durch die Priesterin wirkend – gebunden und überwunden, dort walteten. Waren es die gleichen Kräfte, die von Dionysos einstmals überwunden wurden? Oder waren es noch gewaltigere Mächte der Dunkelheit?

Eine ältere Sage berichtet noch von zwei verschiedenen Drachen, die am Fuß des Parnass ihr Wesen hatten: ein männlicher, Typhon genannt, und ein weiblicher, dessen Name Delphyne war. Sie galt als die wahre Feindin Apollos. In diesen Drachen, der die gebärenden und immer neu und blind sich selbst zeugenden Kräfte der Natur verwaltet (delphos = Mutterschoß!), musste Apollo sich verwandeln, damit er ihn beherrschen konnte. Diesem Delphin entstieg er – gleich einem Stern – und wurde sein Meister. Ja, durch die Pythia sprachen die sonst ungezügelten Zeugungskräfte der weiblichen Natur, die vom Sonnengott überwunden wurden. Sein Bild lebt seither als Drachentöter im Bewusstsein der Griechen und späteren Völker.

Darauf hat Rudolf Steiner in einem Vortrag mit den folgenden Worten hingewiesen:

> Und Apollo stellten sich die Griechen vor, wie er seine Pfeile abschießt gegen den Drachen, der als die heftigen Dämpfe heraufstieg, aus dem Erdenschlunde. Da tritt uns Sankt Georg, seine Pfeile gegen den Drachen sendend, im griechischen Apoll entgegen, in irdischer Abschattung. Und als er ihn überwunden hatte, den Drachen Python, da wird ein Tempel errichtet und statt des Python sehen wir, wie die Dämpfe in die Seele der Pythia gehen und wie sich die Griechen vorstellen, dass jetzt in diesen wilden Drachendämpfen Apollo drinnen lebt, der ihnen weissagt durch die Orakel aus dem Munde der Pythia.[19]

In die Delphyne musste Apollo sich verwandeln. Daraus wurde ihm die Kraft, den Python zu besiegen. In seinen Dämpfen wirkte dann sein Wesen. Deshalb trug er – neben vielen anderen Namen – auch den des Delphins: Apollo delphinios wurde er genannt. Im Zusammenhang mit dieser Gestalt des Sonnengottes tritt uns die Imagination des Delphins in seiner makrokosmischen Wesenheit entgegen. Es sind jene Urgewalten des Werdens, die von Apollo überwunden wurden.

Die dem jüngeren Dionysos zugesellten Delphine hingegen stellen die gleichen Kräfte in menschlicher, in mikrokosmischer Gestalt dar. In den Weltenweiten der Schöpfung besiegt der Lichtgott Apollo die Dunkelkräfte der Tiefen. Im Seeleninnern des Menschen überwindet Dionysos den Delphin und ermöglicht dadurch das Erwachen des intellektuellen Bewusstseins.

Das deutet auch auf die beiden Einweihungspfade der Griechen hin; der eine führte die Schüler hinaus in die Weiten der Natur; der andere in die Abgründe der eigenen Existenz.[20] In Delphi aber vereinigten sich die beiden Wege. Apollo kam im Frühling vom Norden und weilte durch neun Monate im Heiligtum. Im Winter trat Dionysos an seine Stelle. Beide waren die Hüter der delphischen, der unterirdischen Kräfte des ungestümen Seins und Werdens der Natur.

Mit dieser Aussage aber finden wir uns nun im Zentrum jenes Schicksalsrätsels der Delphine, nach dem zu suchen wir ausgezogen sind. Die gewaltigen Bartenwale erscheinen wie das Ergebnis des apollinischen, die südlicheren Zahnwale aber wie das Resultat des dionysischen Wirkens in der Welt und im Menschen.

Und nun können wir auch nach der äußeren Evolution der beiden Tierfamilien fragen. Ist es schon möglich, etwas darüber zu wissen? Mit Raub- und Huftieren entstammen sie einer gemeinsamen Wurzel. Die frühesten Wale (Archaeocetes) haben noch recht typische Raubtiergebisse. Hochinteressant ist, dass serologische Untersuchungen aber eine noch engere Verwandtschaft zu den Paarhufern wahrscheinlich machen.[21] Diese großen Gruppen entstammen, wie man annimmt, einer gemeinsamen früheren Stammform, die man sich heute als eine primitive, landbewohnende Spezies vorstellt.

Die ungeschlachten Leiber der Archaeocetes – manche von beträchtlicher Größe – entwickelten sich gleichsam ins flüssige Element. Vielleicht lässt sich annehmen, dass sie wie ein drachenähnliches Wesen zuerst in Sümpfen lebten; denn warum wären sonst ihre Gliedmaßen verkümmert? Die sich zu Archaeocetes entwickelnden Gestalten wateten, sie krochen, statt zu laufen. Die allmähliche Verfestigung der Erde schied sie immer entschiedener von jenen anderen Gruppen, die sich zu Paarhufern und Raubtieren heranbildeten. Aus den ungeschlachten Archaeoceten und seiner früheren Urform wurden die Wale und stiegen in die Flüsse und Meere hinunter. Das vollzog sich im Laufe des atlantischen Weltalters. Diese Drachen-Verwandlung ist ein anderes Geschehen als jenes, das zum Aussterben der großen Saurier am Ende der lemurischen Epoche führte. Denn hier wird ein Drache – die niedere Natur des Daseins und des Menschen – in höhere Wesenheiten metamorphosiert. Die Kräfte des Lichtes und der Sonne – Apollos Taten und Leiden – überwinden ihn. Diese Entwicklung scheint am Ende der Atlantis ihren Abschluss gefunden zu haben.

In diese Zeit aber fällt ein Geschehen, das von der Geisteswissenschaft als die dritte vorirdische Christustat beschrieben wird.[22] Damals vollzog die überirdisch wirkende Christuswesenheit eine Harmonisierung der drei menschlichen Seelenkräfte; Denken, Fühlen und Wollen wurden in ein gegenseitiges Gleichgewicht gebracht. Darüber sagt Rudolf Steiner,

> dass die Christuswesenheit herausstoßen musste aus Denken, Fühlen und Wollen der Menschenseele dasjenige, was als der Drache darin wütete und sie ins Chaos hineingebracht hätte. Die Erinnerung daran waltet in all den Bildern, die als Sankt Georg, der den Drachen besiegt, in den Menschenkulturen sich geltend gemacht haben.[23]

In diesem Bild erschauen auch die Griechen ihren Gott Apollo.

Die dabei hergestellte Harmonie aber zeitigt ein wunderbares Ergebnis:

> Ein Abglanz davon ist die musische Kunst, insbesondere die apollinische Kunst, jene Kunst z. B. des Musikalischen, welche im Saitenklang sich ergießt.[24]

Hier tritt uns wieder das durch viele griechische Mythen wirkende Bild entgegen: der Sänger und Harfenspieler Arion, der von Delphinen getragen, nach seiner Heimat Lesbos, dem Geburtsort Apollos, zurückkehrt. Der Mensch erhält die musische Kunst durch das Opfer, das einst die Delphine vollbrachten. Sie nahmen die Drachenkräfte mit sich in die Tiefen der Wasser; dadurch aber ward ein anderes gerettet.

Der Mensch stieg nach oben; begleitet wurde er vom Geschlecht der Paarhufer. An ihren Füßen verhärtete die sumpfige Erde, die sie verließen, und die Füße bilden sich zu Klauen. So konnten sie auf dem harten Grund der werdenden Steppen und Wiesen auftreten und sich zu Herdentieren entfalten. Zitzen wuchsen auf ihren Bäuchen und Brüsten; Milchspender wurden sie für Mensch und Tier. Ihren Stirnen aber entsprossten Horn und Geweih, als neue, vorher nie gekannte Zeichen ihres Schicksals. Diese Gebilde heben sie, wie Urbilder jener Musikinstrumente, die dem Menschen die Kunst des Saitenspiels geben, hinauf in den Luftkreis. Kythara und Leier erscheinen, in vollendeter Schönheit, als Stirnaufsätze an ihrem Haupte.

Was die Wale als mächtige Gehirnmasse im Innern ihres Schädels verwahren, offenbart sich hier in der Form von Horn und Geweih. Was hier zu Form und Masse wurde, wandelte im Menschen sich zur Kraft des Denkens um. Bei ihm wird vergeistigt, was dort noch Substanz und Gestalt werden musste.

Der Dank dafür, dass dies so kommen durfte, sollte als ein nie endender Strom der Demut des Menschen Herz durchziehen, wenn er auf Wal und Delphin, auf Rind und Schaf und Antilope blickt. Deshalb durfte auch der Ochse unter den Ersten sein, die das Christuskind in der Krippe begrüßten. Es lag dort als Stellvertreter aller Paarhufer und Wale der Erde: an der Stätte heiligster Armut.

Hunde und Katzen – Begleiter des Menschen

Die Natur der Hunde und Katzen

Seit uralten Zeiten schon ist der Hund ein Weggefährte des Menschen. Beide sind so eng miteinander verbunden, dass es eine berechtigte Frage ist, ob es jemals anders gewesen sei, ob es also eine Vorzeit gegeben hat, in der Mensch und Hund voneinander getrennt lebten. Das ist schwer zu entscheiden, denn die paläontologische Vorgeschichte der Hunde gibt heute noch große Rätsel auf; sie ist so vielschichtig und vielgestaltig, dass sie kaum einer eindeutigen Lösung zugänglich zu sein scheint.

Man sucht immer noch nach der einen und einzigen Stammform, aus der die fast unzähligen Variationen der heute und früher lebenden Hunderassen durch Zucht und Züchtung hervorgegangen sein sollen. Was immer an Abbildungen uns aber überliefert ist – auf ägyptischen Tafeln, babylonischen Siegeln und griechischen Vasen –, alle zeigen schon die verschiedenen uns bekannten oder nicht mehr bekannten Hunde; große und kleine, spitz- und kurzschnäuzige, einfarbige, mehrfarbige, mit Flecken, mit langen und kurzen Haaren, mit großen und kleinen Ohren. Sodass wir dort schon, vor zwei-, drei- und mehrtausend Jahren den Spitz und den Setzer, den Schäferhund und den Windhund, den Mops und den Spaniel zu erkennen meinen.

Ebenso mannigfaltig sind die paläontologischen Skelettfunde, die alle Arten von Hunden schon in der frühesten Steinzeit vermuten lassen. Auf diesem Gebiet waren die Forschungen Theophil Studers[1] besonders bedeutsam. Er versuchte eine erste Ordnung des bis zum Ende des 19. Jahrhunderts vorliegenden Materials. Wenn es auch heute zum Teil angezweifelt wird, so sind seine hauptsächlichen Ergebnisse doch richtungweisend. Er unterschied zwei Grundformen: einen nördlichen, paläarktischen Hund und einen südlichen, der bis nach Indien reicht. Beide Formen sind die Begleiter des Menschen und treten niemals als Wildformen auf. Man ist heute davon überzeugt, dass andauernde Kreuzungen sowohl zwischen Hunden und Wölfen als zwischen Hunden und Schakalen zu den mannigfaltigen Formen der großen, die ganze Erde bewohnenden Familien der Hunde führten. Das ist wohl überhaupt ein bezeichnendes Merkmal der Hunde und Wölfe, dass sie einen erstaunlich plastischen Leib haben, der sich schon in kürzester Zeit neuen Lebensumständen anzupassen vermag. Junge Wölfe z. B., die von klein auf domestiziert gehalten werden, haben kürzere Schädel und Schnauzen als ihre im Freien heranwachsenden Brüder. Und die erstaunliche Variationsfähigkeit der Hunde selbst – vom winzigen Pekinesen bis zum riesigen Wolfshund – offenbart die Plastizität ihrer Gestalt. Es gibt wohl keine Tierart, die sich damit vergleichen ließe. Der Hund wird als «das älteste Haustier» bezeichnet, weil er in der Frühzeit der Menschwerdung schon mit seinem Herrn verbunden war. In einem altpersischen Gesetzbuch ist zu lesen, dass einzig durch den Verstand des Hundes die Welt bestehet.[2] Und vom Himmel bis zur Hölle reicht seine Wirksamkeit. Denn unten, im Reich der Schatten, bewacht er als Zerberus den Eingang zur Unterwelt. Und die Inder verehren Yama, den Totengott. Er

> ist ihnen der erste Mensch, der im Tode für viele Nachgeborene den Weg zur lichten Höhe gefunden hat und dort als Zusammen-

> scharer der Menschen thront. Seine Hunde bewachen den Eingang zum Himmel.[3]

So steht der Hund an der Schwelle des Todes, die der Mensch zu überschreiten hat. Daraus kann ein Verständnis dafür erwachsen, warum auf vielen englischen und französischen Grabmälern der verstorbene Ritter so dargestellt wird, dass die Sohlen seiner Füße auf dem Leib eines Hundes ruhen.

Ist es aber berechtigt, den Hund so leichthin ein Haustier zu nennen? Ihn damit in eine Reihe mit Rind und Schaf, Huhn und Schwein und Pferd zu bringen? Hat er nicht eine ganz andere Stellung als diese? Für alle anderen Haustiere bauen wir Ställe, legen Wiesen und Weiden an und halten sie in unserer Nähe. Der Hund aber – und auch die Katze – teilen das Haus und die Wohnstatt mit uns Menschen; auch wenn wir ihnen manchmal eine eigene Hütte oder einen Korb zu eigen geben. Beide, Hund und Katze, sind dem Menschen viel näher, als es jemals Kuh und Schaf waren. Dem Pferd kommt eine besondere Stellung zu, die hier nicht zu besprechen ist.

Hunde und Katzen aber begleiten den Menschen von Anfang an in einer so intimen Art, dass sie mit keinem anderen Tier zu vergleichen sind. Es gibt menschennahe Tiere, die ohne ihn kaum zu leben vermögen. Viele Vögel, wie Raben und Krähen, Tauben und Schwalben, Eulen, Schwäne und Störche und vor allem die Sperlinge, suchen die Nachbarschaft des Menschen auf. Auch Bären und Elefanten, Hyänen und Büffel sind ihm nah. Aber sie alle haben sich ihren eigenen Lebensraum erhalten; sie leben neben den Menschen, nicht mit ihnen. Das Walten der Natur und ihrer Jahreszeiten ist noch tief mit ihrem eigenen Wesen verbunden. Und Tier und Umwelt fügen sich ineinander wie der Schlüssel ins Schloss. Das ist bei den Haustieren anders; durch die Domestikation sind sie ihres natürlichen Zusammenhanges entkleidet. Sie brauchen Ställe und Hütten, Gehege und Wiesen, weil Obdach und Nahrung nicht mehr aus eigener Kraft erworben werden kann. Kampf, Lebenslust und wildes Streifen haben sich in Dienst, Gefügsamkeit und Geborgensein verwandelt. Nun strömt Milch zu fast allen Zeiten; Eier werden produziert und Wolle wird hingegeben. Aus menschennahen Tieren sind menschendienende Tiere geworden.

Hunde und Katzen aber sind nicht Diener; sie können deshalb nicht wirklich zu den Haustieren gerechnet werden, obwohl die sprachliche Bedeutung dieses Wortes nur für sie zutrifft. Sie allein sind es, die das Haus mit uns teilen; sie sitzen an unseren Kaminen und Öfen. Sie benutzen unsere Stuben und haben ihren Platz an unserer Seite.[4]

Mussten sie einstmals an uns herandressiert werden? Oder ist diese Vorstellung nur eine aus dem Darwinismus entstandene Meinung? Wenn heute noch Falken gezähmt und wilde Tiere dressiert werden, so ist das nicht mit jenen Maßnahmen zu vergleichen, die – wie man gewöhnlich glaubt – zur Domestikation vieler Tiere geführt haben. Denn niemals werden die Jungen gezähmter Tiere allein dadurch schon zahm sein, dass ihre Eltern sich zu beugen gelernt haben. Sie werden Wildtiere bleiben. Was aber einstmals geschehen sein muss – falls die heutige Anschauung über die Domestikation zu Recht besteht – waren Eingriffe, die das tiefe Wesen eines Tieres so veränderten, dass es erworbene Sitten und Gewohnheiten auf seine Nachkommen übertrug. Dieser Gedanke allein schon ist schwierig zu verstehen oder experimentell zu beweisen.

Wäre es nicht viel natürlicher, sich vorzustellen, dass einstmals Tiere und Menschen so eng miteinander verschwistert waren, dass sie nahe beieinander und miteinander lebten? Alle Tiere waren sozusagen menschennah. Und erst allmählich bildeten sich die Wildformen heraus, indem sie vom Menschen und seiner Umwelt abrückten, sich von ihm entfernten und in die natürliche und menschenfremde Umgebung sich eingliederten. Dass die Wildtiere also nicht zu Haustieren herangezüchtet wurden, sondern – umgekehrt – erst zu wilden Tieren wurden. Sodass ein zweifacher Weg gesehen werden muss: einer, der aus den menschennahen Tieren die Wildformen entstehen ließ. Und ein zweiter, viel kürzerer Weg, durch den das Rind und Schwein, das Schaf und die Ziege zu Dienern und Spendern wurden.

Dadurch aber kann für das Werden von Hund und Katze ein neues Bild entstehen, durch das in einer viel unmittelbareren Art ihre Evolution an der Seite des Menschen begriffen wird. Beide sind gleich der ewigen Urform ihrer Gruppe: sie lebten immer an des Menschen Seite. Aus ihnen erst formten sich Löwen und Tiger, Pardel und Puma, Panther und Leopard; auch Wölfe und Füchse, Schakale und Dingos. Wir müssen also hier zu einer neuen Vorstellung durchstoßen. Der Mensch in der Mitte, von Hund und Katze begleitet. Der Hund trabt an seiner linken, die Katze an seiner rechten Seite. Allerdings dürfen wir uns nicht vorstellen, dass sie damals schon so aussahen wie heute. Sie waren ihrem Urbild ähnlicher, wandelbarer und nicht so spezialisiert. Aber noch immer stehen die heutigen Hunde und Katzen ihren einstmals urbildlichen Brüdern und Schwestern näher als die rezenten lebenden Wildformen. Diese entstanden erst aus jenem «allgemeinen» Hund und jener «unspezialisierten» Katze, die an des Menschen Seite aus vorgeschichtlichen Zeiten den Raum der Geschichte betraten. Beide, Katzen und Hunde, nehmen diesen besonderen Platz im Erdenwerden des Menschen ein. Wie ihm Lachen und Weinen zugehört, so auch Hund und Katze. Sie beide, als zwei Hauptvertreter der Raubtiere, müssen nun zunächst dargestellt werden.

Die Merkmale der Hunde und Katzen

Es ist nicht ganz einfach, die wesentlichen Unterschiede zwischen den hunde- und katzenartigen Raubtieren genau festzuhalten. Dennoch sind die Verschiedenheiten so deutlich, dass es nur selten wirkliche Zweifel über die Zugehörigkeit der einen oder anderen Spezies geben wird. Wo aber liegen diese Differenzen? Sie sind nicht nur anatomisch bestimmbar, sondern gehören der Verschiedenheit des ganzen Verhaltens, des Temperamentes und der Reaktionsweise der beiden Gruppen an.

Im Bau des Leibes gibt es eigentlich keine grundlegenden Unterschiede. Beide Gruppen sind typische Raubtiere; schnell, beweglich, mit kräftigen Gliedmaßen, die bis in die Kieferbildung hinein Verfolgung und Angriff der Beute darstellen. Die Beine tragen den verhältnismäßig leichten und oft gestreckten Leib eilig dahin. Er – als Brust- und Bauchorganisation – setzt weder Schwere noch Unförmigkeit dem Laufen, Schreiten und Klettern entgegen.

Hier aber tritt schon ein erster Unterschied zwischen den Hunde- und Katzenartigen auf. Die Ersteren haben längere Gliedmaßen, und der Leib hebt sich dadurch weiter vom Boden ab, als das bei den Katzen der Fall ist. Die Beine der Hunde sind aber nicht nur länger, sondern auch dünner und mehr dem Laufen hingegeben. Nur wenige Hunde können Bäume erklettern; den meisten Katzen ist ein Baum oder Strauch niemals ein Hindernis. Jaguar und Leopard springen ihre Opfer aus den Zweigen an und schleppen die Beute zurück in die Kronen der Bäume, um sie dort zu verwahren.

Die Hunde haben auch keine Pranken, wie sie den Katzen eigen sind. So wird ein Hund kaum jemals mit seinen Vorderfüßen zuschlagen; auch kein Wolf, Schakal oder Fuchs würde das tun. Die Hauskatzen hingegen, aber auch Löwe und Tiger, schlagen mit den Vorderbeinen zu, und oft wird der erste Angriff auf die Beute durch einen Prankenhieb vollzogen. Dann erst packt das Maul zu. Die Hunde sind einzig durch Rachen und Zähne die Angreifenden. Sie jagen ihr Wild, hetzen es müde und packen dann mit den Kiefern zu. Die Katzen aber beschleichen es, springen es an und schlagen es mit der Pranke bewusstlos nieder. Allerdings gibt es die Geparden, die ähnlich wie die Hunde jagen können. Hilzheimer sagt von ihnen, dass

> sie in einer eigenartigen Weise Katzenform mit Hundetypus vereinigen … Sie sind an den schnellen Lauf angepasst und dadurch sehr hochläufig und einigermaßen hundeähnlich gewordene Tiere.[5]

Im Zusammenhang mit diesem Verhaltensunterschied stehen zwei weitere Merkmale. Die Krallen der Katzen sind beweglich; beim Laufen sind sie zurückgezogen, beim Schlagen und Hauen ausgestülpt und werden so zur Waffe. Beim Hund aber sind sie stumpf und bewegungslos. Dafür ist sein Mund viel länger und trägt mehr Zähne als der der Katzen. Diese haben meistens 30, jene aber 42 Zähne. Die Gebissformeln der beiden Gruppen sind die folgenden:

$$\frac{1\;3\;1\;3 \;\big|\; 3\;1\;3\;1}{1\;2\;1\;3 \;\big|\; 3\;1\;2\;1}$$

Katzen

$$\frac{2\;4\;1\;3 \;\big|\; 3\;1\;4\;2}{3\;4\;1\;3 \;\big|\; 3\;1\;4\;3}$$

Hunde

So verlängert sich beim Hund das Maul und trägt dementsprechend mehr Zähne. Dafür aber fehlt den Vorderbeinen die Fähigkeit des Schlagens und Reißens. Umgekehrt, ist bei Katzen das Maul viel kürzer ausgebildet; stattdessen aber sind die vorderen Gliedmaßen freier beweglich und von der Erdenschwere unabhängiger. Was beim Hund auf den Mund beschränkt bleibt, ist bei den Katzen über den Leib hin ausgebreitet. Die Gesamtheit des Tieres greift an; der Hund vollzieht diesen Akt nur mit Mund und Zähnen.

Deshalb ist auch das Hundemaul zu einer Art von Entlüftungsorgan geworden. Wenn durch Laufen und Arbeit übermäßige Erwärmung auftritt, dann «hechelt» das Tier und schiebt die heiße Luft nach außen und zieht den kühleren Atemstrom schnell ein. Die Lunge ist, sozusagen, bis zum Maul vorgeschoben.

Außerdem sind Nase und Geruchsinn beim Hund besonders stark

entfaltet. Er «erkennt» und «erinnert» im Raum des Riechens. Dort liegt sein vornehmlichstes Feld der Wahrnehmung und Orientierung. Es scheint, dass beim Hund die große Anhänglichkeit, die er für einzelne Personen hat, sich über den Geruchssinn vollzieht. Hilzheimer schreibt, dass durch die Zerstörung der Geruchsnerven, oder durch Verlust des Geruchssinnes, auch diese Anhänglichkeit verloren geht.[6]

Katzentiere sind im Allgemeinen viel unabhängiger vom Menschen als Hunde. Sie leben in unserer Nähe, bleiben aber viel mehr in ihrer eigenen Welt, auch wenn sie unsere Wohnungen mit uns teilen. Ein gewisses Maß an Selbstständigkeit und Geschlossenheit des Wesens ist ihnen gegeben. Dort, wo sie sind, tragen sie ihren eigenen Rhythmus und ihr eigenes Dasein mit sich. Unbeeinflusst von ihrer Umgebung lecken und putzen sie sich; ziehen sich zurück, wenn es ihnen passt, und fühlen sich selten gestört. Die Hunde aber sind Teil ihrer Umwelt. Sie leben vom Blick und der Gebärde ihres Herrn; die Welt, und besonders der Mensch sind ihre Meister.

Mit dieser Charakterisierung ist etwas vom Grundtypus der beiden Geschlechter zutage getreten. Beim Hund liegt die Konzentration seiner Existenz im Kopf. Maul, Zähne und Nase sind außergewöhnlich wach und empfindlich. Sofort stellen die Ohren sich auf, der Mund wird leicht geöffnet und die Augen richten sich auf das Objekt, das zu riechen oder zu tönen beginnt. Mit einem Ruck hebt sich der Kopf und zieht den Leib nach.

Die Katzen aber zeigen eine viel ausgebreitetere Empfindlichkeit. Ihr Fell ist ungemein sensitiv, und die Schnurrhaare um Mund und Nase, am Vorderarm und am Ohr geben ihnen ein umfassendes Witterungsvermögen. Die Tastempfindung ist hier so verfeinert, dass wohl der leiseste Luftzug, der anderen Tieren noch unwahrnehmbar ist, schon registriert wird. Deshalb ist es allen Katzen so unangenehm, wenn ihr Fell nass wird. Dadurch wird es unempfindlich, und das können sie nicht ertragen. Deshalb sind die meisten Katzentiere außergewöhnlich wasserscheu. Im Gegensatz dazu gehen die meisten Hunde und Hundeartigen gerne ins Wasser und sind natürliche und gute Schwimmer.

So ergibt sich eine weitere, sich deutlich abgrenzende Verschiedenheit. Was bei den Hunden als Sinnesempfindung im Kopf sich konzentriert, ist bei Katzen über den Leib hin ausgebreitet. Hier besteht ein besonders fein entwickelter Tastsinn; dort der differenzierte Geruch. Hier ist das Dasein ins Weben der durchsonnten und durchschatteten Luft eingebettet. Dort mehr dem kühlen und wässerigen Element hingegeben. Haben deshalb alle Hunde – solange sie sich wohl fühlen – eine kühle und feuchte Schnauze?

Dem Allgemeineindruck nach ist bei den Katzen alle Form mehr kugelig und rund. Die Hunde aber sind zur gestreckten und spitzen Gestalt hin gebildet. Wie eckig und hart ist ihr Gang im Vergleich zu der runden, sanften, schleichenden Beweglichkeit aller Katzen! Der Hund stürmt drauf los; schlägt den Körper herum, rast zurück, um schnell wieder vorzupirschen. Der Sprung, Gang und Lauf der Katze ist gehalten und in sich geschlossen. Jede Bewegung ist bei ihr gezielt, geordnet und ausgesprochen harmonisch. Der Schritt der großen Katzen ist von vollendeter Klarheit und Koordination.

Wollte man versuchen, diese Verschiedenheit auf eine Formel zu bringen, dann könnte man vielleicht sagen, dass die Motorik der Katzen aus dem Bereich des Herzens her kontrolliert wird; die Hunde aber sind vor allem ihren Sinnen anheimgegeben, und ihre Motorik unterliegt deren dauernd wechselnden Eindrücken und Empfindungen. Deshalb werden die Hunde mehr vom Strom des Atems beeinflusst; die Katzen aber ruhen im regelmäßigen Schlag ihres Herzens und sind deshalb «sich selbst genug».

Beide Gruppen sind von der rhythmischen Organisation hier zutiefst bestimmt. Der Rhythmus des Hundes aber ist der Atem; ist Hingabe und Rücknahme, ist unentwegte Kommunikation mit der Welt. Sein Kopf ist der Wächter, der vor diesem Atem sich aufrichtet und ihn weitgehend führt, ruft und auch hindert. Die Beine sind lang, weil der Atemstrom in sie hineinzieht und sie dehnt. Im Laufen und Rasen bestimmt das Atmen das motorische Tun.

Bei den Katzen gibt das Herz den Takt an und ist gleichzeitig der Grundton aller übrigen Bewegungsmelodien. Es ist ihr Herz, das nach Blut schreit; aber selbst in der Gier zeigen sie Haltung. Die großen Wildtiere dieses Geschlechts schlagen die Beute, saugen und fressen, lassen aber den größeren Teil für andere liegen. Hyänen und Geier, Schakale und wilde Hunde nehmen die Reste auf und nähren sich an ihnen.

Sonnendurchwirkte Luft, Wärme, flirrendes Wogen der trockenen Atmosphäre, die bis in die Tiefen der Wälder hineinleuchtet; trockene und dornige Büsche, kurzes Gras, Sand, Mittagsruhe oder abendliche Stille: Das ist die Welt der Katzenartigen. Dann färbt sich auch das Fell, wird gelb und braun, mit Streifen, Punkten und seltsamen Flecken, das wie vom Spiel zwischen Licht und Dunkel überpinselt erscheint.

Mehr im fahlen Grau des Abends und der Nacht, bei Nebel und steigender Feuchte; in Höhlen und Gruben, in den Tiefen des Waldes, dort, wo die Welt dauerndes Luchsen und Wachsein erfordert, führen die Hunde ihr Dasein. Füchse und Wölfe erscheinen erst zur Dämmerung. Jagen voll Furcht und Unruhe dorthin und daher; tun sich – die Wölfe besonders, kaum jemals der Fuchs – zu Rudeln zusammen und durchheulen die Dunkelheit. Ihr Fell ist lang, aber einfarbig, fahl und stumpf. Sie folgen ihrem Geruch und leben im Raum der differenzierten, leicht feuchten Ausdünstung anderer Geschöpfe. Ihre Arten sind nicht so zahlreich wie die der Katzen. Dafür aber – weil sie dem Wasser näher sind – haben sie sich eine außerordentliche Plastizität und Veränderlichkeit der Gestalt, im Rahmen ihres Urbildes, erhalten.

Die Löwenmähne, das Hundefell und die Muster und Zeichnungen der Katzen

Falls die hier versuchte Beschreibung dem Urbild der Hunde und Katzen auch nur bis zu einem gewissen Maße gerecht wird, dann müsste sich aus den skizzierten Bildern ein Verständnis für die verschiedenen Arten der beiden Tiergruppen ergeben. Die heute noch lebenden Gattungen würden sich in die Variationsmöglichkeiten jener Haupteigenschaften einfügen. Denn alle Verschiedenheiten im Rahmen einer Tierordnung oder Unterordnung sind ja immer nur das stärkere Hervortreten einer oder der anderen schon vorhandenen Merkmale. Alle Katzen haben die ihnen eingewobenen Kennzeichen. Die einzelnen Rassen aber entwickeln davon ein einziges oder ein miteinander verknüpftes Merkmalbündel in etwas zu einseitiger Weise. Das gibt der betreffenden Gestalt ihren individuellen Charakter.

Bei den Löwen z. B. ist der Geschlechtsunterschied ein besonders charakteristisches Merkmal. Die meisten männlichen Tiere der afrikanischen, vorderasiatischen und auch indischen Löwen tragen die imponierende Mähne. Sie besteht aus einem mächtigen Kranz von Haaren, der den gewaltigen Hals umgibt, das Gesicht einrahmt und oft auch am Rücken und Bauch sich fortsetzt. Guggisberg schreibt:

> Bei keiner anderen Großkatze finden wir einen derart ausgeprägten Geschlechtsunterschied wie beim Löwen. Ein jedes Kind wird auf den ersten Blick den gemähnten Löwen von der Löwin unterscheiden; beim Tiger, beim Leoparden und beim Jaguar ist das Auseinanderhalten der Geschlechter bei flüchtiger Betrachtung schon schwieriger.[7]

Bei ihnen gibt es keine so ausgesprochenen Geschlechtsmerkmale, wie die Mähne des Löwen sie darstellt.

Dagegen ist das Fell der übrigen Großkatzen mit eigenartigen Mustern besetzt, die dem Löwen fehlen. Seine Körperbedeckung ist einheitlich sandfarben, ohne Streifen und Punkte. Können wir diesen Gegensatz als eine zueinander gehörige Polarität ansehen? Was bedeuten die seltsamen Zeichnungen, mit denen die Felle der übrigen Großkatzen, aber auch der kleinen Wild- und Hauskatzen übersät sind? Die dunklen Streifen des Tigers; die Ringe und Punkte des Jaguars; die den ganzen Leib des Leoparden bedeckenden hellen und düsteren Flecken?

Auch alle Kleinkatzen zeigen ein für jede ihrer Arten charakteristisches Muster. Flecken, Streifen, Ringe und Punkte wechseln nach Farbe und Zeichnung miteinander ab. Nebelparder, Ozelot, Wildkatze und viele andere Formen tragen solchen Schmuck.

Was zeigt sich hier an? In Novalis' *Lehrlingen zu Sais* heißt es:

> Mannigfache Wege gehen die Menschen. Wer sie verfolgt, wird wunderliche Figuren entstehen sehn; Figuren, die zu jener großen Chiffernschrift zu gehören scheinen, die man überall, auf Flügeln, Eierschalen, in Wolken, im Schnee ... erblickt.

Ist es die gleiche «Chiffernschrift», die wir auf dem Fell der Katzentiere so deutlich sich aussprechen sehen?

Portmann zieht einen sehr treffenden Vergleich, wenn er darauf hinweist, dass mit der morphologischen und biochemischen Untersuchung solcher Pigmentierungen allein nicht viel getan sei. Denn diese Zeichnungen und Muster gleichen einer uns unbekannten Schrift:

> Jetzt stellt sich die Frage nach dem Sinn, nach der Bedeutung des Wortes, die ich mit ganz neuen Forschungsmitteln entscheiden muss ... Die Bedeutung der Zeichen ist vom Material der Zeichnung unabhängig. So ist auch die Frage nach der Bedeutung des Kopfmusters eines Tieres solcher Art, dass die Bauart dieses Kopfmusters wenig Bedeutung hat, dagegen sein Gestaltcharakter

> eine große Rolle spielt. Für die Beantwortung dieser Frage müssen Forschungswege ganz anderer Art beschritten werden als die der physiologischen oder genetischen Arbeitsweise.[8]

Solche «Forschungswege ganz anderer Art» müssen begangen werden, um schrittweise die Runenbildung der Haut-, Dorn-, Fell-, Flügel- und Federzeichnungen der Tiere zu verstehen. Es ist die «große Chiffernschrift», auf die Novalis hinweist, die es hier zu entziffern gilt.

Ist es nicht möglich, bei den Katzen einen Anfang zu machen und den Gegensatz «Mähne-Fellmuster» als Ansatzpunkt zu nehmen? Die Mähne, meistens von dunklerer Farbe als das übrige Fell des Löwen, rahmt nicht nur sein Antlitz ein, sondern setzt morphologisch den Kopf vom übrigen Teil des Leibes ab. Das ergibt eine Gestalt, von der ich einmal Eugen Kolisko[9] schmunzelnd sagen hörte, dass *der Löwe hinten nicht hält, was er vorne verspricht.* Damit wird ein Eindruck exakt beschrieben.

Fehlt die Mähne, dann schließen sich Kopf und Leib harmonisch zusammen, und weil die mähnenbildende Stauung nicht besteht, kommt es zu der Musterung und Ornamentierung des Felles. Wir begegnen hier einer Regel, auf die schon Goethe in grundlegender Art hingewiesen hat. Er machte auf *jene Idee eines haushälterischen Gebens und Nehmens,* das in der Natur waltet, aufmerksam:

> Bei dieser Betrachtung tritt uns nun gleich das Gesetz entgegen, dass keinem Teil etwas zugelegt werden könne, ohne dass einem anderen dagegen etwas abgezogen wird.[10]

Was im männlichen Löwen zur übermäßigen Mähne führt, entfaltet sich in Farbe und Form bei den übrigen Groß- und Kleinkatzen.

Ist es das Ineinandergreifen von Kopf- und Leibesorganisation, das sich in solchen Fellzeichnungen offenbart? Ist deshalb der Giraffenkörper, mit dem überlangen Hals bis zu den Beinen hinunter, mit braunen Vielecken gescheckt? Und ist das Zebra dunkel gestreift, weil es einen besonders starken Hals hat? Sind wir hier einem Bildungsgesetz auf der Spur?

Bei der Betrachtung der Großkatzen fällt auf, dass die Zeichnung des Tigers dem Verlauf der Rippen zu entsprechen scheint. Die schwarzen Streifen liegen, Bändern gleich, um Brust und Bauch und setzen sich, in ähnlicher Art, auf Hinterbeinen und Schwanz fort. Serval und Ozelot aber zeigen eine streifenartige Anordnung dunkler Rosetten und Flecken; die Richtung dieser Streifen geht dem Rückgrat, den Gliedmaßen und dem Schwanz entlang. Beim Nebelparder ist – gleich der Giraffe – die Haut von dunklen Feldern ebenmäßig überzogen. Sodass wir eine dreifache Musterbildung unterscheiden können:

1. *Ringförmige Bänder*, die um Leib und Gliedmaßen herumgelegt sind. Beispiele: Tiger, Wildkatze, Streifenhyäne, Zebra, Okapi, Bongo, Tasmanischer Beutelwolf usw.
2. Längsgerichtete *Flecken, Tupfen* und *Rosetten*, dem Rückgrat und den langen Röhrenknochen der Gliedmaßen parallel gehend. Beispiele: Serval, Ozelot, Pardelluchs, Ginsterkatze.
3. Ein den Leib überziehendes *Netzwerk von eckigen und runden Feldern*, die ein gleichmäßiges Bild ergeben: Gepard, Nebelparder, Giraffe usw. Leopard und Jaguar vermitteln zwischen Gruppe 2 und 3.

Ergeben sich aus dieser Ordnung allererste Hinweise auf die Bedeutung dieser dreifachen Runenform? Wir werden nicht sehr fehlgehen, wenn wir uns vorstellen, dass die Kraft des rhythmischen Strömens von Blut und Atem der Künstler ist, der diese Muster entwirft. Der Atem, der ein- und ausströmt, zeichnet bei Tiger und Zebra die dunkeln und helleren Ringe um Leib und Gliedmaßen. Das vom und zum Herzen strömende Blut, das Kopf und Leib vereint, malt die längsweis geordneten Flecken und Tupfen über die Haut. Und das Netzwerk des Jaguars und der Giraffe ist ein nach außen geworfenes Bild des die Körperoberfläche bedeckenden Kapillarkreislaufs.

So könnte es die rhythmische Organisation des Blutkreislaufs und Atemgeschehens sein – die bei den Raubtieren so besonders vorrangig ausgebildet ist –, die sich hier nach außen als Zeichnung und Muster offenbart. Eine künftige Tierpsychologie wird auch auf solche Fragen einzugehen haben; denn das Verhalten von Tiger, Leopard und Jaguar ist diesen Runen ihrer Existenz entsprechend auch verschieden.

Warum aber trägt der Löwe eine Mähne und bleibt deshalb einfarbig? Und warum ist diese Mähne auch das männliche Merkmal, während Löwinnen sowohl mähnenlos als auch ornamentlos sind? Unter allen Großkatzen sind nur die Löwen so einfarbig geblieben. Das aber haben sie mit allen Hundeartigen gemeinsam. Weder Füchse noch Wölfe noch Schakale zeigen die lebendigen und vielfältigen Musterungen, die für Groß- und Kleinkatzen so charakteristisch sind. Auch hier gibt es – wie überall – Ausnahmen. So zeigt der Kama, ein kleiner südafrikanischer Fuchs, eine Andeutung von Bändern. Der Wolf hat im Norden einen etwas lichteren Fellring um den Hals herum. Und einige Haushunderassen – die deutsche Dogge, der geströmte Boxer, der deutsche Vorstehhund – sind von Mustern überzogen. Die meisten Wildformen aber sind einfarbig. Auch ihr Haar ist im Allgemeinen länger und dichter als das der Katzenartigen und nähert sich einer Mähnenbildung an.

Will das besagen, dass der Löwe sich in einer bestimmten Art und Weise der Gruppe der Hundeartigen angleicht? Es gibt aber doch kaum eine typischere Katzenart als eben den Löwen! Oder erreicht er seine «königliche» Stellung nur dadurch, dass er unter allen Katzen die einzige Gestalt ist, die sich in ihrer Männlichkeit offenbart? Ist es deshalb berechtigt, wenn der Genius der Sprache der Hund und die Katze sagt?

Wir beginnen zu ahnen, dass sich hier Bildtendenzen aussprechen, die auf das «haushälterische Gesetz der Natur» hinweisen, von dem Goethe gesprochen hat. Wenn Streifen, Ringe und andere Muster auf der Körperbedeckung erscheinen, dann fehlt die Mähne und das langhaarige Fell. Umgekehrt aber entsteht Einfarbigkeit dort, wo Haare und Mähne sich breit und mächtig entfalten.

Es scheint nun so zu sein, dass alle Farben, Flecken und Zeichnungen – zusammen mit dem kurzhaarigen Fell – ein femininer Charakterzug bei den Säugern ist. Wogegen die längere Behaarung, Mähne und stumpfe Farben, ohne Muster und Zeichen, mehr maskuline Merkmale darstellen.

Die Mähne, der hellere Halsring am Fell der Wölfe heben den Kopf vom übrigen Leib ab. Auch das ist ein Charakteristikum der Maskulinisierung. Während die stärkere Einheit Kopf und Körper, das Ineinanderfließen dieser beiden Teile, mehr feminin ist.

Sodass wir – andeutungsweise zunächst – sagen können: Die katzenartigen Tiere sind in vielen ihrer leiblichen Merkmale von mehr weiblicher Natur. Die Hundeartigen aber zeigen stark männliche Züge. Nur der Löwe tritt aus dieser Ordnung heraus und wird ein «männliches» Tier im Reich der Katzen. Er gibt uns, durch seine Mähne, den Schlüssel zum Verständnis der Raubtiergestalt.

Die maskulinen Hunde und die femininen Katzen

Mit diesen Überlegungen haben wir ein weiteres wichtiges Merkmal für Katzen und Hunde herausgearbeitet: die sparsam-einfache Färbung der Hunde im Gegensatz zu der auffallend-anspruchsvollen der Katzen – mit Ausnahme der Löwen. Wir müssen nun versuchen, die schon im zweiten Abschnitt dargelegten Kennzeichen der beiden Gruppen mit dieser weiteren Eigenschaft in Einklang zu bringen.

Die in sich geschlossenere, runde Gestalt der großen und kleinen Katzen ist mit einer bedeutenden Angriffskraft gepaart; Tiger, Jaguar und Panther sind nur schwer zu zähmen. Auch die Kleinkatzen sind wild, beutegierig und zupackend. Dagegen sind Löwen – besonders die männlichen – träge, langsam und von einer oft apathisch wirkenden Überlegenheit.

Auch Hunden fehlt diese unmittelbare Wildheit. Weder Fuchs noch Schakal und Wolf sind Angreifer. Sie nehmen sich das, was ihnen als Beute gebührt; nicht mehr. Gerade die modernen Beobachtungen haben diese Seite der Wölfe ganz neu entdeckt. Die Erlebnisse, die das Ehepaar Crisler[11] beim Zusammensein mit jungen Alaska-Wölfen gemacht und beschrieben hat, sind von einem rührenden Verständnis für diese Tiere durchzogen. Ein erstaunliches Maß an Charme, Mitgefühl und Verbundenheit offenbart sich beim zutraulich gewordenen Wolf. Auch hier kann plötzlich die Wildheit hervorbrechen; sie ist aber nicht so allgemein und dauernd vorhanden, wie das den Katzen eigen ist.

Wir können daher auf eine Parallele hinweisen, die zwischen der Musterung des Felles und dem charakterlichen Verhalten der betreffenden Raubtiere besteht. Die wilden, angriffslustigen Katzen werden durch ein buntes, oft grell gezeichnetes Fell charakterisiert. Hundeartige hingegen, die viel friedfertiger sind, weisen auch eine einfachere und einfarbigere Körperbedeckung auf. Die einzigen stark gefleckten Hunde sind denn auch bezeichnenderweise Raubtiere von äußerster Aggressivität: die Hyänenhunde. Man darf deshalb annehmen, dass bei Raubtieren die stärkere innere Erregbarkeit in Farbe und Zeichnung des Fells sich offenbart.

Im Reich mancher Vögel hat Suchantke[12] auf eine ähnliche Erscheinung hingewiesen. Auch da finden sich deutliche Zusammenhänge zwischen Zeichnung, Farbe und Zur-Schau-Stellung einerseits, mit dem emotionellen Verhalten der betreffenden Art. Je einfacher und schlichter das Kleid, umso ausgesprochener ist die Fähigkeit des Umsorgens der Nachkommen vorhanden.

Wenden wir uns aber jetzt dem Formprinzip im Bau der Hunde und Katzen zu, dann ist ein Verständnis für das Zusammenwirken von Körperbau und Charakter nicht so leicht zu finden. Denn die Rundheit und größere Geschlossenheit des Katzenleibes würde ja zunächst auch für eine größere Sanftheit sprechen. Während die eckigen Formen der Wölfe und Füchse, das mächtigere Maul, die Vielzahl der Zähne und die schnellere Beweglichkeit mehr auf Wildheit und Angriffsfreude deuten würden. Liegt hier nicht ein Widerspruch vor? Oder besteht eine gegensätzliche Zuordnung von Form und Farbe, Gestalt und Muster? Wir begegnen hier einer besonderen Problematik, die uns schon in der Sprache entgegentritt. Wir benennen – wie selbstverständlich – den Hund mit dem männlichen, die Katze mit dem weiblichen Artikel und geben beiden damit eine bestimmte Stellung. Die Weisheit der Sprache spricht hier etwas aus, das halbbewusst unserem unmittelbaren Empfinden entgegenkommt. Wir können gar nicht anders, als die Katze «weiblich», den Hund hingegen «männlich» zu erleben. Sodass wir von den rundlich-femininen Formen bei den Katzen und den mehr männlich-spitzen bei Hunden sprechen können. Das aber steht in deutlichem Gegensatz zu den Eigenschaften des Verhaltens.

Dieser Widerspruch kann sich erst lösen, wenn die Angaben Rudolf Steiners beachtet werden, die er in Bezug auf die beiden Geschlechter beim Menschen gemacht hat. In einem Vortrag über *Mann und Weib im Lichte der Geisteswissenschaft*[13] stellte er dar, wie gegensätzlich und unvereinbar die Geschlechter um die Jahrhundertwende charakterisiert wurden.

Die einen fanden den Grundcharakter der Frau z. B. als zornmütig; ein anderer beschrieb als ihre vorherrschende Eigenschaft die Demut. Wieder ein anderer Naturforscher, so heißt es

> kommt zu dem Ergebnis, dass das Grundwesen der Frau am besten sich ausdrücken lasse mit Ergebenheitsgefühl; ein anderer mit Herrschsucht, ein weiterer mit konservativem Sinn, und wieder ein anderer findet, die Frau sei das eigentlich revolutionierende Element in der Welt.

Es ergeben sich hier ähnliche Widersprüche, wie sie auch uns – beim Betrachten von Hund und Katze – entgegengekommen sind. Rudolf Steiner nimmt diese Gegensätze auf und zeigt nun, dass sie wohl zu Recht bestehen, nur müssen wir lernen, die hier auftretenden Antinomien zu durchschauen. Er weist zunächst auf die vierfache Gliederung des Menschen hin, der neben dem physischen Leib auch einen ätherischen, den Bildekräfteleib, verborgen in sich trägt. Dazu den Seelenleib und das Ich. Und er sagt:

> Zunächst berühren uns hier der physische und der ätherische Leib. Und hier ist auch verborgen die Lösung des Rätsels in Bezug auf das Verhältnis der Geschlechter ... Der Mensch ist seiner Wesenheit nach ein eigentümlicher Organismus; nur teilweise ist nämlich der Ätherleib eine Art Abklatsch des physischen Leibes. In Bezug auf die Geschlechtlichkeit liegt die Sache anders. Beim männlichen Geschlecht ist der Ätherleib weiblich, beim weiblichen Geschlecht männlich. So sonderbar das zunächst erscheinen mag, eine tiefere Beobachtung muss dahin führen, diese außerordentlich bedeutsame Tatsache einzusehen: Im Verborgenen jedes Menschen ruht etwas vom anderen Geschlecht.

Mit dieser Darstellung enthüllt sich plötzlich auch ein Teil des Geheimnisses, mit dem Hunde und Katzen umgeben sind. Wir beginnen nun ihre «Bedeutung» zu erkennen. Die Hunde tragen einen männlichen Leib zur Schau. In ihm aber ist ein weiblicher Ätherleib eingewoben; er bestimmt den Charakter des ganzen Hundegeschlechtes. Diese Tiere sind demütig, ihrem Herrn hingegeben, unterwürfig und friedliebend. Der männlich-physische Leib aber macht sie zu Verteidigern und Kriegern. Im wild herumstreifenden Wolf sind die «physischen» Eigenschaften vordergründiger; so auch im klugen, oft verschlagenen Fuchs. In den Schakalen aber – und vor allem beim an den Menschen gebundenen Haushund – treten die weiblich-ätherischen Merkmale als Charakter stärker in den Vordergrund.

Bei den Katzen hingegen finden wir den weiblichen physischen Leib vorzüglich ausgebildet. Sie sind äußerlich sanft, putzen sich gern und zeigen manche andere Eigenschaften, die wir «weiblich» nennen müssen. Dahinter aber verbirgt sich der männliche Ätherleib, der das

Fell grell zeichnet und das wilde Gemüt der Raubtiere, des Angriffs und Reißens in sich trägt.

Rudolf Steiner fügt noch die folgende Charakteristik hinzu:

> Das Weib hat im Innern männliche Eigenschaften, der Mann weibliche. Wenn also der Mann durch seine äußere Körperlichkeit zum Krieger wird, indem diese äußere Tapferkeit gebunden ist an die äußere Organisation seines Körpers, so hat die Frau die innere Tapferkeit, die Fähigkeit der Aufopferung in der Hingabe.

Die Letzteren sind gerade die physisch bedingten Eigenschaften der Hunde; während im Gegensatz dazu das kriegerische Verhalten aus dem männlichen Ätherleib der Katzen hervorbricht. Rudolf Steiner fährt dann so fort:

> Der Mann geht, wenn er sich zum Schaffen erhebt, in dem auf, was draußen ist. Die Frau wirkt in hingebungsvoller Passivität in der Welt.

Wir können hinzufügen: Was bei der Frau, physisch bedingt, zur hingebungsvollen Passivität wird, erscheint, ätherisch bewirkt, im Hundegeschlecht. Ebenso wird das vom Physischen her verursachte Schaffen des Mannes die ätherisch begründete, sprunghafte Bereitschaft der Katze. Wenn wir diese Art der Betrachtung noch einen Schritt weiter verfolgen, ergibt sich ein grundlegender Unterschied zwischen Mensch und Raubtier. Denn in dem hier beschriebenen Reich der Hunde und Katzen tritt die Geschlechtsdifferenzierung, die beim Menschen die weitgreifende Teilung in Mann und Weib zur Folge hat, nicht nur zwischen Männchen und Weibchen auf, sondern durchdringt ganze Gruppen des Tierreichs. Alle Hunde, ob männlich oder weiblich, zeigen fast unterschiedslos einen Geschlechtscharakter, der allein dem Mann der Gattung Homo sapiens zugeordnet werden kann. Und ähnlich treten bei allen Katzen, mit der einzigen Ausnahme des Löwen, die Eigenschaften der menschlichen Frau zutage.

Wir beginnen zu erkennen, dass die Bedeutung des Geschlechts beim Menschen eine ganz andere ist als bei den Raubtieren. Beim Menschen entsteht bei der Differenzierung in Mann und Weib ein so tiefgreifender Unterschied, dass er – ins Tierreich übersetzt – zu zwei voneinander verschiedenen Familien führt. Diese Tendenz kann durch das ganze Reich der Säugetiere verfolgt werden. Überall zeigen gerade die dem Menschen so nahestehenden Tiere im Vergleich mit ihm nur unbedeutende Geschlechtsunterschiede. Selbst dort, wo Horn und Geweih zu männlichen Merkzeichen werden, ist die physische und charakterliche Differenz der Geschlechter verhältnismäßig gering.

Beim Menschen allein greift sie so tief in die Organisation des Leibes und die Verhaltensweise der Individualität ein, dass fast zwei verschiedene biologische Arten entstehen. Der Mann ist viel männlicher als irgendein tierisches Männchen; und so ist die Frau – mit allen ihren Abarten – viel weiblicher als ein tierisches Weibchen. Denn im Menschengeschlecht geschah die Teilung in Mann und Weib in solcher Art, dass der physisch-ätherische Leib durchgehend davon erfasst wurde. Dadurch, dass der Mann einen männlichen physischen und einen weiblichen ätherischen Leib trägt, die Frau aber umgekehrt einen weiblichen physischen und männlichen ätherischen Leib, ist die Teilung eine vollständige geworden. Hier stehen zwei organische Pole einander gegenüber. Mann und Frau sind der Ausdruck zweier urbildlicher Gegensätze.

Das ist beim Tier niemals der Fall. Wenn auch viele Vögel in Farbe, Zeichnung und Verhalten oft merkliche Unterschiede zwischen Männchen und Weibchen aufweisen, ist auch hier – verglichen mit dem Menschen – der Unterschied minimal. Dort aber, wo er – wie im Insektenreich z. B. – sehr ausdrücklich wird (man denke an Drohnen und Bienenkönigin, oder an das riesige Weibchen der Termiten; auch an die großen Unterschiede von männlichen und weiblichen Spinnen), handelt es sich nicht mehr um Geschlechtsdimorphismen, sondern um den körperlich manifest gewordenen Prozess einer Arbeitsteilung. Die Drohnen besorgen das «Geschäft» der Begattung, wie der Bienenkönigin der «Beruf» des Eierlegeres zugeteilt ist. Das aber hat nur äußerlich mit der Polarität in der geschlechtlichen Differenzierung von Mann und Weib zu tun.

Erst mit dieser Feststellung beginnen wir, uns an die gegensätzliche Zweiheit von Hund und Katze heranzutasten. In ihnen ist das Bild des männlichen und des weiblichen Menschenleibes verkörpert. Der Hund ist das Bild des Mannes, die Katze das Bild der Frau, insofern es sich dabei um die physisch-ätherische Natur des Menschen handelt. Deshalb allein ist die Stellung dieser beiden Tiergruppen eine so besondere in ihrer Beziehung zum Menschen.

Eine arabische Volkssage aus Palästina erzählt:

> Einstmals, als die Welt noch jung und neu war, wurde jedem Tier eine nur ihm bestimmte Aufgabe zugeteilt. Der Hund und die Katze aber wurden jeder niederen Arbeit enthoben. Denn die Treue des Hundes und die Sauberkeit der Katze befreiten sie von jeglicher Pflicht. Ein schriftliches Dokument wurde ihnen ausgehändigt, das diese Entscheidung bestätigte. Der Hund nahm die Urkunde an sich und begrub sie dort, wo er auch alte Knochen zu verwahren pflegte. Das Pferd, der Esel und der Ochs aber waren so eifersüchtig, dass sie die Ratte bestachen, diese unterirdische Grube zu finden und das Dokument zu zerstören. Das geschah, und seither muss der Hund, weil er so nachlässig war, von seinem Herrn angekettet werden, und die Katze hat es ihm nie mehr vergeben.[14]

Die Erzählung vom Sündenfall klingt – in verkleideter Form – durch diese Sage durch. Viele andere Märchen und Legenden, die von Katzen und Hunden handeln, deuten in ähnlicher Art auf dieses Geheimnis hin. In den verschiedenen Fassungen des Märchens von den *Bremer Stadtmusikanten* z. B. wird Ähnliches berührt. Denn der Esel repräsentiert den physischen Leib, Hund und Katze den ätherischen Leib, und der krähende und flügelschlagende Hahn ist das Bild der Seele. Erst alle vier können zusammen gleich einem Menschen wirksam sein.

Die Dreigliederung der menschlichen Organisation und die Polarität von Hund und Katze

Wenn wir jetzt auf das zweite Kapitel dieser Darstellung zurückgreifen und uns nochmals die morphologischen Unterschiede von Hund und Katze vor Augen führen, dann können wir dies nunmehr im Hinschauen auf die männliche und weibliche Differenzierung tun. Wir sagten, dass die Hunde die Gliedmaßen und Sinne besser ausdifferenziert haben als die Katzen. Bei diesen hingegen ist Nerven- und Stoffwechselsystem viel kräftiger ausgebildet. Wir fanden auch, dass die Hunde mehr im Atem leben, die Katzen aber mehr vom Kreislauf und Herzschlag her bestimmt sind. Wenn wir diese Unterschiede nebeneinanderstellen, ergibt sich die folgende Übersicht:

Hunde	**Katzen**
Sinnesorgane	Nervensystem
Lunge und Atmung	Herz und Kreislauf
Gliedmaßen	Stoffwechsel

Dem Einsichtigen wird bei dieser Gliederung zur unmittelbaren Anschauung gebracht, dass jene Dreigliederung der menschlichen Organisation, die Rudolf Steiner seit 1916 von immer neuen Seiten her dargestellt hat, hier wie in zwei Teile auseinandergefaltet vorliegt. Bei den Hunden ist das Sinnessystem, die Atmung und die Gliedmaßenbildung besonders betont. Diese Seite offenbart sozusagen den «männlichen» Charakter dieser Gruppe. Auch ist der Mann im Durchschnitt größer als die Frau; er hat längere und besser durchgearbeitete Gliedmaßen, schärfere Sinne und ist mehr von der Atmung bestimmt. Sein Brustkorb ist weiter, die Schultern breiter und der Atem tiefer, als das bei Frauen der Fall ist.

Hingegen ist der weibliche Organismus – wie bei den Katzen – stärker vom Stoffwechsel her durchdrungen. Damit hängt die monatliche Regel zusammen und die Fähigkeit, schwanger zu sein und der werdenden Frucht genügend Nahrung zu übermitteln. Auch ändert sich das gesamte Zirkulationssystem zur Zeit der Schwangerschaft, und das Herz erfährt eine besondere Leistungssteigerung. Statt der Sinne – die dem Mann das Aufgehen in dem ermöglicht, «was draußen lebt» – wirkt die Frau «in hingebungsvoller Passivität in der Welt». Das ist ihr durch die stärkere Betonung des Nervensystems möglich.

Nun aber wird noch deutlicher, dass der Hund physisch durch seine männlichen Züge bestimmt ist, während er charakterlich von den weiblich-ätherischen Kräften geprägt wird. Die Katze aber ist physisch das Bild des weiblichen Organismus; in ihrem Verhalten hingegen ist sie den männlichen Ätherkräften anheimgegeben. Beim Menschen ist diese Bestimmung umgekehrt. Der weibliche Ätherleib wirkt bestimmend auf die physische Konstitution des Mannes. Der männliche Charakter aber wird vom männlichen physischen Leib geprägt. Der männliche Ätherleib hingegen bildet an der weiblichen Konstitution, während der weibliche physische Leib den fraulichen Charakter modelliert. Auf diese komplizierten Verhältnisse kann hier nur kursorisch hingewiesen werden.

Wer sich anschauend und mit Urteilskraft in diese Vorstellungen einzuleben versucht, wird die Sonderstellung der Hunde und Katzen bald verstehen lernen. Sie sind ein Ausdruck der durch die gesamte Schöpfung wirksam gewordenen Polarität zwischen Mann und Frau. Beide tragen, wo und wie immer sie erscheinen, beide Seiten an sich. Der männliche Hund die weibliche Hingabe; die weibliche Katze die männliche Angriffs- und Eroberungslust. Deshalb zeigte Ischtar – die

Venus des babylonisch-assyrischen Kulturkreises – weibliche sowohl als auch männliche Charakterzüge. Als Abendstern erschien sie als die große Liebende und Sich-Hingebende. Als Morgenstern aber enthüllte sie ihre männlich-jungfräuliche Kraft und Stärke. In assyrischen Darstellungen trägt sie einen mächtigen Bart und offenbart dadurch – Gott Assur gleich – ihre löwenartige Natur.[15]

Hier wird das Wesen des «Königs der Tiere» ansichtig. In ihm bricht die männliche Kraft, die sich bei allen übrigen Groß- und Kleinkatzen in der Angriffslust verausgabt, bis in die physische Gestaltbildung durch. Die Mähne entsteht und macht den königlichen Löwen – den Morgenstern – zum anerkannten Herrscher. Er allein, unter allen Katzen, gewinnt einen männlichen Leib, obwohl er dem weiblichen Geschlecht angehört. Darin offenbar sich seine Doppelnatur.

In anderer Form kam das auch in der Götterverehrung im alten Ägypten zum Ausdruck. Dort gab es zwei Göttinnen, die beide eine menschliche Gestalt und einen löwengleichen Kopf trugen. Sachmet, die «Mächtige», wurde in Memphis verehrt: *Sie ist die Göttin der Schlachten, die – wie die Uräusschlange der Könige – Feuer speit.*[16] Ihr Seitenstück war die Göttin Bastet; diese war sanft und freundlich. Sie trug die Sistrumklapper der Tänzerinnen in der Hand und einen Korb am Arm. Die Ägypter empfanden beide als «Eins». Sie sprachen von einer Person, die freundlich ist wie Bastet und schrecklich wie Sachmet. Damit wiesen sie auf das Geheimnis hin, dass Sachmet den männlichen Ätherleib, Bastet hingegen die weibliche Physis der Katzen darstellt.

Die Götter mit Hunde- und Schakalköpfen aber waren bei den Ägyptern männlicher Natur. Sie waren Totengötter (Anubis) oder solche, deren Bild in der Schlacht vorangetragen wurde. Die Up-nats, die «Weg-Öffner», zogen vor Osiris einher und waren seine Kampfgenossen. Als Attribut trugen sie Keule und Bogen mit sich. So deuteten die Up-nats auf die männlich-physische Natur der Hunde hin. Ihre Köpfe glichen auch mehr den von Wölfen.[17] Anubis aber, mit dem Hundekopf, diente den Verstorbenen, die er zur nachtodlichen Verklärung führte. Hier wurde Treue und Hingabekraft der ätherischen Hundenatur verehrt und bildhaft dargestellt.

In diesen mythologischen Bildern wird das offenbare Geheimnis enthüllt, das Hunde und Katzen mit sich tragen: ihre männliche und weibliche Organisation, die sie, von Urzeiten an, zu Begleitern des Menschen machte, dem sie aber in ihrer höheren Wesenheit – als Gruppenseele – göttergleich vorangingen.

Zur Urgeschichte der Hunde und Katzen

Sowohl die Abstammungslehre als auch die Paläontologie der Raubtiere ist noch in Dunkel gehüllt. Wir wissen nur, dass ihre frühesten Reste aus den Anfängen des Tertiärs stammen, andeutend, dass die Raubtiere – ähnlich den meisten Säugern – erst relativ spät in der Erdgeschichte in Erscheinung traten.

Von Rudolf Steiner gibt es eine recht genaue Angabe über die Entstehungszeit der Raubtiergruppe. Dort heißt es:

> Was zu den löwenartigen Tieren gehört, fing erst gegen die atlantische Zeit hin und namentlich in der atlantischen Zeit an, auf der Erde zu wirken, indem es so zur Erde kam, wie wenn es vom Innern der Erde an die Oberfläche herausgedrungen wäre.[18]

Wir müssen uns also vorstellen, dass das Geschlecht der Raubtiere am Anfang der alten Atlantis entstand. Diese große Epoche entspricht geologisch etwa dem Tertiär.[19]

Zur gleichen Zeit begann auch die Konsolidierung des menschlichen physischen Leibes. Die Sprache fing an, sich auszubilden, und die Gedächtniskraft entwickelte sich.[20] Gleichzeitig haben sich vermutlich die ersten physischen Geschlechtsdifferenzen zwischen dem männlichen

und weiblichen Leib der Menschen herausentwickelt. Was an Polarität damals sich ausgestaltete, erschien – aus der Menschwerdung herausgesetzt – als hunde- und katzenartige Tiere.

Es ist nicht leicht, sich vorzustellen, wie diese ersten Raubtierleiber beschaffen waren. Wir dürfen aber annehmen, dass sie der menschlichen Gestalt viel näherstanden, als das später der Fall war. Vielleicht sind die ägyptischen Statuen des Anubis und der Sachmet der Wahrheit viel näher, als die heutigen Vorstellungen, die die Paläozoologie von diesen Frühformen sich macht.

Jedenfalls sollten wir annehmen, dass die verschiedenen Entwürfe, die damals in der Herausbildung der menschlichen Leibesnatur für Mann und Frau entstanden, zu hunde- und katzenartigen Wesen wurden. Denn Tiger und Panther, Wolf und Fuchs sind Spielarten – Entwürfe eben – jener endgültigen Gestalt des männlichen und weiblichen Leibes.

Dass diese Geschlechtsdifferenzierung erst recht spät sich herausbildete, geht aus einem anderen Hinweis in einem Vortrag Rudolf Steiners hervor. Er sagt:

> Die zweigeschlechtliche Fortpflanzung rückte erst vollständig in der Mitte der atlantischen Zeit heran. Früher war eine Zwischenstufe da.

Und von dieser Zwischenstufe heißt es:

> ... dass nämlich eine Übergangszeit gewesen sein muss von der Geschlechtseinheit zu der Geschlechtstrennung, dass in der Tat ein gewisser Zwischenzustand hat da sein können zwischen jener jungfräulichen Fortpflanzung, bei welcher die Befruchtung eintrat infolge von den in der Erde lebenden Kräften, die zugleich die Befruchtungsstoffe waren, und der anderen, der zweigeschlechtlichen Fortpflanzung.[21]

In dieser hier beschriebenen Zwischenzeit müssen wir die Entstehungsepoche der Raubtiere suchen. Es ist die Zeit der ersten vier Unterrassen der Atlantis; die Epochen der Rmoahals, Tlavatli, Tolteken und Turanier. Und wir werden wohl nicht fehlgehen, wenn wir die Entstehung der Katzenartigen in die zwei ersten, die der Hundeartigen in die beiden späteren Epochen versetzen. Sodass in der Mitte der Atlantis nicht nur Mann und Frau in ihrer Leiblichkeit herausgestaltet waren, sondern auch die Vorfahren der Löwen, Tiger, Panther, Wölfe, Schakale und Hunde die Erde bevölkerten.

Beim allmählichen Untergang des atlantischen Kontinents zogen dann diese beiden Tiergruppen, die ja dem Menschen besonders nahestanden, mit ihm nach Osten. In der Bildersprache der Genesis heißt es, dass sie von Noah in die Arche mit aufgenommen wurden.

Während dieser Wanderungen aber entfernten sich Hunde- und Katzenartige immer weiter vom Menschen und verwilderten. Sie wurden den heutigen Raubtieren ähnlich. Schrittweise verließen sie die menschliche Nähe und suchten ihre wilde Unabhängigkeit.

In dieser Zeit musste der Mensch nun seine innere Selbstständigkeit finden, ehe er die Kraft erhielt, auf der Rückwanderung von Osten nach Westen zum Inaugurator der nachatlantischen Kulturen zu werden. Bei dieser Rückkehr vom Osten zum Westen aber gliederte sich der Mensch seine verloren gegangenen Brüder – die Hunde und Katzen – wieder an. Während der persischen Epoche, der zweiten nachatlantischen Kultur, wurden die Hunde menschennah gemacht, und in der ägyptisch-chaldäischen Zeit trat die Hauskatze wieder in den Schatten des Menschen ein.

Auch dafür gibt es einen Hinweis in einem Vortrag Rudolf Steiners. Er schildert die Kraft, mit der die Iranier den Wolf zu zähmen versuchten:

> Das Tier, das im Wolf ist, das du als sinnliches Wesen siehst, ist heruntergestiegen, ist in Dekadenz gekommen. Es zeigte früher seine schlechten Eigenschaften nicht. Du aber, wenn in dir selber gute Eigenschaften keimen, wenn du deine guten Eigenschaf-

> ten und geistigen Kräfte zusammennimmst, du kannst das Tier zähmen … Dann kannst du aus dem Wolf einen zahmen Hund bilden, der dir dient.[22]

Hier wird die heutige Annahme bestätigt, dass wir den Wolf als den eigentlichen Stammherrn der Hunde ansehen müssen, und dass die Epoche der Zähmung die Zeit der urpersischen Kultur war.

Von der Hauskatze aber wissen wir, dass sie nicht von der europäischen Wildkatze abstammt, sondern von der nubischen Falbkatze. Die ersten Überreste der Hauskatze stammen aus ägyptischer Zeit. In den Ur-Epochen Europas, z. B. aus der Hallstädter und Pfahlbau-Epoche, sind keine Katzenskelettreste zu finden. In Ägypten aber wurden die Katzen heiliggehalten, einbalsamiert und in riesigen Katzenfriedhöfen, deren jede Stadt einen hatte, beerdigt. Darüber berichtete schon Herodot. Sehr spät erst, in den ersten Jahrhunderten der christlichen Zeitrechnung, fand die Hauskatze Eingang bei Römern und Griechen und verdrängte schrittweise Wiesel und Iltis, die als katzenartige Haustiere gehalten wurden.

So schlossen sich Hunde und Katzen wieder dem Menschen an. Der bei der Wanderung von Westen nach Osten – von der Atlantis nach Ostasien – verloren gegangene Sohn wurde in Persien wieder aufgenommen. Die in der Wildnis abgeirrte Tochter aber strebte über Ägypten dem Menschen wieder zu. Seither sind beide zu unseren Begleitern geworden und unsere «Haus»tiere im eigentlichen Sinn des Wortes.

Nunmehr aber stehen sie unter der Kraft des menschlichen Ichs. Einst wurden sie – im Prozess der Menschwerdung – als Versuche der geschlechtlichen Differenzierung der Leiber aus der Menschheit herausgesetzt. Damals wurden sie zu Zeugen des Sündenfalls. Heute, nachdem das Christusereignis sich vollzogen hat, unterstellen sich Hund und Katze dem Ich, das im Menschen wirksam geworden ist. Der Hund wird ihm dienstbar; die Katze sucht seine Nähe. Beide leben im Schattenwurf der menschlichen Existenz.

Und es war wie eine Prophetie, dass das Sternbild des Widders, das die Epoche des Mysteriums von Golgatha regierte, in China und Siam im Bild eines Hundes, in Ägypten aber im Bild einer Katze angeschaut wurde. Denn der Widder versinnbildlicht jene jungfräuliche Natur des Menschen, in der es keine Geschlechtertrennung mehr geben wird. Er deutet auf jene zukünftigen Tage hin, da im Lamm die sinnliche Natur des Menschen verklärt und erhöht als erneuerter androgyner Spross erscheinen wird. Dann aber werden auch Hunde und Katzen mit ihm wieder vereint sein und die Erlösung ihres Schicksals erreicht haben.

Bruder Pferd

Einleitung

Die heute allgemein gültigen Ideen, die man von der Evolution der Tiere und des Menschen hat, sind eng mit der Vorstellung eines Stammbaumes verbunden. Welche Tierart oder Tierfamilie auch betrachtet wird: sobald man nach ihrem Ursprung fragt, wird an einen Zweig gedacht, der sich von einem größeren Ast vor längerer Zeit ablöste und eine Sonderentwicklung eingeschlagen hat. Die größeren Äste des angenommenen Stammbaumes sind heute meistens noch große Unbekannte, die hypothetisch vorausgesetzt werden müssen, wenn man der Stammbaum-Idee treu bleiben will. Der Stamm selbst aber verschwindet völlig im Nebel vager Vorstellungen.

So bleibt als Resultat der modernen Paläontologie und Erdgeschichte eine unendliche Fülle von Zweigen und Zweiglein, die, gleich Blättern und Blüten, die lebenden und ausgestorbenen Arten der Tiere darstellen. Viele Hunderttausende verschiedene Formen sind bekannt und beschrieben. Man kann sie in verschiedene Klassen, Unterklassen und Gruppen zusammenfassen, und daraus entstand das großartige und faszinierende System der Zoologie. Im Augenblick aber, da man versucht, diese Endresultate auf primitivere Formen – ihre ursprünglichen und primitiven «Zweige» und «Äste» – zurückzuführen, entstehen nur vage Annahmen und unbewiesene Hypothesen. Wir jedenfalls sind überzeugt, dass allein im Verfolg von Lorenz Okens Grundvorstellungen eine geistgemäße Ordnung der Tiere, die auch ihrer Evolution Rechnung trägt, in Zukunft möglich sein wird. Dieser große Naturforscher hat seine Ansicht einmal so formuliert:

> Es wird sich auch in der Folge zeigen, dass das gesammte Thierreich z. B. nichts anderes ist, als Darstellung der einzelnen Thätigkeiten oder Organe des Menschen; nichts anderes, als der auseinandergelegte Mensch.[1]

Nimmt man diese Idee wirklich auf und beginnt sie auf ihre Tragfähigkeit zu prüfen, dann erweist sie sich bald als erleuchtend und hilfreich. Denn was bislang sinnlos und wie zufällig schien, wird sinnvoll und daher verständlich.[2]

Statt eines Stammbaumes bilden sich dann Formenkreise, die zu größeren oder kleineren Gruppierungen zusammengeschlossen werden können. Die einzelnen Formenkreise weisen einander ähnliche Bildetendenzen auf. So haben z. B. die Säugetiere Australiens – trotzdem sie sich von den übrigen Säugern der Erde völlig getrennt entfalteten – ähnliche Gestalten ausgebildet. Richard Hertwig gibt diesem Geschehen deutlichen Ausdruck. Er sagt:

> In ihrem jetzigen Verbreitungsgebiet haben die Beuteltiere in Anpassung an ähnliche Existenzbedingungen eine völlig analoge Entwickelung genommen wie die plazentalen Säugetiere auf dem übrigen Erdball, sodass man zu den Ordnungen der Letzteren (Raubtiere, Nagetiere, Insektenfresser, Huftiere) vollkommene Parallelgruppen aufstellen kann.[3]

Weder waren die Existenzbedingungen in Australien denen auf der übrigen Erde ähnlich noch mussten sich die Beuteltiere dieser Umwelt «anpassen». Sie waren von allem Anfang an angepasst und konnten deshalb Formen entfalten, die zu Raubtier-, Nagetier- und Huftier-Beutlern wurden. Das sind dem großen Formenkreis der Säuger inhärente Bildetendenzen, die entweder mehr das Sinnes-Nervensystem (Nagetiere) zur Schau stellen oder besonders das rhythmische System entfalten (Raubtiere) oder die Stoffwechsel-Gliedmaßen-Natur hervorkehren (Huftiere). Hier ist der dreigliedrige Mensch der urbildliche «Stamm», an dem sich die drei Gestaltkreise der Säugetiere entfalten.

Man sollte überhaupt dazu übergehen, das Wort «entwickeln» viel öfter durch das Wort «entfalten» zu ersetzen. Dann würde man dem Gang der Evolution viel gerechter werden und sich allmählich von den durch Darwinismus und Mendelismus eingeengten Vorstellungen befreien. Es gibt nicht einen einzigen Stammbaum, entlang dessen Hauptachse alle Tiere sich entwickelt haben. Jedes Erdzeitalter schafft sich seine eigenen Formenkreise, in deren Mittelpunkt das Urbild «Mensch» als gestaltbildende Tendenz waltet.

Allen großen Formenkreisen – wie dem der Fische, Gliedertiere, Stachelhäuter, Säuger usw. – sind eine Zahl von kleineren Formenkreisen eingeordnet, die innerhalb ihrer Sphäre wieder ein Abbild ihres Urbildes tragen. Deshalb entfalten sich die Beuteltiere Australiens in ähnlicher Art wie die Säuger der übrigen Kontinente. Sie formen Huf-, Nage- und Raubtierkreise, und jeder dieser weist wieder ähnliche Entfaltungstendenzen auf.

So gibt es in der Ordnung der Raubtiere eine ganze Gruppe, die sich dem Leben im Wasser verschrieben hat: die Robben. Ein gleicher Prozess vollzieht sich, in ähnlicher Art, in der Ordnung der Huftiere. Hier sind es die Delphine und Wale, die zu wasserlebenden Säugern geworden sind. Die gleiche Tendenz zeigt der Biber aus der Gruppe der Nagetiere.

Diese Entfaltungsweisen haben mit Anpassung nichts zu tun. Sie offenbaren nur, dass jeder Formenkreis eine in sich geschlossene Gestalt-Einheit darstellt, die ähnlichen Bildetendenzen gehorcht. Robben, Delphine und Wale, Biber: sie sind die im Wasser lebenden Glieder ihrer höheren Ordnung.

Selbst die Vögel senden einen Teil ihrer existenziellen Gesamtheit in die Tiefen der Weltmeere. In der Antarktis die Pinguine und in der Arktis die – bis ins vorige Jahrhundert noch überlebenden – Riesenalken. Aus gänzlich verschiedenen Familien bildeten sich, an extrem auseinandergelegenen Punkten der Erde, ähnliche Gestalten.

Das gesamte Tierreich ist in allen seinen Formen ein sich immer wiederholendes Beispiel dieses Entfaltungswillens. Dahinter steht ein umfassendes Gesetz; dieses Gesetz aber ist der Mensch selbst. Er ist nicht die Krone, sondern der innerste Kern aller Schöpfung.

Dieser Kern offenbart sich in jedem kleineren oder größeren Gestaltkreis auch so, dass es darin eine besondere Art gibt, die, wie in annähernder Vollendung, der dort darzustellenden Form am nächsten zu kommen versucht. Alle anderen Arten und Familien gliedern sich wie bessere oder schlechtere Variationen um diese Zentralfgur herum. Vergangene Empfindungen bezeichneten solche vollendete Formen als «Könige». Sie nannten den Löwen den König der Tiere; den Adler den König der Vogelwelt. Noch heute heißen die besonders großen und gefärbten Pinguine die Kaiserpinguine. Und wer wollte zweifeln, dass unter den hundeartigen Tieren nicht der Wolf dem dort zu verwirklichenden Urbild am nächsten kommt?

Zwar dürfen wir uns solchen empfindungsgetränkten Vorstellungen nicht mehr überlassen, weil sonst zu viele Sympathien und Antipathien das wahre Bild der Erscheinung verschleiern würden. Trotzdem aber müssen wir beginnen, in neuen Kategorien denken zu lernen, um den gestaltbildenden Tendenzen, die in der Natur wirksam sind, näherzukommen.

Die Huf- oder Weidetiere (Ungulaten)

Die obige Auseinandersetzung war notwendig, um den folgenden Betrachtungen eine erste Grundlage zu geben. Denn das Pferd ist ein besonderes Glied der großen Gruppe der Huftiere. Diese hinwieder gehören zur weit größeren Ordnung der Plazentalier, d. h. jener Tiere, deren Embryonen vermittels einer Plazenta im mütterlichen Organismus sich entwickeln.

Die Huftiere selbst werden – seit der genialen Konzeption Richard Owens – in zwei Unterordnungen aufgegliedert. Die eine umfasst die Unpaarhufer (Perissodactyla) und die andere die Paarhufer (Artiodactyla). Die Unpaarhufer sind der weit kleinere und – seinen Arten und Familien nach – viel beschränktere Formenkreis der beiden. Er umschließt, neben den Pferden, noch die Tapire und Nashörner (Rhinocerotidae). Der Pferdefamilie selbst werden Esel und Zebra zugerechnet.

Die zweite Unterordnung der Paarhufer ist unvergleichlich mannigfaltiger. Hier werden zwei Hauptgruppen unterschieden: die der Wiederkäuer und der Nichtwiederkäuer. Den Letzteren werden die Nilpferde und die zahlreiche Familie der Schweine zugeordnet. Die Wiederkäuer umschließen die uns so nahen und bekannten Gruppen, die von Kindheit an unsere Vorstellungen des Tierreichs bestimmten. Da sind die Rinder und Kamele; das Lama und die Giraffe; Wisent und Büffel; Schafe, Ziegen, Gemse und Steinbock. Die schnellen Gazellen und Antilopen; die Rehe, Hirsche, Rentiere und Elche und unzählige andere. Mit vielen von ihnen ist unser Kindsein innigst verknüpft. Sie leben als nahe Gefährten im Seelenraum unseres Daseins.

Alle Ungulaten – Paarhufer und Unpaarhufer – haben viele gemeinsame Merkmale. Diese bestimmen sie als Glieder der Weidetiere. Keines von ihnen ist übermäßig groß oder auffallend klein. Sie zeigen vielmehr eine Variationsreihe, die sich zwischen plump und zierlich aufgliedern lässt. Vom ungestalteten Nashorn und Flusspferd geht sie über Wisent, Rind und Kamel bis hin zu Hirsch, Reh, Antilope und Gazelle. Die Skala gibt ein recht eindrucksvolles Bild für eine Formenreihe der Huftiergestalt.[4] Sie kennzeichnet die hier vorhandenen Möglichkeiten einer durch Körperbedeckung und Muskelspiel entstandenen Variabilität. Der von mächtigen Hornplatten bedeckte Leib der Nashörner – die ihn gleich einem Panzer umschließen und die Beine zu Säulen verdicken, damit diese Masse getragen werden kann – ist der eine Pol. Der andere aber wird von den zierlich-anmutigen Gazellen und Antilopen gebildet, deren Gliedmaßen, schlank und beweglich, den zarten Leib im leichten Sprung über Steppen und Wiesen dahintragen.

Nur die Giraffen strecken den mächtigen Hals bis zur Krone der Bäume und wirken wie eine Ausnahme von der Größenregel der Weidetiere. Die meisten übrigen Gattungen und Arten aber halten sich an das menschliche Maß; es wird kaum überschritten. Und auch die große Giraffe hat einen verhältnismäßig kleinen Leib. Dort sind nur Hals und Glieder ins Obermaß entartet. Allein Plumpheit und Grazie, Unförmigkeit und Anmut sind hier am Werk.

Ein anderes wesentliches Merkmal ist vielleicht noch anschaulicher, weil es bis in die Bildung neuer Organgestalten geht. An den Enden der Füße bilden sich die Hufe; am Kopf dagegen die mannigfaltigsten Formen von Aufsätzen aus Knochen- und Hornsubstanz. Das ist eine der seltsamsten organbildenden Fähigkeiten der Weidetiere, dass sie Geweihe und Hörner erschaffen, während die Gliedmaßen durch Hufe abgeschlossen und verhärtet werden.

Wir müssen beide Bildungen als morphologisch einander zugehörig erkennen lernen; nach oben zu die Kopffortsätze; nach unten hin die Hufe. Sie vom Nützlichkeitswert her zu betrachten, führt auf eine falsche Fährte. Denn weder können Hörner und Geweihe als Waffen für den Kampf ums Dasein angesehen werden, noch sind Hufe eine Hilfe, um eine schnellere Beweglichkeit zu ermöglichen. Wenn ein Hufschlag einen Nebenbuhler verwundet und ein Feind mit Horn und Geweih angegangen wird, dann ist das ein ähnliches Verhalten wie in der bekannten Wartburg-Anekdote, die erzählt, dass Luther ein Tintenfass gegen den ihn bedrängenden Teufel schleuderte. So wenig wie das Tintenfass für gewöhnlich eine Waffe genannt werden kann, so wenig sind Hörner und Geweihe Angriffs- oder Verteidigungswerkzeuge.

Beide sind jedem Werkzweck fern. Sie sind entweder der Haut (Hörner) oder dem Skelett (Geweih) entsprossene Gebilde, die nach oben und außen das weitertragen, was nach innen und unten nicht ganz zur Entfaltung gekommen ist. Die Füße werden durch Hufe umschlossen und dadurch wie versiegelt. Nach oben hingegen erschließt sich ein neues Organ und entfaltet sich in erstaunlicher Vielfalt und Schönheit.

Dass Hufe und Kopffortsätze sich gegenseitig bestimmende Formen sind, wird sofort deutlich und anschaubar, wenn wir Paar- und Unpaarhufer daraufhin miteinander vergleichen, denn bei den Paarhufern sind auch Hörner und Geweihe paarig angelegt. Sie bilden sich als ein zweiseitig symmetrisches Organ anlagemäßig aus. Das Nashorn als Unpaarhufer trägt, im Gegensatz dazu, seine Fortsätze in der Mitte des Gesichts. Auch wenn es zwei Hörner sind, stehen sie in der Mittellinie der Nase hintereinander und nicht nebeneinander. Hier zeigt sich, dass Unpaarhufigkeit bis in die Hornbildung wirksam ist, gleichwie Paarhufigkeit symmetrische Hörner und Geweihe ausbildet.

Wir sind einem weiteren Grundprinzip, das die Gestalten der Huftiere bedingt, auf die Spur gekommen. Plumpheit und Zierlichkeit bestimmen die Körperform der Ungulaten. Diese selbst aber findet sich im Spannungsfeld zwischen Kopffortsätzen und Hufen. Zwei formbildende Tendenzen wirken hier zusammen: eine, die den Umriss des Leibes herausplastiziert; und die andere, die ihn nach unten abschließt und nach oben zu öffnet.

Die umrissgebende Formkraft hängt innig mit der Haarbildung und dadurch mit der Wärmeproduktion und Wärmespeicherung zusammen. Alle Weidetiere sind – gleich dem Menschen – Warmblütler. In Blut und Haaren wurzelt die den Leibesumriss bestimmende Kraft.

Die andere Gestalttendenz – Hufe, Hörner und Geweihe bildend –

entstammt der Haut und den Knochen. Kalk und Kiesel sind hier wirksam und prägen die vielfältigen Formen der Kopffortsätze aus.

Das Horn gibt dem Kopf ein gewisses Maß an Schwere – man denke an Büffel und Wisent, Stier, Gnu und Bongo. Nur wenn die Masse des Horns durch stark gewundene Formen aufgelöst wird (Kudu, Antilopen, Gemsen, Steinbock), gleicht sich diese aufgelockerte Gestalt der des Geweihes an. Dieses aber hebt das Haupt über sich selbst hinaus. Wie ein Sinnesorgan – witternd und tastend – ragt es hinein in den Umkreis. Kalkbildende Kraft wirkt im Horn; Kieselkräfte bestimmen die Form der Geweihe.[5]

Was im Horn noch dem Huf ähnelt, wird durch das Geweih überwunden. Poppelbaum charakterisiert diese Polarität in folgender Art:

> Im Horn ragt der Schädel eine Strecke in die Umwelt vor, staut sich aber durch seine abgestorbene Verkleidung in sich selbst zurück und staut die Bildekräfte des Kopfes ... Immer wieder von Neuem öffnet sich das Haupt der Geweihträger nach außen. Daher ist auch das Temperament dieser Tiere lebhafter, wacher und nerviger; ihre Augen haben mehr Ausdruck und ihre Bewegung mehr Geschmeidigkeit.[6]

Nur eine Gruppe scheint sich dieser allgemeinen Regel, die wir hier beschrieben haben, zu entziehen: die Pferde. Sie tragen wohl die stärksten und vollendet ausgebildeten Hufe. Aber ihre Stirne wird von keinem Kopffortsatz gekrönt.

Man könnte dagegen einwenden, dass auch Schweine, Flusspferde und Tapir Hörner entbehren. Stattdessen aber haben sie – jedes auf seine Art – einen Rüssel entwickelt, der in der Verlängerung der Nasenbildung das ersetzt, was sonst dem Stirnknochen als Horn oder Geweih aufsitzt. Außerdem entwickeln die Schweine und Flusspferde oft mächtige Hauer, die im Kiefer vollziehen, was sich am Haupt nicht entfaltete.

Das Pferd allein – begleitet von seinen engsten Verwandten, Esel und Zebra – erhebt sein Haupt über den Leib hinaus, witternd, tastend, die großen Nüstern geöffnet, ohne von Horn und Geweih belastet oder erleichtert zu sein. Das gibt ihm seine besondere Stellung im Formenkreis aller Ungulaten.

Das Pferd und die Weidetiere

Wir sagten schon, dass die Gruppe der Unpaarhufer unverhältnismäßig kleiner als die der Paarhufer ist. Dafür aber zählen viele – heute schon ausgestorbene – Arten zu dieser Ordnung:

> Die erdgeschichtliche Vergangenheit ... beweist ..., dass diese [die Unpaarhufer] ihre Blütezeit bereits hinter sich haben. Trouessart zählt bereits 131 fossile Gattungen und Untergattungen mit 517 Arten und Unterarten auf, lebende dagegen nur acht Gattungen und Untergattungen mit 36 Arten und Unterarten.[7]

Die Paarhufer hingegen haben jetzt noch ihre Blüte- und Entfaltungszeit, mit einer sehr großen Zahl von Gattungen und Arten, die – mit Ausnahme von Australien, Neuseeland und der Antarktis – alle Kontinente bevölkern.

So ragt das Pferd wie aus vergangenen Erdenzeiten in die Gegenwart herein und ist, trotzdem, zu einem der nächsten Genossen der Menschen geworden. Oder war es immer schon sein Bruder gewesen? Es gibt wenige Tiergattungen, deren paläontologische Erstwickelung wir so gut überschauen können wie die der Pferde.

Seine frühe Stammesgeschichte kann aus Resten, die fast ausschließlich in Amerika gefunden wurden, zusammengeschaut werden. Die primitivste Form stammt aus dem Eozän, der ersten Epoche des Tertiärs, die wir der früh-atlantischen Entwickelung gleichsetzen können.

Da tritt das Pferd als Eohippus (Hyracotherium) auf und entfaltet sich während dieser Zeit zum Orohippus und Epihippus. Diese drei Pferde-Vorfahren weisen eine deutliche Ähnlichkeit mit dem Bau der heutigen Pferde auf; nur waren sie bedeutend kleiner. Eo- und Orohippus hatten etwa die Größe einer Hauskatze. Auch war der Fuß noch nicht auf die Mittelzehe hin gebildet, sondern die zweite und vierte Zehe waren noch deutlich vorhanden. Auch das Gebiss war nicht so spezialisiert, wie es beim jetzigen Pferd der Fall ist.

Wir dürfen uns vorstellen, dass die ersten pferdeartigen Tiere klein und flink gewesen sind. Ein so guter Kenner wie Abel meint:

> Die ältesten Pferde waren keine Steppenbewohner, sondern waren kleine Tiere, die im Aussehen und in ihrer Gesamterscheinung viel eher das Bild eines chilenischen Puduhirsches oder eines javanischen Kantschils (Tragulus) geboten haben müssen, als das eines kleinen rezenten Pferdes.[8]

Beide – Kantschil und Puduhirsch – gehören zu den kleinsten lebenden Huftieren. Sie werden nicht höher als etwa 20–30 cm und ihre Länge beträgt, einschließlich des Schwanzes, 40–50 cm. Der Kantschil ist ein Zwergmoschustier, der Pudu ein richtiger Hirsch.

Abel fährt dann fort:

> Matthew hat darauf aufmerksam gemacht, dass die ältesten Pferde wahrscheinlich Dickichtbewohner waren ..., die hauptsächlich vom weichen Laub und saftigen Kräutern lebten.

Die Entfaltung setzte sich dann weiter fort. Durch Oligozän, Miozän und Pliozän, den Epochen der Tertiärzeit hindurch, tritt eine zunehmende Vergrößerung der Pferdevorfahren auf. Die Formen des Mesohippus, Merychippus und Pliohippus bilden sich aus und erreichen im Letzteren fast schon die Größe unserer jetzt lebenden Equiden. Gleichzeitig

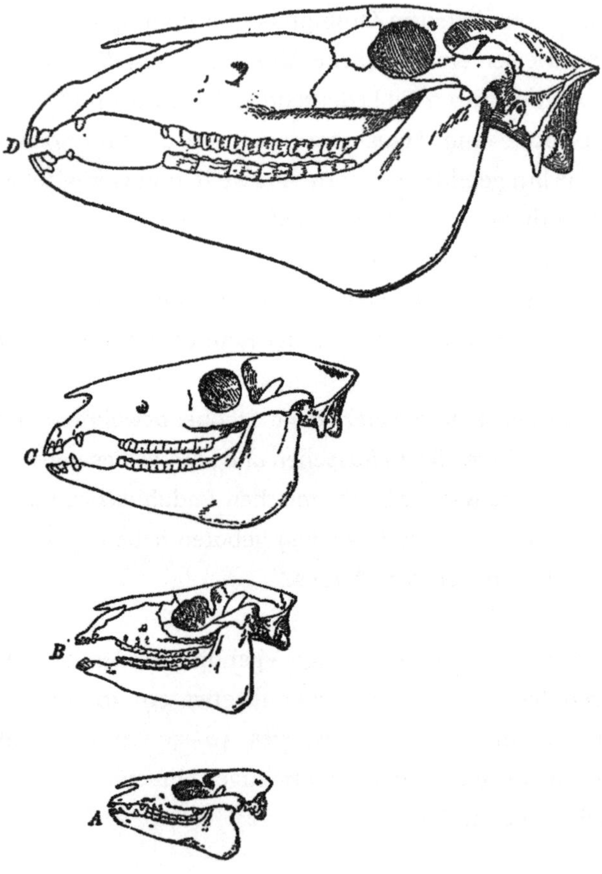

Abbildung 1
Schädel von vier Pferdevorfahren im gleichen Verhältnis reduziert.
A: Eohippus, B: Mesohippus, C: Protohippus, D: Equus (rezent)
(Aus Othenio Abel: *Paläobiologie und Stammesgeschichte*, Fig. 148).

schwinden die Seitenzehen dahin, und nur die mittleren Zehen an Vorder- und Hinterfüßen werden zu alleinigen Trägern des immer mehr sich steigernden Gewichtes des mächtig gewordenen Leibes. Auch das Gebiss vereinheitlicht sich; die Eckzähne verkümmern, und die Praemolaren werden zu Molaren umgewandelt. Abbildung 1 zeigt deutlich die Größen- und Formänderung an den Kopfbildungen einiger atlantischer Pferdearten.

Manche weitere Einzelheiten können aus den zahlreichen Funden noch erschlossen werden; darauf soll nicht näher eingegangen werden. Aber ein Faktum ist wesentlich: Sobald der Typus Pliohippus erreicht wurde, stirbt er auf dem amerikanischen Kontinent aus. In den Ablagerungen des Pleistozäns gibt es keine Pferde mehr *so lange, bis sie vom Menschen wieder in Amerika eingeführt worden sind.*[9]

Die Zoologen und Paläontologen sind über das plötzliche Verschwinden der in Amerika lebenden Frühpferde sehr erstaunt; manche nehmen an, dass eine Seuche das dortige Pferdegeschlecht fast ausgerottet hat und dass nur kleine Gruppen sich über Alaska und die damalige Landbrücke der Aleuten nach Kamtschatka und Ostasien gerettet haben.

Tatsächlich war es so, dass erst die Europäer im 16. und 17. Jahrhundert, nach der Wiederentdeckung Nord- und Südamerikas, Pferde wieder dort einführten. Keiner der damals lebenden Indianer oder Azteken hat diese Tiere vorher gekannt. Und doch war die Urheimat der Pferde und Huftiere der amerikanische Kontinent.

Sobald die geisteswissenschaftlichen Darstellungen Rudolf Steiners, die er von der alten Atlantis gegeben hat, als Schlüssel in die Evolutionsgeschichte der Equiden eingeführt werden, beginnen die Rätsel sich zu lösen. Dieser gewaltige Kontinent brach durch Flutkatastrophen am Ende der Eiszeiten ein und Stück für Stück versank die Atlantis im sich ausbreitenden Atlantischen Ozean. Mit ihr gingen viele der damals lebenden Tiere zugrunde; auch Pliohippus verschwand.

Aber in Europa und Asien entfalteten sich aus den geretteten Überresten – unter gänzlich neuen Bedingungen – die bis heute lebenden

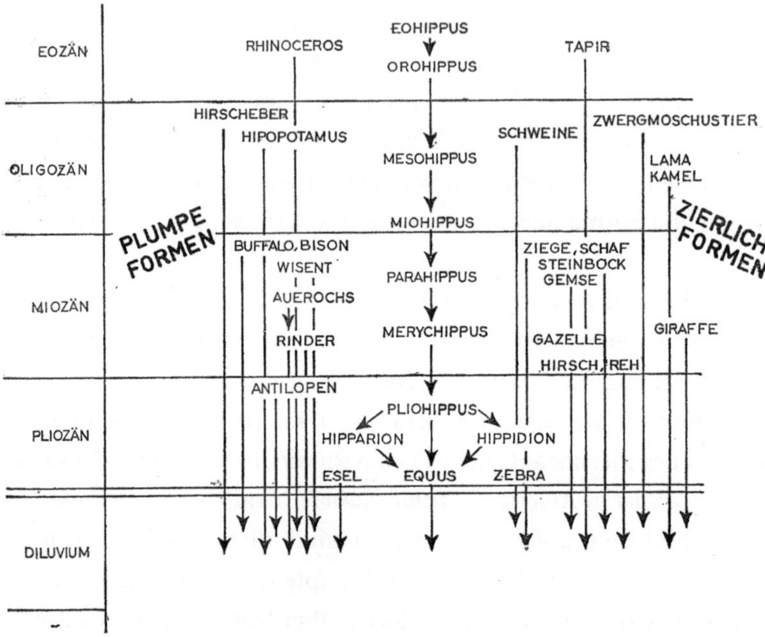

Pferderassen. Erst jetzt werden sie zu den Tieren der weiten Steppen und des Weidelandes.

Über diese Verteilung schreibt Abel:

> Heute leben Pferde in den kalten, trockenen Hochlandgebirgen Zentralasiens, wie in der afrikanischen Massaisteppe, wo die Zebras … ungeheure Rudel bilden oder wenigstens noch bis vor kurzer Zeit gebildet haben. In der Eiszeit Europas haben wir jedoch nicht nur Pferde gefunden, die mit den noch lebenden asiatischen Hochsteppenpferden übereinstimmen und somit das Vorkommen von pleistozänen Steppenpferden in Europa beweisen, sondern es haben auch Pferde in der Eiszeit Europas gelebt, die Bewohner des Waldes oder der Tundra gewesen sind, wie aus den geologischen Verhältnissen und aus dem Charakter der jeweiligen Begleitfauna hervorgeht.[10]

Wir können uns nun, anhand der hier nur andeutungsweise beschriebenen Phänomene, ein allererstes Bild von der Entfaltung des Pferdetypus machen. Aus kleinen, fast unscheinbaren, das dichte Buschgestrüpp der atlantischen Welt bewohnenden Säugern entwickelten sich immer größer werdende Tiere, die am Ende der atlantischen Zeit die Gestalt und den Wuchs heutiger Pferde erreicht hatten.

Gleichzeitig entfalteten sich alle anderen Säuger, besonders die Huf- und Weidetiere. Neben den Pferden entstanden Tapire und Schweine; Giraffen und Rhinozeros bildeten sich aus; Büffel und Bison, Schafe und Ziegen, Antilopen und Rotwild nahmen Gestalt an. Am weitesten in die Frühzeit der Atlantis zurück reichen die Nichtwiederkäuer: Schweine, Hippopotamus und das kleine Geschlecht der Hirscheber. Später – im Oligozän – folgten die Schwielensohler, wie Lama und die Kamele und Dromedare. Gleichzeitig erschienen die Zwergmoschustiere (wir erwähnten schon den kleinen Kantschil). Vom Miozän an – das etwa der Mitte der atlantischen Zeit entspricht – traten dann alle Wiederkäuer – Giraffen, Rinder und Antilopenartige – in die Entwicklung ein. Kurz vorher tauchen auch alle Hirschartigen auf.[11]

Eine unendliche Fülle von Formen, Gestalten und Arten wird hier anschaubar. Alle sind Huftiere; sie sind aber auch Horn- und Geweihträger und haben ein bisher noch nicht erwähntes Charakteristikum, das ihr Temperament und Wesen tief beeinflusst: Sie alle sind hauptsächlich Pflanzenfresser, sie entwickelten sich allmählich zu Wald- und Weidetieren. Die gleichzeitig entstandenen Raubtiere sind echte Jäger. Die Huftiere aber weiden die Steppen und Wiesen ab. Sie lichteten die dichten Wälder der Atlantis und überwanden so eine allzu üppig wuchernde Natur. Durch ihre Lebensweise beginnt das Niflheim der alten Welt vom Licht der Sonne erhellt zu werden. Das neu entstehende Dasein der Huftiere reinigt die zu dichte Atmosphäre, klärt den Dunst und Nebel des atlantischen Erdenraumes, indem es verdauend-abbauende Kräfte dem allzu reichlich sprießenden Pflanzenwachstum entgegenstellt.

Hier greifen wir an eines der Geheimnisse, das uns in den Weidetieren entgegentritt. Sie – vor allem die Wiederkäuer – verwandeln grüne Pflanzensubstanz in weiße Milch. Das ist eine Metamorphose, die der Durchlichtung der Erdenwelt zugeordnet ist. Einmal – in Urzeiten – war die ganze Atmosphäre mit Weltenmilch durchdrungen. Damals war Atmen und Nahrung aufnehmen noch ein einziger Vorgang. Dann teilte sich diese Einheit und Luft- und Nahrungsaufnahme wurden voneinander unabhängige Prozesse.[12]

Diese Entwicklung trieben die Huftiere voran. Sie wandelten nicht nur über das Land; sie rodeten Wiesen und Wälder und verwandelten gerodetes Grün in nährendes Weiß. Sie waren die Vorbereiter derer, die später unter den Menschen zu Bauern wurden. Nun ist es nicht mehr schwer zu verstehen, dass Rinder und Schafe, Ziegen und Schweine sich wieder zu ihnen fanden. Sie hatten ja zuerst den Boden bereitet, auf dem der Mensch später pflügen und eggen, säen und ernten konnte.

Was aber haben die Pferde bei alledem zu tun? Gehen sie nicht wie unberührt daran vorbei? Sind sie nicht die ältesten aller Ungulaten, die bis in die Anfänge der Atlantis zurückreichen? Sie setzten sich weder Hörner noch Geweihe auf, sondern hielten den mittleren Pfad der Entfaltung ein, damit die anderen nach allen Seiten abweichen konnten, um ihre Spezialaufgaben zu erfüllen.

Gleich einem König und Herrscher entwickelte sich das Pferd durch die Zeit der Atlantis hindurch. Es war darauf bedacht, die mittlere Zehe von Hand und Fuß als einzige der Erde entgegenzustellen und so ein vollendetes Gleichgewicht zwischen Schwerkraft und Leichte zu erschaffen.

Wie der Mensch das Maß aller Dinge ist, so kann das Pferd das Maß aller Huftiere genannt werden. Unbeirrt entfaltet es sich dem Ziel seiner Erdenaufgabe zu: den Menschen auf seinem Rücken zu tragen, seine Wagen zu ziehen und dessen Räder über die Wege rollen zu lassen. Zum Menschen hin entwickelt sich das Pferd! Der Erde dienen alle Huftiere. So wird das Pferd unser Bruder, die Ungulaten aber unsere näheren und ferneren Geschwister.

Hufe und Gliedmaßen der Pferde

Bei keiner anderen Gruppe der Weidetiere sind die Hufe zu solcher Vollendung gekommen wie bei den Equiden. Pferd, Zebra und Esel haben diese Endorgane in so planmäßiger Vollkommenheit entwickelt, dass man kaum mehr an ihren Ursprung erinnert wird. Denn alle Hufe haben sich aus den Anlagen der Finger- und Zehennägel entwickelt. Bei den meisten Paarhufern ist das noch deutlich zu erkennen, weil der hornige Hufteil meist nur die Vorderseite der Fußenden umkleidet. Beim Pferd hingegen bildet er einen fast völlig geschlossenen Ring, der die große Mittelzehe umfasst. Der anatomische Bau dieses Organs ist kompliziert; er ist so, dass er gleichzeitig Festigkeit, Elastizität und ständige Erneuerung ermöglicht. Der Huf besteht nicht aus einer einfachen, flach gekrümmten Platte, sondern aus zahlreichen kleinen Hornröhrchen, die – eng aneinandergefügt – Festigkeit und Elastizität gewähren. Im Zentrum des Hufes steckt die Endphalange, das Hufbein, umpolstert vom Strahlkissen, einer aus Knorpel, Fett und Bindegewebe gebildeten Masse. Im Ring der verhornten Hufplatte bildet das Strahlkissen die elastische Schicht, die den Druck des Hufbeins auffängt und an die Innenwand der Hufplatte überträgt. An der Unterseite des Hufes bedeckt die Hornsohle und die Sohlenlederhaut das Strahlkissen und schützt es vor der direkten Berührung mit dem Boden.

Es handelt sich beim Huf um eine Art Gelenk. Das Ende des Zehenbeins ist der Gelenkkopf, der eigentliche Huf die Pfanne und das Strahlpolster das Zwischenlager. Alle Gelenke aber sind außergewöhnlich sensitive Organe. Man sollte sie fast als Sinnesorgane beschreiben, in denen Tast-, Lebens- und Eigenbewegungssinn zusammenwirken und dadurch ein dauerndes dumpfes Bewusstsein von der Stellung und Haltung des Leibes vermitteln. Die Hufe sind unterschwellige Sinnesorgane, die es dem Pferd ermöglichen, die Erd- und Bodenoberfläche so zu ertasten und zu erspüren, dass jeder Hufschlag ein sensitives Erlebnis wird. Wie fein empfindlich sind doch Pferde für irgendeine Erkrankung am Huf

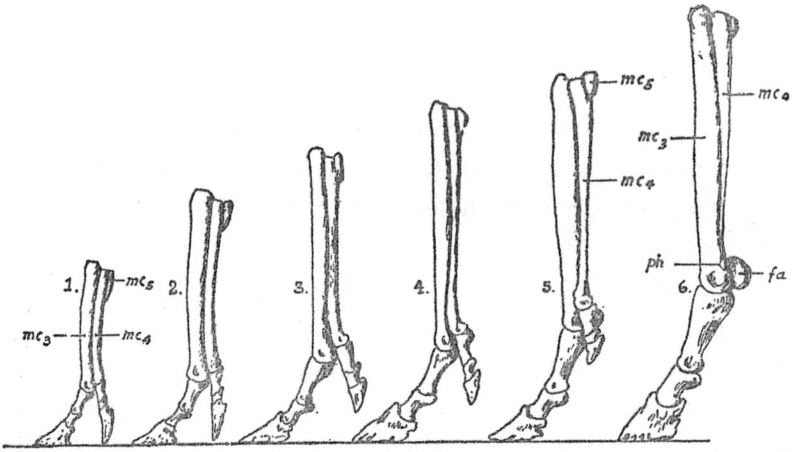

Abbildung 2
Seitenansicht des Skeletts des linken Vorderfußes von sechs nordamerikanischen Pferdevorfahren aus dem Tertiär. In gleicher Reduktion.
1. Mesohippus, 2. Miohippus, 3. Parahippus, 4. Merychippus primus, 5. Merychippus eohipparion, 6. Pliohippus.
mc 3, 4 und 5 dritter, vierter und fünfter Mittelfußknochen.
(Nach: Othenio Abel: *Paläobiologie und Stammesgeschichte*, Jena 1929, Fig. 78).

oder für ein schlecht sitzendes Hufeisen! Jeder Hufschmied wusste früher davon zu erzählen. Der Huf ist also nicht nur ein Schutzorgan, wie das meist angenommen wird; vielmehr ist er ein Sinnesorgan, das einem fein ausgebildeten und vergrößerten Tast-Auge oder Tast-Ohr zu vergleichen ist. Beim Pferd scheint dieses Organ besonders gut entwickelt zu sein.

Fasst man diese Tatsache ins Auge, dann entsteht sofort die Frage: Was war der Anlass dieser Entwicklung: Warum entfalteten sich die Huforgane bei allen Weidetieren, in besonderer Art aber bei den Equiden? Ist das aus dem, was wir bisher dargelegt haben, zu verstehen? Ja, ich wage die Frage zu stellen: Was ist der Grund dafür, dass die Ungulaten Hufe haben?

Gehen wir nochmals auf die Evolution der Pferde zurück und betrachten wir die allmähliche Ausformung der Gliedmaßen, die in Abbildung 2 verfolgt werden kann. Hier sind die einander folgenden Entwicklungsstadien des Vorderfußes von Mesohippus bis Pliohippus dargestellt. Was zeigen sie? Wir erkennen zunächst eine Verlängerung und Vergrößerung der mittleren Zehenknochen. Von Typus zu Typus steigert sich das Ausmaß dieses Knochens. Gleichzeitig aber kann man wahrnehmen, wie sich die Zehe vom Boden abhebt und mehr und mehr streckt. Der Winkel, der zuerst zwischen Zehen- und Mittelfußknochen gebildet wird, öffnet sich zusehends und wird immer größer. Das heißt, dass der Fuß sich aus einer mehr waagrechten in eine steigend senkrechte Lage begibt. Hier offenbart sich deutlich der Aufrichteprozess, der sich am Pferdefuß einstmals vollzogen haben muss.

Man kann sehen, wie die vierte Zehe allmählich vom Boden sich entfernt; die sich streckende dritte Zehe hebt sie mit sich herauf, und da sie dadurch den Boden unter sich verliert, degeneriert sie.

Rudolf Steiner hat oft von der Aufrichtekraft gesprochen, die den Menschen durchdringt und ihm seine senkrechte Haltung gibt. Die gleiche Kraft – in geringerem Maß zwar und in veränderter Art – wirkt auch im Tierreich. Im Raum der Weidetiere – besonders aber bei den Pferden – kann sie aus der Evolution der Gliedmaßen erschlossen werden. Was dürfen wir daraus folgern?

Alle Huftiere haben während der atlantischen Epoche einen Aufrichteprozess durchgemacht. Nicht gleich dem, der den Menschen durchdrang und gestaltete, aber dennoch diesem ähnlich. Nur wirkte die Aufrichtekraft in den Ungulaten so, dass sich ihre Beine streckten, dass sie sich auf ihre Zehen stellten und dadurch ein Stück aus dem Schwerefeld der Erde heraushoben.

Wie ein kleines Kind – wenn es gefragt wird, wie groß es sei – sich auf die Zehen stellt und die Arme erhebt, so haben es einstmals alle Huftiere getan. Sie rückten ein Stück aus dem Schwerefeld der Erde heraus, indem sie ihre Gliedmaßen streckten. Manche Tiere wollten es sogar dem Menschen nachmachen und versuchten ihr Rückgrat aufzurichten; es blieb aber – wie bei Bär und Känguruh – nur ein kläglicher Versuch.

Es handelt sich also keinesfalls um einen Anpassungsvorgang, der beim Pferd zur besonderen Ausbildung der einen Zehe führte. Warum sollte man auch dem sogenannten «Kampf ums Dasein» auf einer Zehe besser standhalten als auf fünf? Auch die Paarhufer haben ja die letzten Jahrtausende gut überlebt, trotzdem sie es vorzogen, lieber auf zwei Zehen statt auf einer zu gehen, zu schreiten und zu springen. Und vier- und fünfzehige Tiere bewegen sich ebenso rasch wie ein- und zweizehige. Es ging hier niemals um einen Anpassungsvorgang!

Vielmehr war es der Aufrichteprozess, der die Huftiere durchdrang. Die Pferde hatten den Mut und die Durchhaltekraft, sich allein auf Mittelfinger und Mittelzehe zu stellen und wie tänzelnd – dem Schwerefeld enthoben – zu verweilen. Die Paarhufer zogen es vor, sich ein etwas sicherer verankertes Gleichgewicht, auf der dritten und vierten Zehe balancierend, zu erwählen.

Beiden aber, den Ein- und den Paarhufern, wurden die Hufe verliehen; eine Art Gegenwirkung zur Aufrichtekraft, die die Gliedmaßen durchdrang, musste sich einstellen. Der so stark nach oben strebenden Tendenz wurde nach unten ein Abschluss gegeben: die verstärkte Hornbildung erschuf den Huf. Er ist eine einzigartige Neuerwerbung im Reich der Tiergestalten.

Der gleiche Streck- und Aufrichteprozess wirkt aber nicht nur in den Gliedmaßen, sondern durchdringt das ganze Tier und führt am oberen Pol, dem Stirn- und Nasenteil, zum Durchbruch der Hörner und Geweihe. Sie sind gleich den erhobenen Armen des sich strebenden Kindes. Weil die Ungulaten sich auf die Zehen stellen und ihr Verhältnis zur Schwerkraft ändern, treten sie mehr ins Leichtefeld des Erdenumkreises ein. Sie «wittern» diese neue Sphäre; ein Lichtraum eröffnet sich den balancierend und tänzelnd sich haltenden Tieren. Dieses Lichtäthergebiet schafft sich gleichfalls seine Organe; sie sind Horn und Geweih. Einzig die Pferde – mit Esel und Zebra – bleiben davon frei. Ihre Hufe sind so vollendet, dass sie unten, im Schwerefeld, etwas vollbringen, was für oben an Bildekräften nichts mehr übrig lässt.

Lange nicht alle der horntragenden Tiere aber heben ihren Kopf in jene hellere Sphäre hinauf. Gnu und Bison, Büffel und viele Schafe senken das Horn eher zur Erde, als dass sie es über ihr Haupt hinaus aufrichten. Dieser Erhebungs- und Erhellungsprozess wird allein bei den Geweihträgern in vollendeter Art und Weise erfüllt. Die Leichtekraft hat das Skelett ergriffen und lässt aus ihm ein nach oben sich erhebendes Gebilde erstehen. Jährlich wird es abgeworfen und wieder erneuert und erscheint in immer schönerer und mächtigerer Ausgestaltung. Hirsch und Wapiti, Reh, Elch und Rentier sind die Krone des Huftiergeschlechtes.

Was sich zunächst nur als Phänomen uns darstellen konnte, lässt jetzt deutlicher werden, was es – als offenbares Geheimnis – enthüllt.

Nach oben und unten wirkt die Aufrichtekraft im Gestaltkreis der Huftiere. Am Pol der Schwere bildet sie die Hufe aus; am Gegenpol der Leichte wird sie zum Schöpfer von Horn und Geweih.

Beide sind – wie der Huf – verhüllte Sinnesorgane. Denn sie erweitern die Empfindungsfähigkeit ihrer Träger. Das Horn lauscht mehr in den Raum des Leibes hinein und vernimmt dumpf das Rauschen des eigenen Blutes und das Murmeln der Lebenssäfte. Das Geweih wittert – mit sehendem Tasten und tastendem Sehen – hinaus in die Welt. Es nimmt den strömenden Lufthauch wahr, der Gerüche und Farben an das Tier heranträgt.

Diese Polarität offenbart sich auch in der Verschiedenheit der Substanzen, aus welchen Hörner und Geweihe gemacht sind. Denn Knochengewebe ist anders als Haut und Horn. Das Horn strebt immer zur Rundung; das Geweih aber formt axiale Gebilde. Das Geweih offenbart die Strebekraft; das Horn zeigt die Tendenz des Abschließens, die durch tangentiale Richtungskräfte hervorgebracht wird. Das Geweih wächst vom Zentrum zur Peripherie; das Horn hingegen wird aus der Peripherie zum Zentrum hin konzentrisch gebildet. Das Geweih trägt die Strahlkraft des Sehens in sich; das Horn die Stille des Lauschens und Hörens. Und der Huf?

Rudolf Steiner hat einmal in zwei miteinander zusammenhängenden Vorträgen dargestellt, wie wir in der Gestalt und Organisation der drei im Mittelohr sich befindenden Gehörknöchelchen eine Metamorphose des Arm- und Beinskelettes erkennen müssen. Hammer, Amboss und Steigbügel, die zwischen dem Trommelfell und dem inneren Ohr ausgespannt sind, stellen die drei Verwandlungen des Fußes und Unterschenkelknochens, der Kniescheibe und des Oberschenkelknochens dar. Dort heißt es:

> Und ebenso wie sie mit ihren beiden Beinen den Erdboden befühlen, so befühlen sie mit dem Fuß des kleinen Gehörknöchelchens das Trommelfell. Nur ist ihr Erdenfuß, mit dem sie herumgehen, grob gebildet. Da fühlen sie grob den Fußboden mit der Fußsohle, während sie das feine Erzittern des Trommelfelles fortwährend abtasten mit dieser (umgebildeten) Hand oder mit diesem (umgebildeten) Fuß, den sie da drinnen im Ohr haben.[13]

Ähnlich spüren alle Huftiere, aber besonders die Pferde, das Erzittern der Erde unter ihren Füßen. Weil sie nur mit einer oder zwei Zehen den Boden berühren, wird dieses Betasten viel mehr ein Sinnesvorgang als ein mechanisches Geschehen. Wer je Gazellen und Hirsche, Rehe und Gemsen springen und klettern sah, der kann sich der Empfindung des Dahinschwebens nicht entziehen. Eine Gemse berührt kaum den Grat, den sie ersteigt; und eine Antilope fliegt über die weiten Wiesengründe hin, als wäre sie von Leichtekraft getragen. Es tastet lauschend der Huf; er empfindet die Schwingungen der unter seinem leichten Schlag erzitternden Erde und gibt dem hörend-tastenden Tier das Gefühl der Sicherheit beim Überwinden der Schwere.

Wer Pferde beobachtet, wenn sie im freien Gehege dahinpirschen, jagen, galoppieren und rennen, der kann erstaunt von dieser kraftdurchwirkten

Anmut sein. Und der Eindruck entsteht, dass dieser Rhythmus des Hufschlags, begleitet vom dumpfen Klang der wie stampfenden Melodie des Aufschlagens, zum notwendigen Bestandteil dieser einzigartigen Motorik gehört. Ja, der Pferdehuf nimmt hörend den rhythmischen Klang des Aufschlags wahr und gibt dadurch den Takt für die sich vollziehenden Bewegungen an. Gleich einem Dirigenten lenken die hörenden Hufe den Fluss der Motorik.

Die geweihtragenden Tiere erschließen das Ätherfeld des Lichtes. Die horntragenden Ungulaten vernehmen dumpf die Wellen der Klänge in ihrem Leibesinnern. Die Pferde hingegen schaffen sich im Schreiten und Springen ihre eigene Klangwelt, die vom Huf dumpf wahrgenommen wird. Sinnesorgane sind alle drei: Horn, Huf und Geweih.

Die Gangarten der Pferde

Obwohl das Pferd zu den größten Huftieren gehört, mächtige Beine und einen massigen Leib hat, ist seine Beweglichkeit von erstaunlicher Mannigfaltigkeit. Anmutig, feurig, zierlich, zornig, mächtig, langsam, entspannt ..., das sind nur einige der vielen Register, die seine Motorik zu spielen vermag. Was bei den anderen Weidetieren zu spezialisierten Bewegungsfähigkeiten wurde – man denke z. B. nur an Gazelle, Rind, Steinbock, Giraffe und Bison –, hat das Pferd in sich vereint. Deshalb ist es auch das einzige Tier, das lernt, sich zum Takt der Musik zu bewegen, und das verschiedene, ihm nicht natürlich gegebene Schrittarten und Bewegungsformen antrainiert bekommen kann. Die «Hohe Schule» der Lippizaner in Wien erreicht darin ihren Höhepunkt. Diesen Reitkünsten zuzusehen, kann ein durchaus musikalisches Erlebnis sein.

Durch die Vielfalt seiner Motorik bestätigt das Pferd seine zentrale Stellung im Formenkreis der Ungulaten. In ihm ist motorisch vereint, was in den übrigen Arten auseinandergelegt ist.

Obwohl schwer und mächtig, ist der massige Leib des Pferdes von einer deutlichen Harmonie durchzogen. Trotz der nach unten zu unverhältnismäßig dünn werdenden Beine, den dagegen mächtig ausladenden Schenkeln der hinteren Extremitäten und dem zwischen den vier Beinpfosten aufgehängten Rumpf – trotz des übermäßig langen Kopfes und des stämmigen Hals sind Anmut und Würde in verschiedenem Maß aber immer vorhanden. Diese Schönheit und Harmonie, die uns da entgegenkommt, hat weniger mit der Form des Leibes als mit der Grazie der Bewegung zu tun. Die Art, wie ein Bein gehoben und aufgesetzt wird, wie der Hals sich wendet und der Rumpf in Schritt und Trab leicht hin und her schwingt, bedingt diesen Eindruck. Nicht die Gestalt, sondern die an ihr sich vollziehende Motorik ist die Ursache der hier vorwaltenden Harmonie.

Da hinzu kommt die innere Beweglichkeit und Sensitivität der Pferdenatur. Dauernd weht ein leichtes Zittern durch den Körper; Adern erscheinen unterhalb der Haut und verschwinden wieder. Diese selbst runzelt und fältelt sich leicht und entspannt sich wieder. Es ist, als würde der Leib ständig von den ihn durchwehenden Empfindungen ergriffen. Erst die Nähe des Menschen und dessen freundlicher Zugriff und Wort bringt Ruhe in dieses Erregungsmeer.

Ist nicht der Leib des Pferdes mit einem Musikinstrument zu vergleichen, auf welchem die Motorik ihre Rhythmen und Melodien unentwegt spielt? Gleicht er nicht – von oben angeschaut – dem Körper eines mächtigen Cellos? Der Kopf und Hals des Pferdes entsprächen dem Instrumentenhals und die seltsame Doppelgestalt des Schallkörpers, mit vorderer und hinterer Ausladung, der Umrisskurve des Pferderumpfes.

Dort, wo der Steg wäre, sitzt der Sattel auf und genau darunter befindet sich auch der errechnete Schwerpunkt des Pferdekörpers. Er liegt, etwa zweimal so weit vom Rücken als vom Bauch entfernt, im Leibesinnern, in der Gegend des Herzens. Statt der Saiten gibt es Beine, die die Motorik ermöglichen. Die Bewegung spielt am Instrument des Pferdeleibes; er schwingt in ihrem Rhythmus, und die Hufe sind die dumpfen Empfindungsorgane für die entstehenden motorisch-sensorischen Vibrationen.

Erst unter diesen Aspekten können die drei oder vier natürlichen Gangarten der Pferde verstanden werden.[14] Je nach dem Standpunkt des Autors wird der Pass zu den angeborenen Gangarten gerechnet, oder auch nicht. Wir wollen von ihm zunächst absehen und die drei allgemein verwendeten Gänge der Pferde betrachten: *Schritt, Trab* und *Galopp.*

Der *Schritt* ist dadurch charakterisiert, dass niemals zwei Beine sich gleichzeitig bewegen. Wie bei allen Gangarten geht die Initiative von der Hinterhand einer Seite aus; ihr folgt beim Schritt die Vorderhand der Gegenseite, dann die zweite Hinterhand und darauf die vordere Gegenhand. Es ist eine sich schnell folgende Bewegung «über Kreuz». Dadurch wird ein stetiges Vorwärtsschreiten ermöglicht. Der Schritt ist immer eine Gang- und niemals eine Laufart, wie die beiden folgenden.

Der *Trab* hat einen anderen Charakter. Obwohl es verschiedene Variationen dieser Gangart gibt, bleibt ihre Grundgestalt immer gleich. Die diagonalen Beinpaare bewegen sich gleichzeitig; rechtes Hinterbein und linkes Vorderbein. Was sich beim Schritt hintereinander vollzieht, ist hier zu je zwei und zwei zusammengebündelt; nur zwei Hufschläge sind in der Gang-Einheit hörbar.

Der *Galopp* ist eine seltsam komplizierte Bewegung. Hier beginnt wieder eine Hinterhand, diese aber wird von dem dazu diagonal liegenden Beinpaar gefolgt, worauf das übrig bleibende Vorderbein den Schlusspunkt setzt. Stellen wir uns das Pferd schwebend vor, dann berührt das eine Hinterbein zuerst den Boden; gleich darauf folgt das diagonale Beinpaar und endlich die übrig gebliebene Vorderhand.

Da der *Pass* nicht allen Pferden eigen ist, soll er nur der Vollständigkeit wegen kurz beschrieben werden. Hier bewegen sich – im Wechsel – die Gliedmaßen einer Seite gleichzeitig. Dadurch schiebt sich einmal die rechte, dann die linke Seite usw. vor.

Versucht man, sich ein Bild vom Rhythmus der drei Gangarten zu machen, dann kann das etwa in der folgenden Art geschehen (1 und 2 bedeuten dabei die Anzahl der gleichzeitig aufgesetzten Beine):

Schritt:	1–1–1–1	1–1–1–1	1–1–1–1
Trab:	2–2	2–2	2–2
Galopp:	1–2–1	1–2–1	1–2–1

Daran wird unmittelbar ansichtig, dass es sich bei diesen drei Gangarten – der Pass ist nur eine andere Form des Trabs – um drei verschiedene Taktarten handelt, die dem Rhythmus der jeweiligen Gangart zugrunde liegen. Der Schritt geschieht im 4/4-Takt; der Galopp im 3/4-Takt und der Trab im 2/4-Takt. Was könnte besser die musikalische Natur der Pferde-Motorik veranschaulichen?

Hier erscheinen die drei Taktarten wieder, die auch in allen Volkstänzen die grundlegenden Rhythmen bilden. Ländler, Zweischritt, Csárdás und viele ähnliche Tänze sind auf diesen Taktarten aufgebaut und von ihnen durchzogen. In die Motorik der Pferde sind sie als eingeborene Rhythmen eingeschrieben. So werden diese Tiere zu den natürlichen Trägern von Rhythmus und Takt. Die vier Extremitäten bringen sie zum Ausdruck, und die Pferdenatur offenbart sich in ihnen. Schritt, Trab und Galopp sind die drei Ur-Rhythmen allen musikalischen Daseins; das Pferd ist ihr Leib. Dieser Leib aber ist das Bild der Saiteninstrumente, die ursprünglich Takt und Rhythmus allein zum Ausdruck brachten.

Das Pferd kann nur unter ständiger Anleitung und Dressur künstliche Tanzschritte erlernen. Natürlich gegeben sind ihm allein die drei beschriebenen rhythmischen Gangarten. Hierin zeigt sich sofort auch die relative Beschränktheit seiner Motorik, so vielfältig sie auch ist. Denn nur eine Vorwärtsbewegung ist dem Pferd möglich; während seitliche Bewegungen kaum vorhanden sind. Auch nach oben und unten sind die Bewegungsgrade eingeschränkt. So fehlt dem bestehenden Takt und Rhythmus jegliche Melodie; sie kann nur vom Menschen dem Pferd andressiert werden. Sein Rückgrat steht waagrecht; obwohl die Beine die Aufrichtekraft in sich aufgenommen haben, ist davon die Wirbelsäule nicht ergriffen worden. Deshalb bleibt die Hauptsymmetrieebene des Pferdeleibes die Sagittale. Sie teilt, dem Rückgrat entlang, den Leib in zwei symmetrische Hälften. Die vier Gangarten spielen sich um diese Hauptebene herum ab; sie wechseln von einer zur anderen Seite. In ihr liegt auch der schon erwähnte Schwerpunkt.

Die Frontalebene kann nur so gedacht werden, dass sie – senkrecht zur Sagittalebene stehend – die Vorderbeine in sich einschließt. Das ist die Ebene, die bei allen Bewegungen vorwärts geschoben wird und in der auch die Auf- und Abwärtsbewegungen erfolgen.

Die Horizontalebene hingegen ist der Boden, den die Hufe berühren. Sie wird sowohl von der Frontal- als auch der Sagittalebene senkrecht durchschnitten, die sich bei jeder Fortbewegung auf ihr entlangschieben. In den Raum dieser drei Ebenen ist das Leibesinstrument des Pferdes und die rhythmische Motorik, die darauf spielt, eingeschrieben.

Soll aus der rhythmischen Vorwärtsbewegung eine Melodie erklingen, muss der Mensch das Pferd besteigen. Sobald das geschieht, kann Gangart und Richtung – dem Reiter unterstellt – melodisch wirksam werden. Dann zieht die Frontalebene durch den Menschen hindurch und bindet Reiter und Pferd zusammen; jetzt sind beide zur Einheit geworden. Das Pferd gibt den Rhythmus, der Mensch die Melodie, und zusammen werden sie zu einer harmonisch-musikalischen Gestalt. Hierin liegt eines der zahlreichen Geheimnisse verborgen, die der Lust und Freude des Reitens eingeschrieben sind. Beide, Mensch und Tier, werden klingend erlebbare Musik.

Das Pferd findet erst im Menschen, der es besteigt, auf ihm reitet und sich von ihm tragen lässt, seine Erfüllung. So schön auch Pferde in der Freiheit sein können: ohne den Menschen scheinen sie unvollständig und nackt zu sein. Erst durch ihn erhalten sie ihre Erfüllung und ihre ihnen gemäße Vollkommenheit.

Aus kleinen, fast unscheinbaren Huftieren haben sich unsere Pferde entfaltet. Sie hielten sich in der Nähe des Menschen auf; erst spät aber wurden sie unsere Brüder. Dann blieben sie tausende Jahre lang mit uns vereint, bis die moderne Technik sie unserem Lebenskreis wieder entfremdet hat. Ihr ihnen eigener Rhythmus ist durch Zwei- und Viertaktmotoren ersetzt worden und ihre dienende Kraft wurde uns genommen. Was wird ihr Schicksal sein?

Mensch und Pferd

Die enge Lebensgemeinschaft, die sich im Laufe der Kulturentwicklung zwischen Mensch und Pferd herausgebildet hat, findet schon in den verschiedenen Sprachen einen beredten Ausdruck. Im Deutschen wird wohl kein anderes Tier mit so viel verschiedenen Namen bezeichnet. Wir sprechen nicht nur von einem Pferd, sondern nennen es auch Gaul und Ross. Gaul gilt heute – im Süden von Ross, im Westen und Norden von Pferd umschlossen – im Gebiet zwischen Kaufbeuren, Birkenfeld und Paderborn.[15] Das Wort Gaul stammt aus dem Mittelhochdeutschen und bedeutete früher ein männliches Tier. Pferd wird aus dem spätlateinischen *veredus*, Postpferd, abgeleitet. Und Ross – althochdeutsch *ros*, angelsächsisch *hors* und englisch *horse* – führt auf eine (erschlossene) germanische Wortform zurück, die auf eine ursprüngliche Bedeutung «springen» weist.

Versucht man, sich in die intimere Bedeutung dieser drei Namen einzufühlen, dann ist es wohl so, dass *Gaul* mehr als Zugtier, *Ross* das Reittier und *Pferd* das Leittier bezeichnet. Ross und Reiter sind als Bezeichnung eng miteinander verwandt; Gaul hingegen beschreibt die runde Mühe des vor den Wagen gespannten Tieres; Pferd aber hat ein richtungweisendes Element in sich.

Dann gibt es auch die Geschlechtsbezeichnungen: *Stute, Hengst* und *Wallach, Fohlen* und *Füllen*. Und der Platz, auf dem Pferde gehalten und gezüchtet werden, ist das *Gestüt*.

Ihren Farben entsprechend heißen die Pferde auch *Fuchs* und *Falben, Rappen* und *Schimmel* und *Schecken.* Wir sprechen auch von einem alten Gaul, einer *Muhte,* dem *Klepper,* der *Himmelsziege,* der *Kracke.* Wir bezeichnen sie – nach der Zucht – als *Vollblut* und *Halbblut,* als *Kalt-* und *Warmblütler,* als *Pony* und *Panjepferd.*

Ja, einige berühmte Pferde haben Eigennamen getragen, die uns noch heute bekannt sind; manche sind zu Eigennamen geworden. So die *Rosinante* des Don Quichote und der *Bukephalos* Alexanders des Großen. Caligulas Ross *Jucitatus* erhielt von seinem Herrn den Konsultitel und wurde entsprechend geehrt, gehalten und gefüttert. Dies sind deutliche Zeichen für die Bruderschaft, die zwischen Mensch und Pferd sich ausbildete.

So war es eine selbstverständliche Sitte, dass germanische Krieger mit ihren Pferden begraben wurden. Auch Attila wurde gemeinsam mit seinem Pferd bestattet. In Dänemark wurde in alten Zeiten *beim Bau einer Kirche ein lebendes Pferd in die Fundamente eingegraben.*[16]

Wer aber annimmt, dass die Pferde seit Urzeiten des Menschen Begleiter gewesen waren, wird durch geschichtliche und vorgeschichtliche Funde korrigiert. Erst relativ spät – etwa um 3000 v. Chr. – näherte sich das Pferd als Haus- und Nutztier dem Menschen. Lange vorher schon wurde es von ihm gejagt. Die vielen Darstellungen aus der Steinzeit, die in den jetzt berühmten Höhlen von Spanien, Südfrankreich und Mitteleuropa gefunden wurden, porträtieren wilde Pferde neben Auerochs, Mammut, Elefant und Steinbock:

> In verschiedenen Epochen der Eiszeit hat neben dem Wildbüffel das Wildpferd das wichtigste Nahrungstier des Menschen gebildet, dessen Knochen sich an manchen einstigen Lagerplätzen des Diluvialmenschen zu mächtigen Abfallhaufen auftürmen.[17]

Dort erfahren wir auch: Die damaligen Wildpferde *besaßen einen größeren Kopf, stärkere Zähne und kräftigere Kiefer als die heute lebenden Pferde.* Sie müssen – Knochenfunden nach – in riesigen Herden über Südeuropa hinweg gelebt haben. Von dort verschwanden sie allmählich und zogen sich in die Wälder Nordeuropas zurück. Dort blieben sie, wild lebend, bis ins Mittelalter, um erst im Laufe der letzten zwei Jahrhunderte völlig auszusterben. Plinius der Ältere schreibt: *Im Norden findet man Herden von wilden Pferden.* Jahrhunderte später – im Jahre 732 – schreibt Papst Gregor III. an Bonifacius:

> Du hast einigen erlaubt, das Fleisch von wilden Pferden zu essen, den meisten auch das von zahmen. Von nun an, heiliger Bruder, gestatte dies auf keine Weise mehr.

Und Helisäus Rösslin – nomen est omen – schreibt noch 1593 über die Wildpferde in den Wäldern der Vogesen: *Die Wildpferde sind in ihrer Art viel wilder und scheuer, dann in vielen Landen die Hirsch, auch viel schwerer und mühsamlicher zu fangen.* Er meint, dass sie, einmal zahm geworden, *die besten Pferde, spanischen und türkischen gleich* sind.

Heute gibt es wahrscheinlich noch wilde Pferde – die Tarpane – in den Steppen und Wäldern des östlichen Russlands; es sind kleine Tiere, mit dünnen, kräftigen Beinen und einem langen Hals. Sie sehen ein wenig dem Esel ähnlich, wie auch das erst 1879 in Innerasien entdeckte Przewalski-Pferd.[18] Dieses Pferd lebt in kleinen, jeweils von einem Hengst geführten Herden.

Dort, im Land der Kirgisen und Tataren, ist vielleicht die Heimat aller nachatlantischen Pferde und ihrer Nachkommen zu suchen. Das ist nur eine Annahme. Jedenfalls aber darf man sich vorstellen, dass die in Nord- und Zentralasien lebenden Mongolen das Pferd als Reittier schon in sehr früher Zeit benutzt haben. Viel später erst kam es zu den kulturtragenden Völkern:

> Das Pferd als Haustier fehlt bei den Sumerern und den Babyloniern des alten Reiches, denn Hammurabi führt es in seinem Ge-

> setz unter den Haustieren nicht auf. Es fehlt auch bis zum Zwischenreich der Hyxos (Hyksos) in Ägypten sowie in der ältesten Geschichte der Israeliten, denn unter all den Haustieren, die im Besitz des Erzvaters Jakob aufgezählt werden, finden sich keine Pferde.[19]

In einer anderen Darstellung heißt es:

> Im alten Reich Ägypten war das Pferd völlig unbekannt; als Last- und Arbeitstier wurde damals ausschließlich der Esel gehalten ... Erst im 17. Jahrhundert scheinen die Hyksos das Pferd aus Westasien nach dem ... Niltal gebracht zu haben. Hier bürgerte es sich rasch ein und erscheint dann von der 18. Dynastie an (1580–1350 v. Chr.) unter den Thutmosis und Amenophis, dann namentlich in der 19. Dynastie (1350–1205) unter den Ramses und Sethos als hochgeschätztes Haustier.[20]

Es zog damals schon die Streitwagen der Krieger, war aber auch den zur Jagd verwendeten zweirädrigen Wagen vorgespannt. Zur gleichen Zeit wurde es in Babylonien und Assyrien für Krieg und Jagd verwendet. Jahrhunderte später erst scheint es als Reitpferd benutzt worden zu sein. Kein afrikanisches Volk – mit Ausnahme der Ägypter – besaß damals Pferde. Auch Herodot berichtet, dass die im Heer des Xerxes kämpfenden Araber auf Kamelen ritten, *die den Pferden an Schnelligkeit nicht nachgaben.*

Erst bei den frühen Griechen und Römern wird das Pferd aus einem Zug- zu einem Reittier. Jetzt schwingt der Mensch sich auf seinen Rücken und wird zum Herrn und Meister des Rosses. Das herrliche Relief am Parthenon, das die reitenden Jünglinge im Panathenäenfestzug darstellt, zeigt die nun vollendete Eroberung des Pferdes durch den Menschen.

Noch vor Ilion kämpfen Griechen und Trojaner nicht hoch zu Ross, sondern in von Pferden gezogenen Streitwagen.[21]

Die hier zusammengestellten Tatsachen beweisen die späte Eingliederung des Pferdes in die Kulturgeschichte der nachatlantischen Menschheit. Nicht vor der Mitte des zweiten vorchristlichen Jahrtausends wird das Pferd vor die Wagen der Krieger und Jäger gespannt. Und erst ein weiteres Jahrtausend später besteigt es der Mensch und wird zum Reiter.

Gleichzeitig aber jagten die Mongolen auf ihren kleinen Pferdchen durch die Steppen Asiens, und es ist sehr wahrscheinlich, dass die mehr westlich siedelnden Germanen von ihnen den Gebrauch der Rosse als Reit- und Zugtier übernommen haben. Auf ihren Wanderungen nach dem Norden Europas trafen sie das dortige Wildpferd und zähmten es. Dass sie aber ihre Götter als berittene Wesen wahrnahmen, geht eindeutig aus der nordischen Mythologie hervor. Wotan und seine Scharen jagten auf himmlischen Pferden einher. Und im Kult wurden vorzüglich Pferde auf den Altären geopfert. In Südschweden wurde ein Pferdeschädel gefunden, dem noch der Rest des Dolches im Stirnbein steckte.

Vielleicht dürfen wir annehmen, dass es zwei einander entgegengesetzte Ströme der Eingliederung der Pferde in die Menschheitsgeschichte gibt. Vom Osten kamen die in den asiatischen Steppen weidenden wilden Pferde über Turkestan, Persien und dem heutigen Afghanistan nach Babylonien und Assyrien. Aus ihnen wurden die leichtfüßigen Kriegs- und Reittiere. Sie sind die eigentlichen «Pferde». Im Norden Europas aber, in Skandinavien und im nördlichen Russland wurde das dort hausende Wildpferd gezähmt, als Opfertier gebraucht und wurde dann allmählich der geliebte «Gaul», der bei den Germanen ein Bestandteil der Familie war.

Reinhardt kommt zu einer ähnlichen Annahme:

> Während nun das im Schädelbau sich mehr dem Esel nähernde orientalische oder warmblütige Pferd den Ahnherrn aller schnellfüßigen Reit- und Wagenpferde darstellt, ist das plumpere, aber kräftigere okzidentale oder kaltblütige Pferd der Stammvater

> des schweren deutschen Karrengauls, dessen Vorfahren die mit schwerer Rüstung für Mensch und Tier bewehrten mittelalterlichen Ritter trugen.[22]

Warum aber besteigt der Mensch so spät das Pferd? Darauf kann manche Antwort gegeben werden. In Urzeittagen schon war das Pferd ein heiliges Tier. Es wurde in Indien und Persien den Göttern beigesellt. Indra ritt auf ihm durch die Himmel; es sind Pferde, die den Sonnenwagen führten, und sie trugen auch den Mond durch den Raum. Durften daher die irdischen Abbilder dieser heiligen Wesen von Menschen besessen und bestiegen werden? Nur als heiliges Opfer konnten sie denen dargebracht werden, die sich ihrer im Reich der höheren Welten bedienten.

Als aber das übersinnliche Schauen allmählich dahinschwand und dafür das Denken als Erkenntnisvorgang im Menschen erwachte, wurden die Pferde gezähmt, gezäumt und vor die Wagen gespannt. Ihre Kraft wurde dem Menschen dienstbar. Noch später aber, als die Mysterientempel schrittweise ihre Pforten schlossen und das Licht der Logik bei Sokrates, Plato und Aristoteles sich entzündete, war auch die Zeit für den Menschen gekommen, das Pferd zu besteigen und sein Herr und Meister zu werden.

Auf diesen Weg der Seelenentwickelung der Menschheit hat Rudolf Steiner immer wieder hingewiesen. In der Einleitung zu seinem Werk *Die Rätsel der Philosophie* heißt es:

> In Griechenland wird das Streben geboren, die Weltzusammenhänge durch dasjenige zu erkennen, was man gegenwärtig Gedanken nennen kann.[23]

Und an einer anderen Stelle sagt er:

> Wir haben gesehen, dass ein kleines Häuflein von Menschen (es waren die aus der alten Atlantis unter der Führung des Manu aus-

> gezogenen Ursemiten) in der Gegend des heutigen Irland ... diejenigen Fähigkeiten hatten, die nach und nach in aufeinanderfolgenden Kulturepochen heraustraten ..., Diese Anlage bestand in der Fähigkeit zum logischen Erwägen, zur Urteilskraft. Vorher gab es so etwas nicht; wenn ein Gedanke da war, war er auch schon bewiesen. Ein urteilendes Denken war bei diesem Völkchen veranlagt, und sie brachten diese Keimanlage hinüber von Westen nach Osten, und bei jenen Kolonisierungszügen, von denen der eine nach dem Süden hinunterging, nach Indien, da wurde der persischen Kultur der kombinierende Gedanke eingeflößt, und in der dritten, in der chaldäischen, wurde dieser kombinierende Gedanke noch intensiver; die Griechen aber brachten es so weit, dass sie das herrliche Denkmal der aristotelischen Philosophie hinterließen.[24]

In dieser Darstellung der Gedankenentfaltung im Gang der Menschheitsentwicklung können wir nur die innere Seite dessen erkennen, was sich äußerlich im schrittweisen Begegnen von Mensch und Pferd vollzogen hat.

Das «kleine Häuflein» der Ursemiten, das sich – verachtet und unscheinbar – während der späteren Epochen der Atlantis herausbildete, entstand zur gleichen Zeit, in welcher Eohippus, Mesohippus und Orohippus auftraten. Beide – die Ursemiten und Hipparion – wanderten nach dem Osten und verließen den untergehenden atlantischen Kontinent.

Die Menschen wurden zu den Gründern der nachatlantischen Kulturen; die Pferde hingegen umkreisten sie noch und warteten auf eine nähere Berührung. Sie trugen – unsichtbar – jene Gedankenkräfte mit sich, die allmählich im Menschen erwachen sollten. Es waren die Schatten jener Weltgedanken, auf welchen die Seher die Götter Indra, Wotan und Poseidon einherreiten sahen.

Schrittweise wurde das Haupt des Menschen zum Gedankenträger.

In Griechenland wird diese Entwickelung vollendet, und das Pferd ist zum Ross, der Mensch aber zum Reiter und Ritter geworden. Gerüstet mit der aristotelischen Logik, betritt er als Herr den Gottesgrund der Erde. Alexander, als Schüler des Aristoteles, kann den Bukephalos zähmen. Beide, Pferd und Logik, sind ihm dienstbar geworden. Er wurde zum ersten Ritter der Menschheit.

Die mythischen Pferde

Der Götter- und Heroenhimmel der Griechen ist reich an mythischen Pferdegestalten. In verschiedensten Formen erscheinen sie als Begleiter der sterblichen Menschen und unsterblichen Wesen. Aus den Erdentiefen bis hinauf zu Himmelshöhen erfüllen sie die vielgestaltige Welt irdischer und übersinnlicher Ereignisse und Taten. Immer aber gilt es, die wilde Natur des Pferdes und seine gewaltige Kraft durch menschliche List und Stärke zu überwinden. Das Ringen zwischen Mensch und Pferd – von Poseidons stürmischen Verwandlungskünsten bis zu Odysseus' listiger Klugheit – steht im Zentrum der griechischen Rossemythen. Schon bei Bachofen heißt es:

> Das Pferd ist das Bild der im Sumpf waltenden, die Erde wild befruchtenden Wesenskraft ... mithin auch des ehebrecherischen Lebens. Dieses wilden Pferdes Zügelung ist des Weibes Tat.[25]

Diese Charakteristik aber gilt nur für eine der vielen Mythengestalten, die als Pferd uns überliefert sind.

Dieses unbändig-wilde Wesen, das den Grund der Erde mit seinen Hufen zerstampft und die Wasser der Meere durch die Glut seiner Leidenschaft aufrührt, ist dem Poseidon untertan. Er nimmt selbst die Gestalt eines Hengstes an, naht sich der Erdenmutter Demeter, die sich von ihm begatten lässt. Sie gebar ihm eine Tochter, deren Namen außerhalb der Mysterien nicht zu nennen erlaubt war. Zugleich entsprang ihrem Leib das berühmte, schwarzmähnige Ross Arion; es war schnell wie der Wind.

Poseidon stand den Pferden so nahe wie die Erdenmutter Demeter dem Korn. Und seit er Hochzeit mit Amphitrite gehalten hatte und zum Beherrscher der Meere wurde, erschienen dort jene

> Rossungeheuer, halb Pferde, halb schlangenförmige Fische – Seekentauren, die an ihrem tierischen Hinterleib Ross und Fisch vereinigten, Okeaninen und Nereiden mit Namen, die die Stutennatur verraten, wie Hippo, Hipponoe, Hippothoe und Manippo.[26]

In Poseidon selbst und seinen Scharen wird jenes ungestüme Pferdewesen offenbar, von dem Bachofen als *der die Erde wild befruchtenden Wasserkraft* spricht. Es sind die um die Erde scheinbar gesetzlos wirkenden meteorologischen Kräfte, die auch im Menscheninnern dort wirksam sind, wo Trieb und Leidenschaft uns durchdringen. Rudolf Steiner beschrieb einmal das Herrschaftsgebiet des Poseidon, wie es vom griechischen Menschen empfunden wurde:

> Er [der Grieche] fühlte, dass in dem auf- und abwogenden Meere, dass im Sturm, im Orkan, der über die Erde braust, dieselben Kräfte wirksam sind wie in uns, wenn der bleibende Affekt, die Leidenschaft, die Gewohnheit durch das Gedächtnis pulsieren ... Es sind die Seelenkräfte in uns, die wir unter dem Begriff des Ätherleibes zusammenfassen ... Und der alte Grieche, der wesenhaft noch ein Bewusstsein hatte von der durch das Hellsehen erreichbaren Gestalt, von dem Regenten der Zentralgewalt dieser Kräfte im Makrokosmos, er sprach das an unter dem Namen des Poseidon.[27]

Ungeklärte, wilde und ungeläuterte Bildekräfte sind es, die durch die Nereiden und Okeaninen repräsentiert werden. Sie streben nach Erhöhung und Verwandlung. Die griechische Mythologie weist darauf hin.

Des Poseidon Sohn, Bellerophontes – ein Enkel des Sisyphos –, wünschte sich ein geflügeltes Pferd. Sein Vater gab ihm den unsterblichen Pegasos. Dieser aber war gleichfalls der Sohn des Poseidon und daher des Bellerophontes Bruder. In Urzeiten, als noch die Gorgonen von strahlender Schönheit waren, liebte Poseidon eine von ihnen, Medusa. Lange hielt sie den werdenden Sprossen in ihrem Leib verborgen. Erst als Theseus sie enthauptete, entsprang der flügeltragende Pegasos ihrem blutenden Hals. So stieg das Pferd aus dem Dunkel phorkyadischer Tiefen ans Licht des Tages.

Bellerophontes, ein sterblicher Held, war erst unfähig, den Bruder Pegasos zu zähmen. Dann aber verlieh ihm Athene einen goldenen Zauber, als er sie an einem ihrer Altäre um Hilfe bat:

> Nun bestieg der Heros das göttliche Ross und tanzte mit ihm – der Göttin zu Ehren gepanzert – den Waffentanz.[28]

Hier hat ein Mensch das aus den Tiefen entstiegene Ross mithilfe der Göttin der Weisheit, die ihm den «goldenen» Zauber gab, gezähmt und bestiegen. Bellerophontes wurde zum Reiter.

Mit der ihm verliehenen Kraft vollbringt er Taten, die an die des Herakles erinnern. Seine Siege – auch gegen die Amazonen kämpft er – waren so gewaltig, dass er die Tochter des Königs von Lykien zur Frau gewinnt.

Dann aber rächt sich die Kraft des erwachten Gedankenfluges. Zweifel entstehen in ihm: *Ob es wohl Götter überhaupt gibt?* Er wollte es selbst erfahren und bestieg den Pegasos, der ihn zum Olymp tragen sollte; in den Rat der Götter wollte er eindringen. Das war zu viel. Das himmlische Pferd warf den verwegenen Reiter ab. Er stürzte zur Erde und fristet dort – in der Ebene Aleion des «Umherirrens» – ein hinkendes Dasein.

So stürzt uns Zweifel und Zwist im Denken aus den Höhen der Erkenntnis in die Tiefen des Nichtwissens.

Der eigentliche und wahre Bezwinger des Pferdes aber wurde Herakles. Er zähmte die Rosse des Diomedes; es war die siebente unter den zwölf Taten, die er vollbringen musste. Diese Tiere waren, ähnlich dem Pegasos, geflügelt und auch den Harpyen, Gorgonen und Erinnyen verwandt; sie fraßen Menschenfleisch. Ihr Herr, Diomedes, war ein Sohn des Ares. Herakles erschlug ihn und warf den Leib den Rossen vor. So wurden sie zahm und der Held konnte sie mit sich nach Mykenai führen. Es wird erzählt, dass aus ihrem Stamm Alexanders Pferd, Bukephalos, erwuchs.

Ein anderer Aspekt der mythischen Pferde wird uns in den Kentauren-Erzählungen übermittelt. Ihr Ursprung wird bei Hera selbst gesucht, die zur Zeit, da sie noch nicht dem Zeus angehörte, von Giganten – vielleicht auch von anderen Urgewalten – befruchtet wurde und Kentauren gebar. Diese Geschöpfe, halb Pferd und halb Mensch, sind gleichfalls Wesen, die auf dem Weg sind, ihr tierisches Sein in menschliches zu verwandeln. Einer unter ihnen – Chiron – wurde zum Lehrer des Asklepios, weil er noch göttliche Weisheit besaß. Er kannte den Zauber sowohl als die heilende Kraft der Kräuter. Manchmal wird er, die Leier spielend, dargestellt. War er ein Schüler des Orpheus?

Rudolf Steiner sprach über das Bild des Kentauren in Verbindung mit Gilgamesch. Er beschreibt diese Persönlichkeit als von einem Erzengel erfüllt und geführt und sagt dann:

> Solch eine Wesenheit wirkte durch Gilgamesch ... so haben wir ihn uns so recht vorzustellen unter einem Bilde, das uns geben konnte das Symbolum des Kentauren ... Ein Kentaur ... sollte immer darstellen, wie in den mächtigeren Menschen der alten Zeiten auseinanderfiel das höchste spirituelle Menschentum und dasjenige, was die einzelnen Persönlichkeiten mit der tierischen Organisation verband. Wie ein Kentaur, so wirkte dieser Gilgamesch auf diejenigen, die ihn beurteilen konnten.[29]

So tritt das vielfältige Bild der mythischen Natur des Pferdes aus der Welt des Griechentums uns entgegen. Es durchsetzt und durchtränkt die absterbende Bilderwelt jenes Zeitalters und macht es den Menschen zur Aufgabe, sich mit seiner Natur auseinanderzusetzen. Athen, Herakles, Bellerophontes, die Kentauren und Poseidon: Sie alle erschienen in den Spielen und Dramen, die als exoterische Anleitung den Weg zu den Mysterien gewiesen haben.

Dort aber wurde gelehrt, dass die Pferdenatur in vergangenen Zeiten aus dem Menschen herausgesetzt wurde, damit ihm die Kraft des klugen Verstandes verliehen werden konnte. Dieses Geheimnis wurde als fünftes Blatt des zehnblättrigen Buches dargestellt.[30]

Die Eröffnung dieses fünften Blattes wird in der *Offenbarung des Johannes,* im sechsten Kapitel, dargestellt. Dort entsiegelt das Lamm die ersten vier Siegel des Buches des Lebens:

> Und ich sah, und siehe, ein weißes Pferd. Dieses wird gefolgt von einem roten Pferd; dann kommt ein schwarzes und als letztes ein fahles Pferd.

Jedes Pferd hat seinen Reiter und dieser führt besondere Gaben mit sich. Der auf dem weißen Pferd sitzt, trägt eine Krone *und er zog aus sieghaft und dass er siegte.* Und dem Reiter des roten Pferdes ist ein großes Schwert gegeben, *den Frieden zu nehmen von der Erde.* Der Herr des schwarzen Pferdes *hatte eine Waage in seiner Hand.* Auf dem fahlen Pferd aber reitet der, *des Name hieß Tod und die Hölle folgte ihm nach.*

In einer ausführlichen Darstellung dieser gewaltigen Bilder erläutert Rudolf Steiner ihren Sinngehalt. Der Siegeszug des immer stärker werdenden menschlichen Intellektes wird hier beschrieben. Die vier nachatlantischen Zeitalter erscheinen in der Gestalt der vier Pferde und derer, die auf ihnen reiten:

> Dadurch, dass der Mensch den indischen Zeitraum durchlebt hat in einer Stimmung, in der er absah von der physischen Welt und den Blick hinaufrichtete nach dem Geistigen, dadurch wird er in dem ersten Zeitraum nach dem Kriege aller gegen alle über das Physisch-Sinnliche siegen. Sieger wird der Mensch sein dadurch, dass er sich aneignet, was sich im ersten Zeitraum in seine Seele geschrieben hat.

Und weiter heißt es:

> Was sich im zweiten Kulturzeitraum herausstellte, die Überwindung der Materie durch die Urperser, diese Überwindung erscheint uns im zweiten Zeitraum nach dem Kriege aller gegen alle: das Schwert, das da bedeutet das Instrument zum Besiegen der äußeren Welt. Was sich der Mensch angeeignet hat in der babylonisch-ägyptischen Kulturepoche, als er die Maße lernte, als er lernte alles gerecht abzumessen, das tritt uns im nächsten Zeitraum nach dem großen Krieg aller gegen alle entgegen als dasjenige, was angezeigt wird durch die Waage.
> Und der vierte Zeitraum zeigt uns an, was zum Wichtigsten gehört, das was der Mensch im vierten Zeitraum unseres Zyklus durch den Christus Jesus und sein Erscheinen sich angeeignet hat: das geistige Leben, die Unsterblichkeit des Ich. Dass alles, was nicht zur Unsterblichkeit geeignet ist, was dem Tode geweiht ist, abfällt, das muss sich für diesen vierten Zeitraum zeigen.[31]

Hier wird die wahre Mission, die das Pferd in der Menschheitsgeschichte hatte, nochmals deutlich. Durch sein Opfer haben wir Menschen unseren Intellekt uns erworben. Im Pferd blieb in natürlicher Gewalt und Macht dasjenige stehen, was sich im Menschen zum Gedankenleben umbildet.

In diesem Zusammenhang sagt Rudolf Steiner, die obige Darstellung vorbereitend:

So sonderbar, so grotesk es erscheinen mag, so wahr ist es: wären um uns nicht die Tiere, die repräsentiert sind durch die Pferdenatur, der Mensch hätte sich niemals die Intelligenz aneignen können. Das fühlte noch der Mensch in früherer Zeit. Alle die intimen Verhältnisse, die sich zwischen gewissen Menschenrassen und dem Pferde abspielen, rühren her von einem Gefühl, das sich vergleichen lässt mit dem geheimnisvollen Gefühl der Liebe zwischen den beiden Geschlechtern; von einem gewissen Gefühl dafür, was der Mensch diesem Tiere verdankt. Deshalb, als heraufkam die neue Kultur in der altindischen Zeit, war es ein Pferd, das eine geheimnisvolle Rolle im Kultus, im Götterdienste bildete. Und alles, was sich an die Gebräuche vom Pferde anknüpft, führt auf diese Tatsache zurück. Wenn Sie bei Völkern, die noch nahe dem alten Hellsehen waren, bei den alten Germanen z. B., Umschau halten und sehen, wie sie Pferdeschädel vor ihren Häusern angebracht haben, so führt Sie das zurück auf dieses Bewusstsein: der Mensch ist hinausgewachsen über den unintelligenten Zustand dadurch, dass er diese Form abgesondert hat. Es ist ein tiefes Bewusstsein vorhanden dafür, dass die Erlangung der Klugheit damit zusammenhängt.

***

Hans von Marées, Die drei Reiter I–III (Die Heiligen Martin, Hubertus, Georg), 1885.

Epilog

von Fritz Götte

Das Wort «Epilog» ist das Letzte, was Karl König in seiner Arbeit «Bruder Pferd» noch geschrieben hat. Es steht in seiner markanten Schrift wie verloren auf Seite 48 seines Manuskriptes. Der Tod nahm ihm, dem nimmermüden Schreiber, am 27. März [1966] in der Mittagsstunde die Feder aus der Hand.

Was uns geblieben ist, sind noch einige Notizen, welche allenfalls ahnen lassen, in welcher Weise er die Arbeit hat krönen wollen. Da steht das Folgende:

> Das Musikalische der Pferdenatur!
> Es lebt weiter – ohne die Möglichkeit zu haben, verwandelt zu werden. Orpheus, Sohn des Apollo! Michael!!
> Musik war es, die auf dem physischen Plan wirkte; aber die Empfindungsseele hatte das unterbewusste Empfinden:
> Das kommt aus Regionen, wo das Licht herkommt. Musik, Gesang, aus den Reichen des Lichtes. (1. Vortrag aus Rudolf Steiners ‹Der Christus-Impuls und die Entwickelung des Ich-Bewusstseins›. 25. X. 1909). Dieses Reich aber ist die Welt der Sonne.

Weiter wissen wir, wie viel ihm daran lag, dass das Gemälde von Hans von Marées, das wir als Abbildung bringen, seinem Aufsatz beigefügt werde. *Denn,* so sagte er, *es gehört zu den Ausgangserlebnissen dieser Arbeit.*

Dann gibt es noch eine Stelle aus dem Buch von Julius Schwab *Archetyp und Tierkreis* (Basel 1951), welche er sich notierte:

> Die Sonne wird in der vedischen Mythologie ‹Hengst› genannt, an anderer Stelle ein ‹Ross mit sieben Namen›. – Von der Morgenröte heißt es, dass sie das weiße Ross führe: die Sonne. – Vom Opferross wird gesagt, dass es von den Göttern aus der Sonne verfertigt sei. – In Hellas opferte man auf einem Gipfel des Taygetos, der dem Helios heilig war, unter anderem auch Pferde. – Bei dem Tempel in Jerusalem waren der Sonne geweihte Rosse aufgestellt, die Josua entfernte (2. Könige 23). – Sigurds Ross, Grani, das laut einem altdänischen Lied allein den Glasberg (Himmelsberg) erklimmen kann, ist die Sonne ...

Darin besteht kein Zweifel: König tastete gegen das Ende seiner Arbeit nach dem Sonnengeheimnis hin, das in der menschlichen Intelligenz verborgen waltet, und zwar in ihrem Zusammenhang mit dem Pferd. Es ist sein eigentliches Thema, das, woheraus er auch den Zusatz des Wortes «Bruder» zu dem Worte «Pferd» rechtfertigte. Und in der Tat: kann es eine tiefere Beziehung zwischen einem Tier und dem Menschen geben als die, welche sich bezieht auf das, was den Menschen erst als Menschen über die Schöpfung erhebt: die Kraft des Denkens?

Frühere Zeiten der Geistesgeschichte nannten die Wesen der höheren Hierarchien von den Engeln bis hinauf zu Thronen, Seraphim und Cherubim «Intelligenzen». Und es hat immer Geistesströmungen gegeben, welche diese Weltintelligenzen für intelligibel nahmen, für erfassbar gerade auch durch die Vernunft des Menschen. Und aus der Kraft der modernen Geisteswissenschaft (Anthroposophie) heraus kann erfahren werden, dass die «Verwaltung» dieser kosmischen, noch nicht verirdischten Intelligenz dem Erzengel Michael oblag.

Viktor Hehn, auf den Karl König sich ja auch bezieht, gibt in dem Kapitel «Das Pferd» in seinem Buche *Kulturpflanzen und Haustiere* zahlreiche Beispiele dafür, dass das Pferd in alten Kulturen als ein der Sonne zugewandtes Tier erlebt und behandelt wurde. Als Beleg erwähnen wir nur Herodot, der von den Massageten sagte: *Als Gott verehren sie allein die Sonne, der sie Pferde opfern.* Und der Vater der Geschichte fügt erklärend hinzu:

> Der Sinn dieses Opfers ist folgender: dem schnellsten aller Götter teilen sie das schnellste aller irdischen Geschöpfe zu.

Stürmisch, sturmfüßig und ähnliche Bezeichnungen finden sich in griechischen Namen für das Pferd, und Hehn sagt, auf seine vielen Quellen gestützt: *Das Ross verschmilzt in der Anschauung mit dem Sturm.* Achilleus' Rosse waren «Söhne des Zephyr», und man möchte eigentlich sagen, wenn man alle diese Stellen gelesen hat: Pferd und Wind sind schnell; sie sind schnell wie der Gedanke, der seinerseits schnell ist wie das Licht der Sonne. Und Rosse sind es auch, die bei Aischylos und Sophokles den Sonnentag auf die Erde heraufführen.

Hehn erzählt weiter:

> Bei den Germanen trägt der dem Rosse gewidmete Kultus gleichfalls einige ganz iranische Züge.

Die iranisch-mazdayasnische Kultur war aber ja durch und durch Sonnendienst. Außerdem kann aber noch auf eine andere Seite der höheren Pferdenatur hingeschaut werden, wenn Hehn fortfährt: *Die Pferde besitzen die Kraft der Weissagung, sie werden den Göttern geopfert, sie ziehen den heiligen Wagen* (der, wie man hinzusetzen kann, das Bild eines Gottes, einer hierarchischen «Intelligenz» trägt). Und Otto Schrader, der große

Linguist, bezeichnet das Pferd geradezu als «Orakeltier», das als solches bei den Persern (Herodot), bei den Germanen (Tacitus) und bei den Westslawen eine wichtige Rolle gespielt hat.[1] Auch von dieser Seite her wird also das Intelligenzwesen des Pferdes aus der Mythologie heraus belegt. Otto Schrader aber ist es auch, der auf den «Sündenfall» hinweist, den der Mensch sich gegenüber dem Pferde hat zuschulden kommen lassen. Er sagt, vor allem aufgrund seiner sprachlichen Studien:

> Eine große Veränderung in der europäischen Terminologie des Pferdes wird dadurch herbeigeführt, dass sozusagen die soziale Stellung des Tieres, wie sie sich zum Teil noch in vorhistorischen Zeiten herausgebildet hatte, eine andere wird, indem man das zunächst nur zu heiligen Zwecken, nachher besonders im Krieg gebrauchte Tier, den bellator equus, mehr und mehr auch in den gemeinen Dienst der Menschen zwingt.

Genau um dieses Phänomen aber handelte es sich für Rudolf Steiner, als er im Jahre 1908 in seinem großen Nürnberger Vortrags-Zyklus über *Die Apokalypse des Johannes*[2] im Zusammenhang mit dem Erscheinen der vier Pferde – des weißen, des roten, des schwarzen und des fahlen bei der Eröffnung der Siegel – über das Wesen des Pferdes sprach. Er sieht die Entwicklung der menschlichen Intelligenz verbunden mit der Pferdenatur, und die Eröffnung der apokalyptischen Siegel, welche sich auf die vier nachatlantischen Kulturen beziehen (Uraltindien, Uraltpersien, Chaldaea/Babylon/Ägypten und Griechenland/Rom), bezeichnen Stufen auf diesem Wege, der aber ein Herabweg ist der Intelligenz aus kosmischen Höhen in die Erdenentwicklung hinein. Die fünfte nachatlantische Kultur – das ist die unsere – muss nunmehr die Wende bringen: die Erhebung der irdischen und dabei egoistisch missbrauchten Intelligenz zu einer selbstlosen, welche dem *Wesen* der Welt gerecht wird und die Schöpfung nicht mehr schändet und vergewaltigt. Diese Wende bezeichnet die Apokalypse aber dadurch, dass sie nicht mehr von den

Pferden spricht wie bei den ersten vier Kulturen, sondern nunmehr den Menschen aus dem aufgetanen fünften Siegel hervortreten lässt: den Menschen im weißen Kleide.

Rudolf Steiner hat das Ringen um das Schicksal der Intelligenz in unserer Zeit einen Michael-Kampf genannt: in der Gefahr des Absinkens in immer ärgere Tiefen, andererseits aber auch in der Möglichkeit des Aufsteigens zum Logos, aus dem alles Entstandene geworden. Und er appellierte an die Sehenwollenden in unseren Tagen mit dem Ruf: «Michael das menschliche Denken nicht streitig zu machen!»

Im Mai 1920 hat er auf die heute bestehende Aufgabe in seinen Vorträgen über die *Philosophie des Thomas von Aquino* hingewiesen und die große entscheidende Frage so formuliert:

> Wie wird das Denken christlich gemacht? – Diese Frage steht welthistorisch da in dem Augenblick, als Thomas von Aquino 1274 stirbt – bis zu diesem Momente konnte er sich nur durchringen zu der Frage –, die Frage steht mit aller Herzinnigkeit da in der europäischen Geisteskultur.[3]

Der Mensch – so können wir es im Sinne von Königs Anliegen ausdrücken – ist im Laufe der Geschichte zum Reiter geworden. Er bedient sich des Pferdes. Oder wir können auch sagen: er bedient sich der ursprünglich kosmischen Intelligenz und stellt sie Schritt um Schritt mehr in den Dienst seiner irdisch-egoistischen Bedürfnisse, seinen eigenen Himmelsursprung vergessend. Aber die materialistisch-technische Denkweise, in die er seine persönlich gewordene Intelligenz verwandelt hat, hatte auch zur Folge, dass das Pferdewesen in seiner tierischen Gestalt zusehends aus dem Kulturprozess wieder verschwand. Es ist im Grunde bereits ausgestorben, und was fortbesteht, sind die alles überwältigenden mechanischen «PS», die Pferdestärken in den heutigen Motoren. Es handelt sich um eine noch tiefere Stufe in jener Entwicklung, welche Otto Schrader in Bezug auf das Verhältnis Mensch und Pferd gezeichnet hat. Und heute gilt ganz und gar, was Rudolf Steiner in dem erwähnten Apokalypse-Zyklus im Hinblick auf die westliche technisch-intelligente Kultur sagte:

> Diese Intelligenz wird sich ausbreiten. Noch mit viel mehr geistigen Kräften werden die Menschen das, was für des Leibes Notdurft ist, erringen; mit viel mehr geistigen Kräften werden sie sich gegenseitig erwürgen vor dem großen Kriege aller gegen alle. Viele Entdeckungen werden gemacht werden, um die Kriege besser führen zu können, unendliche Intelligenz wird aufgeboten werden, um den niedrigen Trieben Genüge zu leisten.

Mit der Entheiligung des Pferdes, so können wir sagen, ist auch der Mensch selber gesunken, indem er seine Intelligenz entheiligte. Sinken muss dabei aber auch sein Christentum. Und dessen Schicksal wird von der Antwort bestimmt werden, welche der Mensch auf jene Frage finden wird, welche die Scholastik nicht beantworten konnte: wie wird das Denken selber durchchristet, wie wird die Denksubstanz als solche christlich gemacht? Von der Qualität des Denkens wird es abhängen, welche Technik die Zukunft hervorbringen wird, eine menschen- und naturmörderische oder eine wesentragende und heilende, welche vor dem Christus bestehen kann. Und es hängt weiter von der Qualität des Denkens ab, welche sozialen und politischen Ordnungen oder Missordnungen die Menschheit ferner finden wird. Das alles aber sind Fragen, wie heute jeder Zeitgenosse bereits absehen kann, apokalyptischen Ausmaßes.

Für Rudolf Steiner gilt eben die Paulusfrage nach der Erlösung auch, ja sogar primär, für das menschliche Erkennen. Und es geht ihm dabei um die Überwindung dessen, was er das die Wissenschaft beherrschende «Dogma der Erfahrung» nennt, welches in unserer Zeit neben das kirchliche «Dogma der Offenbarung» getreten ist. Wobei die Erfahrung auf das sinnlich Erfassbare, auf das physisch Wägbare und das mathematisch Berechenbare willkürlich und unduldsam-dogmatisch beschränkt wird. Bei aller schulenden Kraft, welche von dieser Anschauungsweise auf den Menschen der Gegenwart ausgeübt wird: die Fesselung der Menschenseele und der Menschengeister durch diese selbstgesetzte Beschränkung muss gesprengt, der Weg zur Erschließung neuer Erkenntnisqualitäten muss beschritten werden. Es ist der Weg, welcher auch jene Geistigkeit erforschbar und erfahrbar macht, in welcher der Logos waltet, aus dem unsere gesamte geschaffene Welt hervorgegangen und angeordnet worden ist.

> Die unerlöste menschliche Vernunft nur allein könnte sich nicht in die geistige Welt erheben. Die erlöste menschliche Vernunft, die das wirkliche Verhältnis zu Christus hat, die dringt ein in die geistige Welt. Eindringen in die geistige Welt von diesem Gesichtspunkte aus ist Christentum des zwanzigsten Jahrhunderts, ist Christentum so stark, dass es in die innersten Fasern desjenigen hineindringt, was menschliches Denken, was menschliches Seelenleben ist.

Dies sagte Rudolf Steiner im dritten der erwähnten Thomas-Vorträge. Und den Weg dazu hat er in seinem Buche *Wie erlangt man Erkenntnisse der höheren Welten?* beschrieben. Er führt durch die schrittweise Überwindung des Egoismus, in den das menschliche Erkennen hinabgesunken ist, in die freien Höhen des Geistes, in denen die ursprünglichen Weltenintelligenzen walten. Unter ihnen ist Michael, der selbstlose Verwalter der kosmischen Intelligenz im Dienst des Christus, der diesem als sein Antlitz voranleuchtet. Auf diesem Wege wird der Mensch, indem er seine Intelligenz und durch diese sich selber in seiner Ganzheit wieder heiligt, auch wiederum zum rechtmäßigen Reiter. Er reitet auf dem Pferd der gereinigten und erlösten Intelligenz demjenigen entgegen, von dem die Apokalypse das eigentliche Reiter- und Pferde-Bild der Zukunft enthüllt:

> Und ich sah, wie der Himmel sich auftat. Siehe, ein weißes Pferd. Und der Reiter, der auf ihm saß, er ist es, der den Glauben und die Erkenntnis wahr macht. Durch seine Entscheidungen und seinen Kampf entsteht das Sein des Moralischen. Seine Augen sind wie Feuerflammen, auf seinem Haupte leuchtet eine Vielheit von Kronen. Ihm ist ein Name eingeschrieben, den niemand auszusprechen weiß, außer ihm selber. Er ist mit einem blutbesprengten Gewand bekleidet. Der Name, bei dem man ihn nennt, heißt: der Logos Gottes.
>
> Und die Heere des Himmels folgen ihm auf weißen Pferden, mit reiner weißer Leinwand bekleidet. Aus seinem Mund geht ein scharfes Schwert hervor, mit dem er die Völker trifft. Er ist der Hirte der Völker und trägt den ehernen Stab. Er tritt die Kelter, aus der der Wein des göttlichen Willens als Zorn des Weltgebieters hervorquillt. Auf seinem Gewande und auf seiner Hüfte steht der Name geschrieben: König aller Könige, Herr aller Herren.[4]

Unsere Zeit könnte sagen: was geht uns das Schicksal des Pferdes, was geht uns das Schicksal des Reiters an? Aber dann ginge sie an dem innerlichst Entscheidenden unserer Epoche feige vorbei, deren geistiger Führer Michael ist.

Wir wissen nicht, wohin Karl König seine Betrachtungen in dem nun ungeschrieben gebliebenen Kapitel seiner Arbeit, über das er selber das Wort «Epilog» noch setzte, geführt hätte. Aber in dem Austausch, den wir über seine Arbeit hatten, bemerkte er, dass die Apokalypse des Johannes darin eine wesentliche Rolle spielen werde. Und so darf ich hoffen, dass ich mit dem von mir Hinzugefügten nicht ganz in die Irre gegangen bin. Sicher aber ist, dass auch er in der Erlösung der menschlichen Intelligenz den entscheidenden Dienst gesehen hat, den der Mensch seinem «Bruder Pferd» zu leisten vermag; in jener Erlösung, welche sich darstellt in dem Bilde des «Logos Gottes», der da reitet, zu einer höheren Einheit verbunden, auf dem Pferd, das die Apokalypse als weißes Pferd beschreibt.

Anmerkungen

Editorische Vorbemerkung

1 Rachel Carson: *Silent Spring*, Houghton Mifflin 1962. Das Buch wird oft als Ausgangspunkt des Umweltschutzes und als eines der einflussreichsten Bücher des 20. Jahrhunderts bezeichnet. Weniger bekannt ist allerdings, dass dieses Werk in Zusammenhang mit anthroposophischen Freunden Carlsons entstand, die mit der biologisch-dynamischen Landwirtschaft in den USA zu tun hatten. Carl Alexander Mier, der sich dem landwirtschaftlichen Impuls Karl Königs angeschlossen hatte, rezensierte *Silent Spring* in der *Cresset* (der Camphill-Zeitschrift) in der Ausgabe Weihnachten 1963, die König mit dem Herausgeber-Aufsatz «Mankind at the Threshold» einleitete. [Camphill Archive, Aberdeen]

2 Malcolm Gladwell: *The Tipping Point. How Little Things Can Make a Big Difference*, London 2000. (Nicht um seine Beispiele geht es mir, sondern um das Prinzip, das er dabei entdeckte!)

3 Siehe Karl König: *Das Seelenpflege-bedürftige Kind*, Stuttgart 2008, S. 46.

Einleitende Gedanken zur Neuauflage

1 In einem Aufsatz von 1965 schrieb er von einer «grundlegenden Herzenserkenntnis», die zu erlangen wäre. «Vom Sinn und Wert heilpädagogischer Arbeit», in: *Das Seelenpflege-bedürftige Kind*, Stuttgart 2008, S. 47.

(Die mit * versehenen Anmerkungen wurden in der vorliegenden Ausgabe 2021 vom Herausgeber hinzugefügt.)

2 Siehe zum Beispiel das 9. Kapitel des Briefes an die Römer.

3 Bertha König: *Meine Kindheits- und Lebenserinnerungen*, Karl König Archiv. Das bislang unveröffentlichte Manuskript wird derzeit für eine Herausgabe vorbereitet.

4 Das ist der Zeitpunkt von 18 Jahren, 7 Monaten und 9 Tagen nach der Geburt, der häufig auch als Durchgang durch den ersten Mondknoten bezeichnet wird. In Karl Königs Leben wirkt er bestimmend auf sein späteres Lebenswerk.

5 Aus dem Tagebuch Karl Königs, zitiert nach Peter Selg, in: *Karl König: Meine zukünftige Aufgabe*, Stuttgart 2008, S. 20.

6 Tagebuch Karl Königs, zitiert nach H. Müller-Wiedemann: *Karl König, eine mitteleuropäische Biographie*, Stuttgart 2016, S. 49.

7 Karl König schloss sein Medizinstudium 1927 ab, Charles Darwin brach seines 1827 ab und wechselte zur Theologie.

8 Siehe Charles Darwin: *The Autobiography*, London 2005, S. 112 ff.

9 Siehe Anmerkung 5.

10 Rudolf Steiner, Vortrag vom 30.8.1906, in: *Vor dem Tore der Theosophie*, GA 95, Dornach 1990.

11 Im Vortrag vom 28.9.1905, in: *Grundelemente der Esoterik*, GA 93a, Dornach 1987.

12 Rudolf Steiner: *Kosmogonie*, GA 94, Dornach 2001.

13 Ebenda, im Vortrag vom 26.5.1906. Der Dichter Christian Morgenstern, der ab 1909 zu den Zuhörern und Schülern Steiners gehörte, schrieb «Die Fußwaschung» («Wir fanden einen Pfad»), ein Gedicht, das auf diesen Zusammenhang verweist. (In: Christian Morgenstern: *Werke und Briefe*, Bd. II, Lyrik, hrsg. von Martin Kießig, Stuttgarter Ausgabe [2]2013).

14 Goethe: *Tag und Jahreshefte zum Jahr 1790* (MA 14, S. 17.).

15 Eugen Kolisko: *Das Wesen und die Behandlung der Maul- und Klauenseuche*, Dornach 2001.

16 *Die Ordnung der Tiere im Tierkreis*, 3 Hefte, herausgegeben von Dr. med. Ernst Marti, Arlesheim 1939 u. 1940.

17 Über das Bildhafte bei Karl König siehe: Richard Steel: *Dieses Land ist uns Menschen ahnbar geworden*, in: Karl König: *Kaspar Hauser. Das Kind Europas*, Stuttgart 2012.

18 Karl König: *Landwirtschaft und Gemeinschaft. Heilende Impulse für Mensch und Erde*, Stuttgart 2010.

19 Rachel Carson: *Silent Spring*, Houghton Mifflin, 1962. Siehe auch Anmerkung 1 bei Richard Steel: «Editorische Vorbemerkung» in diesem Band.

Vom Ursprung der Robben

1 Fr. v. Lucanus: *Zugvögel und Vogelzug*, Berlin 1929.

2 Das gilt allerdings nur für die Seehunde. Ohrenrobben wie Seelöwen säugen ihre Jungen bis zur Geburt des nächsten Kindes im darauffolgenden Jahr. Man hat auch schon über dreijährige Seelöwen säugend bei ihrer Mutter gefunden. Auch der Zahnwechsel erfolgt nur bei den Seehunden so früh, nicht bei den Ohrenrobben. Siehe H. Schliemann, in: B. Grzimek: *Enzyklopädie der Säugetiere*, Band 4, München 1987.*

3 R. M. Lockley: *The Seals and the Curragh*, London 1954.

4 Dies gilt für alle Ohrenrobben, wie z.B. die Seelöwen. Seehunde scheinen keine solche klare Sozialstruktur zu haben.*

5 Die ältesten fossil erhaltenen Reste von Seehunden sind Mönchsrobben aus dem mittleren Miozän. Vorläufer der Seehunde sind bisher noch nicht gefunden worden. Vorläufer der Ohrenrobben sind heute aus dem frühen Tertiär bekannt: «Sie vermitteln im Bau des Schädels und des Gebisses zwischen frühen bärenartigen Raubtieren und den modernen Ohrenrobben.» (E. Thenius, in: *Grzimek*, 1988, Band 4).*

6 Siehe dazu: V. B. Scheffer: *Seals, Sea Lions and Walruses*, Stanford and London 1958.

7 Einige der in Binnenseen lebenden Robben gelten heute – wie von Karl König vermutet – als eiszeitliche Einwanderer ursprünglich im Meer lebender Arten. (E. Thenius: a.a.O.)*

8 Rudolf Steiner: *Ägyptische Mythen und Mysterien*, 5. Vortrag, GA 106, Dornach [5]1992.

9 Guenther Wachsmuth: *Entwicklung der Erde*, Dornach 1950.

10 Siehe dazu die eingehenden Darstellungen von Rudolf Steiner in dem Aufsatz «Unsere atlantischen Vorfahren», GA 11, *Aus der Akasha Chronik*, Dornach 2018.

11 König betrachtet die Menschwerdung als einen geistigen Prozess, der sich in geistigen Sphären abspielt und noch nicht physisch-materiell verhärtet, während Tiere, wie die Robben, schon in die Materie eintauchen und daher den weiteren, geistigen Werdeprozess des Menschen nicht mehr mitmachen können.*

12 Sie sind typische Repräsentanten für jenes biologische Phänomen, das als Neotenie bezeichnet wird. (Hier zieht König eine phänomenologisch kontrastierbare Ähnlichkeit der Form des Embryos und der Robben in Betracht. Er geht von Robben nicht als Vorfahren, sondern als Vorläufer aus.)*

13 Wale und Delphine gelten heute, dank neuer Fossilfunde, sicher als Verwandte der Huftiere. Sie sind also mit den Robben eben nicht durch ihre stammes-

geschichtliche Herkunft, sondern durch ihre im Wasser erfolgte Verwandlung «verwandt».*

14 Diese Angaben sind dem 3. Band des großen ethnologschen Sammelwerkes von J. G. Frater: *The Golden Bough* (London 1938) entnommen.

15 Rudolf Steiner: *Geisteswissenschaftliche Erläuterungen zu Goethes Faust,* Band II: *Das Faust-Problem,* GA 273, Dornach [4]1981.

16 Den Text dieser Erzählung verdanke ich Herrn Prof. Kohl-Larsen, der sie mit angehört und aufgezeichnet hat. Ich möchte ihm auch an dieser Stelle herzlichst für seine wertvolle Hilfe danken.

Vom Leben der Pinguine

1 Cherry Kearton: *Die Insel der fünf Millionen Pinguine,* Stuttgart 1932. (Die englische Originalausgabe ist 1930 in London erschienen.)

2 Man nimmt heute an, dass sie eine stets gleichbleibende Wassertemperatur aufsuchen, da sie schwankende Temperaturen aufgrund ihrer isolierenden Fettschicht und der ebenso stark isolierenden Daunenfedern nicht vertragen.*

3 Ewald Banse: *Geographische Landschaftskunde, Geographische Bausteine,* Heft 21, Gotha 1932.

4 Ernst Herrmann: *Die Pole der Erde,* Berlin 1959.

5 *Brehms Tierleben,* herausgegeben von Otto zur Strassen, *Vögel,* Band 1, Leipzig 1911.

6 Richard Gerlach: *Die Gefiederten,* Hamburg 1953.

7 Dort oben im Norden liegt auch der Ursprung des Pinguin-Namens. Denn die Schiffer nannten den ihnen bekannten Riesenalk Pen-Gwyn, Weiß-Kopf. Es handelt sich um zwei keltische Worte (Pen = Kopf, Gwyn = weiß), die dann später auf die den Riesenalken sehr ähnlichen Pinguine übertragen wurden, aber nur im Englischen und Deutschen. Der Franzose bezeichnet mit *pingouin* den Alk und mit *manchot* den Pinguin.

8 Die letzten beiden Exemplare wurden 1844 vor der Südwestküste Islands gefangen und getötet. (Siehe N. Kartaschew, in: *Grzimeks Tierleben. Enzyklopädie des Tierreichs,* Band 8, Augsburg, 2000.*

9 Zitiert aus *Brehms Tierleben,* a.a.O., Vögel, 2. Band.

10 Adolf Portmann: *Von Vögeln und Insekten,* Basel 1957.

11 Siehe dazu Mario Marret: *Sieben Mann bei den Pinguinen,* Bern 1956; und Jean Rivolier: *Emperor Penguins,* London 1956.

12 Cherry Kearton: a.a.O.

13 Dafür spricht auch der Bau der Flügel, der noch alle Knochen eines zum Fliegen geeigneten Flügels aufweist. Diese sind aber verkürzt, abgeflacht und mit

Bändern fest verbunden, sodass sie eine feste und zum Rudern geeignete Fläche bilden. (Siehe B. Stonehouse, in: *Grzimek*, Band 7, 2000).*

14 Cherry Kearton: a.a.O.

15 Rudolf Steiner: *Menschenwerden, Weltenseele und Weltengeist*, Teil 1, GA 205, Dornach [3]2017, im Vortrag vom 1. Juli 1921.

Die Wanderung der Aale und Lachse

1 1987 konnten Quastenflossler zum ersten Mal gefilmt werden – nachts von Bord des deutschen Forschungstauchbootes GEO. Drei Jahre später fand man in 400 Metern Tiefe Gruppen von 10 bis 15 Quastenflosslern an der steilen Westküste der Komoreninsel Anjouan. Diese versteckten sich tagsüber in Lavahöhlen, während sie nachts am Meeresgrund in Tiefen von 700 Metern auf Jagd gingen. 1998 ging auf Sulawesi (Celebes), 10.000 km von dem bisher einzig bekannten Fundplatz der Komoren entfernt, ein 1,2 m langer und 30 kg schwerer Quastenflossler ins Netz. Im Gegensatz zu der weißgetupften, stahlblauen Komorenart war er schokoladenbraun gefärbt und gehört wahrscheinlich einer anderen Art an. (Siehe Walter Kleesattel: *Die Welt der lebenden Fossilien. Eine Reise in die Urzeit*, Darmstadt 2001.)*

2 Nach neueren Erkenntnissen durchstreifen die Lachse während ihres Aufenthaltes im Meer weite Gebiete. So wurden vor der europäischen Küste gekennzeichnete Lachse vor Westgrönland wieder gefangen. Sie scheinen Küstengebiete zu bevorzugen und jagen vor allem in den oberen zehn Metern des Wassers, dringen aber auch in tiefere Schichten des Wassers vor.*

3 *Vorträge für die Arbeiter am Goetheanumbau*, Band 6, *Natur und Mensch in geisteswissenschaftlicher Betrachtung*, GA 352, Dornach 1981.*

4 Anmerkung des Herausgebers [Götte]: Man weiß heute, dass die Lachse ihren heimatlichen Fluss an seinem Geruch erkennen. (Aufgrund zahlreicher Versuche, geht man heute davon aus, dass sich die Lachse dabei am Geruch bzw. Geschmack ihres Heimatbaches orientieren. Und zwar erinnern sie sich nicht an den Geruch ihres Baches zum Zeitpunkt ihrer Geburt, sondern an denjenigen, den der Bach hatte, als sie ihr Heimatgewässer *verließen*. Bei Kontrolluntersuchungen verstopfte man Lachsen die – nicht zur Atmung benötigten – Nasengruben, woraufhin die heimziehenden Fische sich auf alle oberhalb liegenden Bäche gleichmäßig verteilten. Die anderen Lachse hingegen fanden genau ihren Heimatbach – eine unglaubliche Leistung, so stark verdünnten Geruch nach Jahren zu erinnern und wiederzufinden! Karl Königs Hinweis auf eine Lichtwahrnehmung stimmt damit insofern überein, als er zweifellos ein ätherisches Licht des Lichtäthers (das er selbst dann erwähnt) im Sinn hat, das in allen Sinneswahrnehmungen wirksam ist.*)

5 Rudolf Steiner im Vortrag vom 28.10.1923, in: *Der Mensch als Zusammenklang des schaffenden, bildenden und gestaltenden Weltenwortes*, GA 230, Dornach [7]1993.
6 H. Muir-Evans: *Sting-Fish and Seafarer*, London 1943, S. 87.*
7 Eugen Kraus: *Das Aalproblem der modernen Biologie*, Dornach 1932.*
8 Rudolf Steiner: Vortrag vom 16.6.1910, in: *Die Mission einzelner Volksseelen*, GA 121, Dornach [6]2017.*
9 Rudolf Steiner: *Die Geheimwissenschaft im Umriss*, GA 13, Dornach 312013.
10 Rudolf Steiner: Vortrag vom 11.8.1908, in: *Welt, Erde und Mensch*, GA 105, Dornach [6]2017.
11 Quastenflosser sind wesentlich älter als die meisten Knochenfische: Man findet Versteinerungen bereits aus der Zeit des Devon (Erdaltertum). Als Widerspruch dazu mag erscheinen, dass Quastenflosser die Urahnen der Amphibien und damit aller Landwirbeltiere sind. Die direkten Vorfahren sind aber nicht die heutigen, tatsächlich fast unverändert gebliebenen Latimerien, sondern wahrscheinlich die nahe verwandten Fächersegler (Rhipidistia). Siehe Kleesattel a.a.O.*
12 Hier spricht Karl König von der *Form* der Schlange, die sich zu Reptilien umgewandelt habe, *nicht* von den stammesgeschichtlichen Vorfahren der Reptilien.*
13 *Brehms Tierleben. Die Fische.**
14 Dies kann man z. B. an seinem unterschiedlichen Wanderverhalten bei Neu- bzw. Vollmond beobachten. (Vergl. K.-P. Endres, W. Schad: *Biologie des Mondes*, Stuttgart 1997.)*
15 Am 11.8.1909, GA 105, a.a.O.*

Die Elefanten

1 In einem Vortrag am 10.11.1910, in: *Antworten der Geisteswissenschaft auf die großen Fragen des Daseins*, GA 60, Dornach [2]1983.*
2 Von dieser im Allgemeinen gültigen Regel gibt es einige Ausnahmen: Die Karthager benutzten die heute ausgestorbene nordafrikanische Unterart als Arbeitstier. Die Belgier richteten in ihrer damaligen Kolonie Kongo eine Elefantenzähmungsstation ein, die bis 1963 weiterarbeitete. Afrikanische Elefanten sind also auch zähmbar, auch wenn dies viel schwieriger ist und entsprechend selten erfolgte. (B. Grzimek, in: *Grzimek*, Band 12, 2000, und I. und O. Douglas-Hamilton: *Wir kämpfen für die Elefanten*, München 1992.*
3 In dem Vortrag vom 10.11.1910 in: GA 60, a.a.O.
4 Georges Blond: *Das Schicksal des Elefanten*, München 1960.

5 Heute geht man davon aus, dass die Sehschärfe des Elefanten der eines Pferdes entspricht. Trotzdem könnte das Auge in seiner Bedeutung zurücktreten, da seine Blickrichtung bei normaler Kopfhaltung nach unten und zur Seite gerichtet ist. Der Elefant muss also, um nach vorne blicken zu können, erst den Kopf heben.*

6 Nach neueren Untersuchungen umfasst die Wahrnehmung des Elefantengehörs den für Menschen unhörbaren Infraschallbereich, also extrem tiefe Töne, mit denen sich Elefanten über mehrere Kilometer Entfernung verständigen. Infraschall wird aber auch von Winden und Wellen erzeugt und kann von der Erde selbst weitergeleitet werden. Elefanten sind also mit einer enorm weiten Wahrnehmumg von Erde, Wasser und Luft versehen. (Siehe K. Payne: *Stiller Donner. Die geheime Sprache der Elefanten,* München 2001).*

7 Francis G. Benedict: *The Physiology of the Elephant,* Carnegie Institute, Washington 1936.

8 Richard Carrington: *Elephants,* London 1958.

9 Siehe Georges Blond: a.a.O., S. 74.

10 Der Schweizer Zoologe Heini Hediger beschäftigte sich lange mit Elefanten. Diese Studie befindet sich in: *Skizzen zu einer Tierpsychologie,* Stuttgart 1954.*

11 Siehe dazu den Vortrag Rudolf Steiners vom 1.4.1922 in GA 211: *Das Sonnenmysterium und das Mysterium von Tod und Auferstehung,* Dornach [3]2006.

12 In dem Vortrag «Menschenseele und Tierseele», in: GA 60, a.a.O.

13 Siehe Richard Carrington: a.a.O., S. 61/62.

14 Auch wenn Moeritherium heute nicht mehr als Vorläufer jetztzeitlicher Elefanten, sondern als Vorläufer einer ausgestorbenen Nebenlinie angesehen wird, gilt es doch als früheste Form der Rüsseltiere und als Verbindungsglied zu den Seekühen. (Siehe E. Thenius, in: *Grzimek,* 1988, Band 4).*

15 Richard Carrington: a.a.O., S.107/108.

16 Richard Carrington: a.a.O., S. 70.

17 Georges Blond: a.a.O., S. 122.

18 Siehe Rudolf Steiner: «Unsere atlantischen Vorfahren», in: *Aus der Akasha-Chronik,* GA 11, Dornach [7]2018.

19 Rudolf Steiner: *Der Orient im Lichte des Okzidents. Die Kinder des Luzifer und die Brüder Christi,* GA 113, Dornach [5]1982.

20 Siehe dazu das bedeutende Buch von Ernst Uehli: *Atlantis und das Rätsel der Eiszeitkunst,* Stuttgart 1980.

21 Rudolf Steiner: *Der Orient im Lichte des Okzidents,* 4. Vortrag, a.a.O.

Das Bärengeschlecht und sein Mythos

1 *Brehms Tierleben*, 12. Band, Leipzig 1915.

2 Allerdings sind seine Bestände heute sehr stark zurückgegangen.*

3 Da die Trockenwälder Indiens fast vollständig gerodet wurden, leben die letzten Lippenbären heute fast nur noch in einzelnen Nationalparks.*

4 O. Abel: *Paläobiologie als Stammesgeschichte*, Jena 1929.

5 H. Poppelbaum: *Tierwesenskunde*, Dornach 1954.

6 So schildern es auch manche alten Mythen. A. Pedersen (in: *Grzimek*, 2000, Band 12) schildert: *Nach einer Sage der Shasta-Indianer hatte Manitou den Grizzly als ein Wesen geschaffen, das mächtiger und klüger war als andere Geschöpfe. Damals gingen die Grizzlybären aufrecht wie später die Menschen. Sie töteten ihre Beute nicht mit Zähnen und Krallen, sondern mit Keulen.**

7 Aus *Brehms Tierleben*, a.a.O.

8 R. Gerlach: *Die Vierfüßler*, Hamburg 1951.

9 Sir J. G. Frazer: *The Golden Bough*, MacMillan, London 1911.

10 H. Bayley: *The Lost Language of Symbolism*, Vol. I., London 1951.

11 J. G. Frazer: *The Golden Bough*, Vol. III., «Taboo and the Perils of the Soul», London 1938.

12 K. Kerényi: *Die Mythologie der Griechen*. Zürich 1951.

13 W. Schadewaldt: *Die Sternsagen der Griechen*, Fischer Bücherei Nr. 129, 1956.

14 E. Fuhrmann: *Das Tier in der Religion*, München 1922.

15 Diese Angaben sind entnommen aus Karl Hoenn: *Artemis*, Zürich 1946.

16 K. Kerényi: a.a.O.

17 Rudolf Steiner: *Aus der Akasha-Chronik*, GA 11, a.a.O.

18 Rudolf Steiner, *Das Miterleben des Jahreslaufes*, GA 229, Dornach [8]1999.

19 Siehe dazu die Angaben Rudolf Steiners in dem Vortrag vom 21.12.1916, in: GA 173, *Zeitgeschichtliche Betrachtungen*, Dornach [2]2014.

20 H. A. Bernatzik: *Die neue große Völkerkunde*, Bd. II., Frankfurt a. M. 1954. [Hervorhebung von Karl König]

21 S. von Gleich: *Der Mensch der Eiszeit und Atlantis*, Stuttgart 1936.

22 Nach der Übertragung von Anton Schiefner neu übersetzt von Dagmar Welding, Stuttgart 1948.

23 Rudolf Steiner in: *Weltenwunder, Seelenprüfungen, Geistesoffenbarungen*, GA 129, Dornach 1995, im Vortrag vom 23.8.1911.

Schwäne und Störche

1 Rudolf Steiner: *Der Mensch als Zusammenklang des schaffenden, bildenden und gestaltenden Weltenwortes*, GA 230, Dornach [7]1993.

2 Richard Gerlach: *Die Gefiederten*, Hamburg 1953.

3 Lorenz Oken: *Allgemeine Naturgeschichte für alle Stände*, 7. Bd, 1. Abteilung, Stuttgart 1837.

4 Siehe dazu die umfassende Darstellung bei Wolfgang Makatsdi: *Die Vögel der Erde*, Berlin 1954.

5 Rudolf Steiner: Vortrag vom 26.9.1911 in: *Weltenwunder, Seelenprüfungen und Geistesoffenbarungen*, GA 129, Dornach [6]1995.

6 Rudolf Steiner: Vortrag vom 1.7.1909 in: *Das Johannes-Evangelium*, GA 112, Dornach [7]2007.

7 Singschwäne ziehen allerdings noch im Familienverband ins Winterquartier.*

8 *Brehms Tierleben*, herausgegeben von O. zur Strassen, 6. Band, Vögel, 1. Band, Leipzig 1914.

9 Horst Siewert: *Störche. Erlebnisse mit dem Weißen und Schwarzen Storch*, Gütersloh 1955.

10 *Brehms Tierleben*, a.a.O.

11 Horst Siewert: a.a.O., S. 148.

12 Im Vortrag vom 21.12.1916, GA 173, Dornach [2]2014.

13 Nach neueren Erkenntnissen ist es aber so, dass der Klaffschnabel und vor allem der Abdimstorch Wanderungen innerhalb Afrikas unternehmen. Der Regenstorch verbringt den Winter innerhalb der Savannnen des südlichen Afrikas und kommt erst zu Beginn der Regenzeit zurück in die Savannen der nördlichen Hälfte Afrikas. Dort wird er als Regenbringer gefeiert und interessanterweise auch als derjenige, der die Kinder bringt, während unser Weißstorch keinen besonderen Respekt genießt und sogar gejagt wird. (Siehe K. Curry-Lindahl: *Vogelzug*, Berlin und Hamburg 1982; und H. Schulz: *Weißstorchzug. Ökologie, Gefährdung und Schutz des Weißstorches in Afrika und Nahost*, Weikersheim 1988).*

14 Inzwischen ist der Vortrag in GA 92, *Die okkulten Wahrheiten alter Mythen und Sagen* veröffentlicht: Dornach [2]2013.*

15 Rudolf Steiner: Vortrag vom 23.7.1922 in: *Das Geheimnis der Trinität. Der Mensch und sein Verhältnis zur Geistwelt im Wandel der Zeiten*, GA 214, Dornach [3]1999.

Die Taube als heiliger Vogel

1 Eine Taube, die sich ganz an den Menschen gebunden hat, ist die Lachtaube. Ihre Vorfahren sind ausgestorben und es gibt sie nur noch als Haustier. Dazu gehören auch die bekannten weißen Tauben von Zauberkünstlern, aber auch Versuchstiere wissenschaftlicher Untersuchungen. (Siehe B. Grzimek, in: *Grzimek*, 2000, Band 8).*
2 Johnston in *Grzimek* a.a.O.*
3 Rudolf Steiner: Vortrag vom 1.9.1910 in: *Das Matthäus-Evangelium*, GA 123, Dornach [7]1988.
4 Man geht heute tatsächlich davon aus, dass Tauben in Einehe leben.*
5 Flamingos haben eine ähnliche Fähigkeit verliehen bekommen, deren Brutgebiete Leslie Brown erst 1958 entdeckte und deren Brutverhalten erst noch später untersucht wurde. Sie ernähren ihre Jungen durch eine ähnliche, in der Speiseröhre gebildete, allerdings mit Blut vermischte, rote Milch. (Siehe C. Willock: *Das afrikanische Rift-Valley*, Time-Life 1988 und A. Studer-Thiersch, in: *Grzimek*, 2000, Band 7).*
6 Im Vortrag vom 27.10.1923, in: GA 230: a.a.O.
7 Rudolf Steiner: *Das Johannes-Evangelium im Verhältnis zu den drei anderen Evangelien*, 10. Vortrag, 3.7.1909, in: GA 112, Dornach [7]2007.

Die Spatzen der Erde

1 Diese und viele andere Angaben, die in dieser Studie gemacht werden, habe ich dem Buche von D. Summers-Smith: *The House Sparrow*, London 1963, entnommen.
2 Gaston Bachelard: «Poetik des Raumes», in: *Literatur als Kunst. Eine Schriftenreihe*, herausgegeben von K. May und W. Höherer, München 1960.
3 Wolfgang Makatsch: *Die Vögel der Erde*, Berlin 1954.
4 *Brehms Tierleben: Vögel*, 4. Band, Leipzig und Wien 1913.
5 D. Summer-Smith: a.a.O.
6 Zitiert nach Summers-Smith: a.a.O., S. 176.
7 Summers-Smith: a.a.O., S. 209.

Delphine – Kinder der Meere

1 Siehe John C. Lilly: *Man and Dolphin*, London 1962.*
2 Antony Alpers: *A Book of Dolphins*, London 1960; deutsche Übersetzung, München 1962.

3 Im vorigen Jahr erst wurden vier japanische Fischer, deren Boot kenterte und die dreißig Seemeilen von der nächsten Küste entfernt waren, von Delphinen gerettet. Sie trugen je zwei Männer auf ihren Rücken zum rettenden Ufer. Diese Geschichte ist deshalb glaubwürdig, weil sie von den Fischern selbst erzählt wurde. (Zeitschrift *Das Tier*, 3. Jahrgang, Nr. 1, Januar 1964). Eine besondere Begegnung und Freundschaft eines wilden Delphins mit einem taubstummen Beduinen sowie dessen Heilung schildert P. N. Bercowitch in: *Das Lächeln des Delphins*, München 1962.
4 Siehe dazu Melitta Rabinovitch: *Der Delphin in Sage und Mythos der Griechen* (Dornach-Basel 1947) und Hildegard Urner: «Der Delphin als religions- und kunstgeschichtliches Motiv», *Neue Zürcher Zeitung*, 3. Oktober 1959.
5 Aristoteles: *Naturgeschichte der Tiere*, übersetzt von Dr. Friedrich Strack, Frankfurt a.M. 1816.
6 E. J. Slijper: *Riesen des Meeres*, Göttingen 1962.
7 Antony Alpers: a.a.O.
8 John C. Lilly: a.a.O.
9 Diese und die folgenden Angaben sind den beiden großen Abhandlungen von Slijper (a.a.O.) und Lilly (a.a.O.) entnommen.
10 Siehe dazu: Norris, Prescott et al.: «An Experimental Demonstration of Echo-Location Behaviour in the Porpoise, Tursiops truncates», *The Biological Bulletin*, April 1961.
11 J. C. Lilly: a.a.O., S. 73.
12 Inzwischen wird davon ausgegangen, dass sie zumindest die vier Hauptgeschmacksqualitäten sauer, salzig, bitter und süß unterscheiden können. (Siehe W. Gewalt, in: *Grzimek*, 1987, Band 4).*
13 1 Hz (1 Hertz) = 1 Schwingung/sec.
14 Diese Vermutung Karl Königs hat sich heute bestätigt. Man nimmt an, dass Delphine jeweils nur mit einer Hirnhälfte «schlafen»; die andere bleibt so weit wach, dass sie weiterschwimmen und zum Atmen an die Oberfläche auftauchen können.*
15 E. J. Slijper: a.a.O., S. 204.
16 Karl Kerényi: *Die Mythologie der Griechen*, Zürich 1951.
17 Rudolf Steiner: Vortrag vom 22.8.1911, in: *Weltenwunder, Seelenprüfungen und Geistesoffenbarungen*, GA 129, Dornach [6]1995.
18 Melitta Rabinovitch: a.a.O.
19 Rudolf Steiner: *Christus und die geistige Welt*, 3. Vortrag, GA 149, Dornach [7]2004.
20 Siehe dazu den 5. und 6. Vortrag in Rudolf Steiners Vortragskurs *Der Orient im Lichte des Okzidents*, GA 113, Dornach [5]1982.
21 Boyden und Generoy, 1950, zitiert nach Slijper, a.a.O., S. 64/5. Ein seltsames, aber sprechendes Schicksal hat es gewollt, dass eines der ersten Exemplare von

Archaeocetes von Albert Koch, einem deutschen Sammler, als ausgestorbene «Seeschlange» in den Apollo-Rooms (!) am Broadway in New York, im Jahre 1845, öffentlich ausgestellt wurde.

22 Siehe dazu: Rudolf Steiner: *Vorstufen zum Mysterium von Golgatha*, GA 152, Dornach [4]2018.

23 Rudolf Steiner: Vortrag vom 30.12.1913 in: *Christus und die geistige Welt*, GA 149, Dornach [7]2004.

24 Ebenda.

Hunde und Katzen – Begleiter des Menschen

1 Siehe dazu Martin Wilckens: *Grundzüge der Naturgeschichte der Haustiere*, Leipzig 1905.

2 Ludwig Reinhardt: *Kulturgeschichte der Nutztiere*, S. 6, München 1912.

3 Julius Schwabe; *Archetyp und Tierkreis*, S. 594, Basel 1951.

4 Man sollte hier nicht einwenden, dass auch Papagei und Elster, Kanarienvogel und Wellensittich mit uns zusammenhausen. Sie tun das; aber nur als Gefangene und müssen an der Kette oder im Käfig gehalten werden. Hunde und Katzen aber suchen nur selten das Weite.

5 M. Hilzheimer in: *Brehms Tierleben, Säugetiere*, 3. Band, S. 150, Leipzig und Wien 1915.

6 Hilzheimer: a.a.O., S. 51.

7 C. A. W. Guggisberg: *Simba. Eine Löwenmonographie*, S. 20, Bern 1960.

8 Adolf Portmann: *Die Tiergestalt*, 7. Kapitel, «Von Mustern und Zeichnungen», Basel 1960.

9 Dr. Eugen Kolisko (1893–1939), Arzt, Goetheanist, Forscher und Lehrer an der ersten Waldorfschule, war – wie König auch – aus Wien und einer der ersten Kontakte Königs im anthroposophischen Umkreis. Sie verband eine tiefe Freundschaft. Zahlreiche Gesprächsnotizen dokumentieren die inhaltliche Zusammenarbeit, auch in der Zoologie, eins von Koliskos wissenschaftlichen Forschungsgebieten. Er ist z.B. den Hinweisen Rudolf Steiners über die Einteilung des Tierreichs in 12 Gruppen nachgegangen, was König ebenfalls aufgriff. Siehe Kolisko: «Die zwölf Gruppen des Tierreichs», in: *Gäa Sophia*, Band 5, Stuttgart 1930 und *Auf der Suche nach neuen Wahrheiten*, Dornach 2013.*

10 Siehe *Goethes naturwissenschaftliche Schriften*, hrsg. von Rudolf Steiner, Band I: «Erster Entwurf einer allgemeinen Einleitung in die vergleichende Anatomie, ausgehend von der Osteologie».

11 Lois Crisler: *Wir heulten mit den Wölfen*, Wiesbaden 1961.

12 Andreas Suchantke: «Was spricht sich in den Prachtkleidern der Vögel aus?», *Die Drei*, Heft 4, 1964.

13 Gehalten am 18.3.1908 in München, in: *Die Erkenntnis der Seele und des Geistes*, GA 56, Dornach [2]1985.
14 Berichtet in: Edward C. Ash: *Dogs; Their History and Development*, 2 Bände, London 1927.
15 Siehe dazu: Julius Schwabe: *Archetyp und Tierkreis*, S. 95, Basel 1951.
16 Adolf Erman: *Die Religion der Ägypter*, S. 33, Berlin 1934.
17 Adolf Erman: a.a.O., S. 42.
18 Rudolf Steiner: *Weltenwunder, Seelenprüfungen und Geistesoffenbarungen*. a.a.O.
19 Siehe dazu: Guenther Wachsmuth: *Werdegang der Menschheit*, Dornach 1953.
20 Siehe dazu: Rudolf Steiner: «Unsere atlantischen Vorfahren», in: *Aus der Akasha-Chronik*, GA 11, Dornach [7]2018.
21 Rudolf Steiner: Vortrag vom 10.9.1908, in: *Ägyptische Mythen und Mysterien*, GA 106, Dornach [5]1992.
22 Rudolf Steiner: Vortrag vom 1.9.1910, in: *Das Matthäus-Evangelium*, GA 123, Dornach [7]1988.

Bruder Pferd

1 Lorenz Oken: *Lehrbuch der Naturphilosophie*, Jena 1831.
2 Siehe dazu Hermann Poppelbaum: *Tier-Wesenskunde*, Dornach 1982.
3 Richard Hertwig: *Lehrbuch der Zoologie*, S. 616, Jena 1916.
4 Heute werden zu den Huftieren unter anderen auch Elefanten, Seekühe und Schliefer gezählt. Doch sind in dieser sehr uneinheitlichen Gruppe die Paarhufer und Unpaarhufer gut erkennbare, miteinander verwandte Ordnungen (siehe E. Thenius, in: *Grzimek*, 1987, Band 4).*
5 Siehe dazu: Georg Ritter: *Horn und Geweih im Kalender 1935–1936*, herausg. von der mathematisch-astronomischen Sektion am Goetheanum. (Siehe auch die Aufsätze von Karl König in: *Landwirtschaft und Gemeinschaft. Heilende Impulse für Mensch und Erde*, Stuttgart 2010.*)
6 Hermann Poppelbaum: a.a.O., S. 104.
7 *Brehms Tierleben. Die Säugetiere*, 3. Band, S. 599, Leipzig 1915.
8 Othenio Abel: *Paläobiologie und Stammesgeschichte*, S. 288, Jena 1929.
9 J. Z. Young: *The Life of Vertebrates*, S. 695, Oxford 1950.
10 O. Abel: a.a.O., S. 291. Noch zur ältesten Eiszeit lebten dreizehige, grasfressende Pferdearten, die dann allerdings ausstarben. Blattfressende, also waldbewohnende Arten starben nach heutigem Kenntnisstand schon am Ende des Tertiärs aus, als vor dem Beginn der Eiszeiten.
11 Diese Darstellung schließt sich an die Angaben an, die in dem oben zitierten Buch von J. Z. Young enthalten sind.

12 Siehe dazu die folgende Angabe Rudolf Steiners: «So gab es z.B. in der Zeit, als die lemurische Entwicklung in ihrer Blüte war, noch nicht eine solche Atmung und Ernährung, wie sie heute besteht. Die Substanzen waren ja ganz anders; Atmung und Ernährung waren in einer gewissen Beziehung eine gemeinsame Verrichtung, die sich später erst geteilt hat. Eine Art wässrige, grob ausgedrückt, milchartige Substanz nahm der Mensch in sich auf, und das gab ihm gleichzeitig dasjenige, was er heute abgesondert in Atmung und Ernährung hat.» (Im 7. Vortrag, *Welt, Erde und Mensch,* GA 105, Dornach ^{6}2017).

13 Rudolf Steiner: «Die Bildung des menschlichen Ohres», Vortrag vom 29.11.1922, in: *Über Gesundheit und Krankheit,* GA 348, Dornach ^{4}1997. Und: «Über das Ohr», Vortrag vom 9.12.1922, in: *Geistige Zusammenhänge in der Gestaltung des menschlichen Organismus,* GA 218, Dornach ^{6}2017. Diese Angabe R. Steiners bezieht sich auf den Menschen und die Metamorphose seiner organbildenden Kräfte von einer Inkarnation zur anderen, hat also zunächst nichts zu tun mit der im Laufe der Evolution stattfindenden Umwandlung des primären Kiefergelenkes der niederen Wirbeltiere zu den Gehörknöchelchen der Säugetiere.

14 Ich beziehe mich in der folgenden Beschreibung auf die Arbeit von René du Bois-Reymond: «Ortsbewegung der Säugetiere, Vögel, Reptilien und Amphibien», im 15. Band des *Handbuchs der normalen und pathologischen Physiologie,* Berlin 1930.

15 Näheres siehe bei Friedrich Kluge: *Etymologisches Wörterbuch der deutschen Sprache,* Berlin 1960.

16 Elian-J. Fintiert: *Pferde.* Zürich-Stuttgart 1963.

17 Ludwig Reinhardt: *Kulturgeschichte der Nutztiere,* München 1912.

18 Heute gelten die Wildpferde in der freien Wildbahn der Steppen und Wüsten Zentralasiens aufgrund von starker Bejagung als ausgerottet. Lediglich die östlichste Form des Wildpferdes, das Przewalskipferd hat überlebt. In aufwändigen Projekten versucht man heute, Zootiere wieder auszuwildern; z.B. in der Mongolei (siehe *GEO* Nr. 8/2001).*

19 F. P. Stegmann von Pritzwald: *Die Rassengeschichte der Wirtschaftstiere,* Jena 1924.

20 Ludwig Reinhardt: a.a.O., S. 189.

21 Die schönste und auch heute noch lobenswerteste Darstellung der allmählichen Haustierwerdung der Pferde findet man in dem 1870 zum ersten Mal erschienenen und berühmt gewordenen Buch von Victor Hehn: *Kulturpflanzen und Haustiere in ihrem Übergang aus Asien nach Griechenland und Italien sowie in das übrige Europa.* Dort heißt es: «Auch außer dem Kriege wird bei Homer das Pferd nicht zum Reiten benutzt. Dies erhellt z. B. aus dem dritten Gesang der Odyssee, wo Telemachus und des Nestors Sohn Pisistratus von Pylos nach

Lakedämon quer durch die schwierige gebirgige Peleponnes stehend im Wagen fahren, nicht etwa auf und ab über die Gebirgspässe oder im kiesigen Bett der Bergwasser reiten.»

22 Ludwig Reinhardt: a.a.O., S. 203.

23 Rudolf Steiner: *Das Rätsel der Philosophie*, GA 18, Dornach [9]1985.*

24 Rudolf Steiner: Vortrag vom 16.8.1908, in: *Welt, Erde und Mensch*, a.a.O.

25 Joh. Jacob Bachofen: *Das Mutterrecht*, 1. Band, S. 125, Basel 1861.

26 Karl Kerényi: *Die Mythologie der Griechen*, S. 182/183, Zürich 1951.

27 Rudolf Steiner: *Weltenwunder, Seelenprüfungen, Geistesoffenbarungen*, a.a.O, 3. Vortrag.

28 Karl Kerényi: *Die Heroen der Griechen*, S. 93, Zürich 1958.

29 Rudolf Steiner: 2. Vortrag, in: *Okkulte Geschichte*, GA 126, Dornach [5]1992.

30 Rudolf Steiner: «Das zehnblättrige Buch», Notizen zu einem Vortrag am 3.4.1905, veröffentlicht in: *Beiträge zur Rudolf Steiner Gesamtausgabe*, Nr. 32, Weihnachten 1970.

Epilog

1 Im *Reallexikon der indogermanischen Altertumskunde*, Band II, Artikel «Pferde», Berlin und Leipzig 1929.

2 GA 104, Dornach [8]2006.

3 *Die Philosophie des Thomas von Aquino*, Drei Vorträge, GA 74, Dornach [4]1993.

4 Nach der Übertragung von Lic. Emil Bock.

Die Karl König Werkausgabe erscheint seit 2008 sukzessive im Verlag Freies Geistesleben (Stuttgart) sowie in englischer Sprache bei Floris Books (Edinburgh). Sie wird herausgegeben vom *Karl König Archive* (Aberdeen) und berücksichtigt den gesamten, umfangreichen Nachlass Karl Königs – seine sämtlichen Bücher, Aufsätze und Manuskripte, Vorträge und Vortragsvorbereitungen, seine Tagebuch- und Notizbucheintragungen, seine künstlerischen Arbeiten und seine weitläufige Korrespondenz. Die einzelnen Bände der Werkausgabe werden in zwölf thematischen Kategorien publiziert. Es ist das Ziel der Ausgabe, Königs umfangreiches Lebenswerk in systematischer Weise zu erschließen und der Öffentlichkeit bekannt zu machen, eine Arbeit, an der zahlreiche Mitarbeiter aus verschiedenen Ländern beteiligt sind.

Die 12 Abteilungen der Werkausgabe:

1. Medizin und medizinische Menschenkunde
2. Heilpädagogik und Sozialtherapie
3. Psychologie und Pädagogik
4. Landwirtschaft und Naturwissenschaft
5. Soziale Frage
6. Camphill-Bewegung
7. Christentum und Jahresfeste
8. Allgemeine Anthroposophie
9. Zum inneren Schulungsweg
10. Geistesgeschichte und biographische Arbeiten
11. Das künstlerische und literarische Werk
12. Zur Biographie Karl Königs

Karl König Archive
Camphill House
Milltimber | Aberdeen AB 13 0AN
United Kingdom
www. karlkoeniginstitute.org
aberdeen@karlkoeniginstitute.org